装配式建筑外墙偏差检测设计

谢 俊 著

中国建筑工业出版社

图书在版编目（CIP）数据

装配式建筑外墙偏差检测设计 / 谢俊著. — 北京：
中国建筑工业出版社，2021.4
ISBN 978-7-112-26344-8

Ⅰ. ①装…　Ⅱ. ①谢…　Ⅲ. ①装配式构件-建筑物-
墙-设计　Ⅳ. ①TU227

中国版本图书馆 CIP 数据核字（2021）第 142019 号

本书的主要内容包括：外墙设计偏差分析；外墙制造偏差分析；外墙
装配偏差分析；装配式建筑外墙偏差模型及诊断体系；装配式建筑外墙偏
差诊断方法工程应用。并且，给出了四个案例和优化措施。

本书供装配式从业人员、检测人员、设计人员、施工人员使用。

责任编辑：郭　栋
责任校对：张　颖

装配式建筑外墙偏差检测设计

谢　俊　著

*

中国建筑工业出版社出版、发行（北京海淀三里河路9号）
各地新华书店、建筑书店经销
北京鸿文瀚海文化传媒有限公司制版
北京建筑工业印刷厂印刷

*

开本：787 毫米×1092 毫米　1/16　印张：14¼　字数：354 千字
2021 年 8 月第一版　2021 年 8 月第一次印刷
定价：**59.00** 元
ISBN 978-7-112-26344-8
（37269）

序　一

　　建筑作为凝固的音乐，千百年来散发着迷人的光芒。无论是东方文明的圭臬，经典犹如南禅寺、佛光寺、太和殿，还是西方文明的典范，典雅如初的雅典娜神庙、巴黎圣母院大教堂、悉尼歌剧院等。建筑不仅为人们提供遮风避雨的空间，更是人类文明的赞歌，谱写着一篇篇建筑史诗，记载着千百年来历史、技术、思想和文化的进程。从古至今，基于标准化的"装配式"建筑一直广泛流传，从中国的"材分制""斗口制"为基础的梁架单元木构建筑，到古希腊以柱式高度与柱底直径之间的倍数关系构成韵律美的柱式建筑，基于模数制系统的"装配式"建造理念的创立和应用，为建筑的广泛发展奠定了基础。

　　现代装配式建筑源于欧洲，兴盛于20世纪的美国、德国、日本等工业发达国家，为解决战后重建劳动力匮乏的问题，通过推行建筑设计和构配件生产标准化、现场施工装配化的新型建造生产方式来提高劳动生产率，满足大规模城市建设的需要。从20世纪50年代起，我国就开始推广工业化的预制构件和装配式建筑起步。20世纪70年代末，从东欧引入装配式大板住宅体系后，全国发展了数万家预制构件厂，预制装配式建筑迎来规模化应用尝试。20世纪80年代后期，但是受到当时设计水平、制造能力、工艺品质与施工机械的约束，以及大量农村富余劳动力涌入城市建筑市场的耦合作用，装配式建筑发展进入停滞期。21世纪10年代以来，在国家大力发展绿色建筑、可持续发展政策指导下，建筑业全面进行结构调整和转型升级，装配式建筑业朝着工业化、高品质、绿色化和智慧化方向积极发展。通过标准化设计、精益化生产、装配式化施工、信息化管理，实现建筑主体结构、围护体系、装修系统和设备管线一体化策划设计和制造装配。对建筑全产业链进行整合，从而将传统劳动密集型的建筑全面提升为技术密集型的智慧建造，大幅度提升建筑品质。基于智能制造与智慧装配的装配式建筑高品质管控和偏差检测，是一个新的研究课题。

　　谢俊博士通过贝叶斯方法，以装配式建筑外墙为代表，深入分析设计、制造、装配阶段偏差问题和偏差影响因子，通过引入不确定性推理理论，基于小数据样本和不完整检测条件的贝叶斯网络理论，从概率测度角度，在装配式设计、产品制造和精益装配三个环节分析偏差现象与偏差原因之间关系，在贝叶斯网络学习框架下建立涵盖历史数据和专家经验等先验知识诊断体系，利用外墙制造、装配中模具和实体检测数据，通过贝叶斯网络节点计算实现诊断模型学习和更新，及时找出外墙设计、制造与装配过程中主要偏差原因，建立起偏差源的主要分布。算法适应性强，为装配式建筑外墙设计提供偏差预防理论，为装配式建筑外墙制造和装配提供偏差及时确诊方法。与其他方法相比，装配式建筑贝叶斯网络表达外墙偏差不确定性，逻辑严谨，定量分析，推理清晰，优势较明显。

　　当今世界，在以"碳达峰及碳中和"为目标，构建人类命运共同体的伟大征程中，推动建筑工业化向智慧生态化转型升级过程中，装配式建筑重任在肩。国家住房和城乡建设部"十四五"规划中，提出三大重点发展方向：一是大力发展装配式建筑；二是大力发展建筑产业互联网；三是积极推进研发应用建筑机器人。面对国家"十四五"规划新形势、高质量发展的新要求，数字化设计、智能化制造、智慧化装配、生态化集成为代表的一系列科技创新，指出了装配式建筑产业发展的重要方向。不积跬步，无以至千里；不积小流，无以成江海。在新时期发展征程中，探索科技创新的星辰大海，还需要一代又一代的优秀学子聚焦科研，踏实论证。希望以谢俊为代表的年青一代科研工作者，继续脚踏实地、持续研究，推动社会进步。

中南大学教授，博士生导师
蒋涤非

序　二

　　装配式建筑，通过推行建筑设计和构配件生产标准化、现场施工装配化的新型建造生产方式提高劳动生产率，应对国家大规模建设需要。从 20 世纪 50 年代起，我国就开始推广标准化、工业化、机械化的预制构件和装配式建筑。但是受到当时设计水平、产品工艺与施工条件等的限定，导致装配式建筑遭遇到较严重的抗震安全问题。自党的十八大提出要发展"新型工业化、信息化、城镇化、农业现代化"以来，我国建筑业发展全面进行结构调整和转型升级，在国家和地方政府大力提倡节能减排政策引领下，建筑业开始向绿色、工业化、信息化等方向发展，以发展装配式建筑为重点的建筑工业化又得到重视和兴起。装配式建筑最大限度地节约建筑建造和使用过程的资源、能源，提高建筑工程质量和效益，并实现建筑与环境的和谐发展。在可持续发展和发展绿色建筑的背景下，装配式建筑已经成为我国建筑业的发展方向的必然选择。

　　装配式建筑的基本特征主要有设计标准化、生产工厂化、施工装配化、装修一体化和管理信息化五个方面。对比 20 世纪 60 年代的建筑工业化，现阶段装配式建筑随着科学技术的发展，在建筑结构设计、生产方式、施工技术和信息管理等方面有了巨大的进步，尤其是运用人工智能算法来确保建筑产品制造和装配精度，发展迅速。

　　谢俊博士采用贝叶斯方法，对装配式建筑外墙从设计、制造、装配各阶段进行偏差问题分析，提出装配式建筑外墙偏差贝叶斯网络模型，建立装配式外墙偏差映射矩阵，通过实时证据变量更新，实现算法持续学习，诊断模型迭代更新，从而创建装配式建筑外墙偏差诊断体系；结合具体案例应用，具有一定的理论价值和工程应用意义。

　　望继续努力，不断创新，为社会做出切实贡献。

中南大学教授，博士生导师

余志武

前　言

斗转星移，时代更迭。传承千百年的秦砖汉瓦，正在快速步入工业时代。传统建造所消耗的材料、人力、资源，带来的巨大浪费和环境问题，引起广泛关注。类比飞机、船舶、汽车等工业产品，基于现代制造业的装配式建筑在批量制造、规模质控、人均效率、综合成本、环境友好等诸多方面均优势明显。装配式建筑基于制造和装配需求，对建造精度有更严苛要求。本书选取装配式建筑外墙作为研究对象，对外墙偏差引发的质量和安全问题进行分析，提出装配式建筑外墙贝叶斯网络偏差检测理论，开展基于精益制造和人工智能方法在装配式建筑领域的应用研究。

首先，通过贝叶斯方法对装配式建筑外墙在设计、制造、装配各阶段偏差进行分析，结合专家经验等先验知识，定义装配式建筑外墙偏差贝叶斯网络模型结构和参数。通过对制造阶段外墙产品和装配阶段外墙实体的检测数据统计，分析在小样本、不完整条件下，采用敏感度矩阵方法对外墙偏差贝叶斯网络结构和节点参数进行映射，建立装配式建筑外墙偏差贝叶斯诊断初始模型。将模型节点概率条件进行信息熵转化，根据装配式建筑设计规范和质量验收标准，对优化后的制造与装配阶段实测数据进行贝叶斯偏差估计评价，取得实测节点证据变量集；采用贝叶斯估计方法满足模型节点参数先验概率与实测数据统一。利用模型结构节点独立性检验算法，对模型偏差原因节点后验概率进行贝叶斯推理，取得偏差源定位和偏差原因概率排序，实现外墙偏差贝叶斯网络模型的推理诊断。利用实测数据集的不断完善，基于上述算法可实现模型持续更新。

同时，采用有限元模拟方法对外墙偏差分析，进行偏差原因节点与偏差检测节点敏感度映射，获得装配式外墙偏差影响关系和先验参数，建立装配式建筑外墙偏差映射矩阵，采用有效独立性方法，根据外墙偏差检测节点对偏差原因节点的敏感度分析，定义平均互信息为评价指标，反映实测数据对偏差原因变量映射程度。互信息越大，实测数据集反映偏差原因变量数据量越大，通过对检测节点映射偏差原因节点敏感度由大到小排序，依次删除敏感度最小偏差节点，删减非关键有向边和非关键节点，获得最佳检测设计方案，对模型进行优化，根据优化模型提出装配式建筑外墙制造与装配阶段偏差实测节点优化设计方法，极大地降低检测成本，提升模型计算效率。通过偏差检测节点的实时证据变量更新，实现算法持续学习，诊断模型迭代更新，建立装配式建筑外墙偏差诊断体系。

最后，通过选取某超限高层装配整体式结构剪力墙建筑等四个代表性外墙案例展开理论方法应用分析。通过理论建模，指导装配式建筑设计和制造装配检测设计。建立偏差分析模型，结合实测数据，开展模型学习，取得诊断结果，持续迭代更新。四个代表性案例偏差诊断结果证明，全书提出的装配式建筑外墙偏差诊断理论指导各项目能在完整偏差、多因子组合偏差和不完备证据变量偏差等多种状态下实现有效诊断，减少外墙偏差概率，提升产品一次合格率；验证基于贝叶斯网络理论的装配式建筑外墙偏差诊断方法的实用性和可行性，实现理论方法的工程应用，具有较好的经济和社会价值。

感谢清华大学、建业集团、筑友集团博士后科研工作站、云南城投中民昆建科技有限公司、云南高长安人防设备有限公司、长沙巨星轻质建材股份有限公司和昆明群之英科技有限公司提供的帮助。

鉴于笔者研究水平和工作经验局限，虽殚精竭虑地进行理论建模、数据采集、统计分析、工程验证的研究，书中难免有疏漏和不足之处，真诚欢迎同行专家和广大读者批评指正。

目　　录

第1章 绪 论

装配式建筑是指通过标准化设计、工厂化生产、机械化装配,建筑围护、结构、机电和装修均采用工厂预制集成的建筑[1]。全书研究的装配式建筑范围为装配式混凝土建筑,指建筑的结构系统由混凝土部件(预制构件)构成的装配式建筑。本书研究的外墙范围仅限于预制混凝土外墙。

1.1 问题提出

装配式建筑在快速发展中,暴露出外墙质量隐患和安全事故。2015 年,某竣工装配式公租房项目外墙板与屋顶梁板接缝、阳台外墙板接缝太大,出现严重渗水现象。2016年,西安某装配式公租房小区外墙脱落,当场砸死下班回家的周某。2018 年,长沙某装配式住宅小区外墙保温层掉落,砸伤一名过路男子。2019 年,上海某装配式建筑住宅区外墙脱落,造成 9 辆车不同程度受损,如图 1-1 所示。

图 1-1 装配式建筑外墙质量和安全问题

分析得知,因装配式建筑外墙偏差带来诸多的质量和安全问题,主要表现为外墙设计与制造装配偏差较大,制造与装配过程偏差源多,偏差诊断不及时,累计偏差造成质量隐患等。例如,装配式剪力墙外墙因制造偏差超标,预埋连接件无法安装就位,导致现场弯扭钢筋甚至切断、无法就位钢筋等重大质量隐患现象。现有偏差诊断对装配式建筑外墙设计缺乏深入研究,对制造模具和工艺缺乏过程偏差分析,对装配预埋和工法缺乏及时偏差控制。面对装配式建筑从深化设计、制造生产、装配施工引起外墙偏差的具体原因缺乏理论指导方法,从而导致偏差诊断困难,容易造成外墙质量安全问题。

1.2 研究目的和意义

本书的研究目的:针对装配式建筑外墙偏差原因众多,偏差诊断缺乏理论指导。归纳装配式建筑四种典型外墙特征，立足于装配式建筑外墙深化设计、制造工艺和装配工法，深入研究各阶段主要偏差影响因子，定义偏差原因与偏差检测节点；引入不确定性推理理论，建立装配式建筑外墙偏差贝叶斯网络诊断模型。实现装配式外墙设计、制造和装配偏差影响关系的逻辑表达与推理。

提出装配式建筑外墙偏差诊断评价方法，通过偏差原因对偏差检测节点的敏感度映射，实现对模型偏差节点的推理分析，结合观测证据集，开展贝叶斯网络模型更新学习，实现装配式建筑外墙偏差诊断。选取四种装配式外墙典型案例，基于评价方法优化观测节点，建立贝叶斯网络诊断模型，降低外墙制造和装配偏差波动水平，提高外墙装配效率与质量，指导装配式建筑外墙设计。

1.3　研究背景和价值

现代主义建筑大师勒·柯布西耶在 20 世纪提出了"建筑是居住的机器""像造汽车一样的盖房子"这两个建筑发展命题。我国建筑学先驱梁思成先生也于 20 世纪提倡建筑工业化[2]。但是，经过了大半个世纪的发展，建筑并未像机器一样，实现高效率、高精度、高品质的设计与装配；制造与装配偏差成为阻碍装配式建筑快速发展的基础问题。

装配式建筑外墙是建筑围护体系重要组成部分，是区别传统建筑最显著的特征，在国内外项目中广泛应用，凸显代表性研究价值，如图 1-2 所示。在装配式建筑外墙复杂的设计、生产、装配过程中，外墙构件设计标准选定、设计偏差取值、工厂模具偏差等诸多偏差因素都会对建筑外墙偏差造成影响；从而严重影响建筑外观形象、防水保温及结构安全等建筑整体质量。因此，对装配式建筑外墙偏差诊断方法研究，能更好地推动建筑设计和装配整体质量提升。而装配式建筑外墙偏差诊断技术一直是建筑设计、制造与装配的难点问题。装配式建筑外墙从设计到装配全过程偏差控制，影响因子数量众多、影响因素关系复杂，如设计标准取值、外墙设计规格、外墙重量、外墙构件设计复杂程度、生产模具、生产线、混凝土配合比、混凝土坍落度、预留孔洞、门窗洞口、水电预埋、保温层连接、生产组织以及吊装工艺、吊装设备等均会对偏差产生影响。以现有研究成果和数据分析，难以精确分析设计、生产、安装过程中各种偏差输入对外墙整体偏差输出的影响机制。目前，在外墙构件大批量生产过程中，只对产品出厂、进工地、安装就位等流程上少数测点进行抽样检测[1]。因而，外墙偏差检测数据往往表现出不全面、小样本特点，无法完整覆

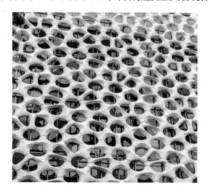

图 1-2　装配式建筑外墙典型案例

盖装配式外墙设计与装配过程中偏差输入与输出完整数据。装配式建筑外墙偏差呈现原因不明、关系复杂、偏差多样等现象，偏差的不确定性程度高。

本书研究基于贝叶斯网络理论，首次将不确定性推理理论引入装配式建筑外墙偏差诊断研究。通过深入研究装配式深化设计，提出基于外墙整体性能、制造与运输、装配与组织目标的设计原则，取得外形与质量、板缝与装饰等 19 项设计偏差影响因子。基于装配式建筑外墙制造工艺，提出模具、预埋件固定和振捣工艺等 11 项制造偏差影响因子。基于四种典型装配式建筑外墙装配工法，提出预埋精度、后续工法等 8 项装配偏差影响因子。对设计成果、制造生产、装配安装和检测数据等多阶段数据的综合利用，建立装配式建筑外墙偏差原因节点与偏差检测节点之间的贝叶斯诊断模型。以概率论为核心的贝叶斯网络理论，具有强大的问题表达与不确定推理能力，能将不确定性问题用数理概率进行演绎，是目前解决不确定性论题最直观高效的方法之一。通过导入制造和装配环节中偏差实测数据，实现装配式建筑外墙偏差及时诊断和提前预警，能有效指导装配式建筑外墙深化设计，提高生产精度和装配效率。本书首次在装配式建筑外墙领域开展基于人工智能的机器学习和深度学习算法基础研究，提出装配式建筑外墙偏差诊断评价方法。本研究不仅可为装配式建筑外墙偏差诊断提供新的理论方法和应用指导，亦可在装配式桥梁、装配式管廊、装配式木结构、装配式钢结构等相关学科中进行推广。

1.4　国内外研究现状综述

1.4.1　装配式建筑外墙发展历程

1. 国外历程

装配式建筑外墙发展大致可划分三个阶段。第一代装配式建筑外墙（1950 年之前）。从 1875 年 William Henry Lascell 申请预制装配式专利开始，尝试主体结构利用木材，围护体系使用工厂生产的墙板，外墙开始用螺栓装配。到 1878 年世博会，成功组装出世界第一个预制装配式别墅；装配式建筑外墙开始使用。

第二代装配式建筑外墙（1950—1980 年）。欧洲代表作有马赛公寓，如图 1-3 所示，外墙采用柯布西耶经典"模数理论"设计，结构体系采用类似"内浇外挂"系统，主体结构采用现浇混凝土体系，而外墙则全部采用装配式混凝土板材；展现装配式外墙实用价值和美学效果。

美国代表作是费城警官大楼，如图 1-4 所示。该项目设计尽可能地降低外墙自重，对混凝土潜力充分挖掘，让装配式外墙同时作为围护部件和结构部件。外墙尺寸高达 10.67m，宽为 1.52m，具备保温功能，构造技术一流。具有双 T 形截面外墙，凹形内侧设置有机械设施，不仅节约室内空间，还能实现制造工业化和装配机械化；引领众多国家开始装配式建筑外墙试验和推广。

第三代装配式建筑外墙（1990 年至今）。装配式建筑发展重心转移至澳洲和亚洲等地区。澳洲因地广人稀，装配式建筑技术取得重大突破，装配式建筑外墙技术成熟，已达到世界领先水平。澳大利亚最负盛名的黄金海岸有座"波浪"建筑大楼，如图 1-5 所示。大厦由一系列装配式混凝土外墙包裹，犹如层层波浪递进。每一层阳台和曲面外墙均采用装配式混凝土悬挑装配；每四层组成一个模块，重复向上，形成螺旋上升样式。

图1-3　马赛公寓外墙

图1-4　美国费城警官大楼外墙

世界上装配式技术发达的各国，均根据本国的实际情况开发出各种装配式建筑体系，例如英国L板体系、法国预应力装配框架体系、德国装配式空心模板墙体系、美国装配式预应力体系、日本多层装配式集合建筑体系等。

2. 国内发展

我国早在20世纪50年代，就引进了苏联工业化思想，根据国内装配式建筑外墙发展特点，总结其分四个典型阶段。

起步阶段（1950—1965年），全国学习苏联建筑体系，在全国大力发展建筑工业化，预制大板建筑开始兴起；外墙多采用预制单板外挂

图1-5　澳大利亚波浪大厦

体系。国务院1956年发布《关于加强和发展建筑工业的决定》，即1950—1970年代的预制式大板和工具式模板现浇生产体系。该体系结构体系混杂，难以形成通用的标准体系，产品质量水平不高。

停滞阶段（1966—1979年），建筑业发展基本停滞。1976—1979年，北京市中心前三门大街南侧集中兴建了34栋9～15层高层住宅，有板式和塔式两种，共近40万平方米，标志着兴建高层住宅的高潮即将来临。前三门住宅结构采取"内浇外挂"做法，大模现浇内墙，装配式外墙，构配件标准化，如图1-6所示。

(a) 北京前三门住宅北侧外墙

(b) 北京前三门住宅南侧外墙

图1-6　北京前三门装配式住宅

成长阶段（1980—2012 年），改革开放后，装配式建筑外墙迎来成长，重点推进住宅领域产业化发展。2006 年 6 月，万科在上海新里程推出第一个面向市场的工业化住宅项目，如图 1-7 所示，两栋高层住宅，具有较强的示范意义。建筑主体结构为现浇"框架-剪力墙"结构，工厂预制产品有外墙、楼梯、阳台和楼板，均采取装配式技术，是国内第一代"内浇外挂"技术的代表。

图 1-7　上海万科新里程

　　发展阶段（2013 年至今），国家大力提倡发展装配式建筑，以万科为代表的各类企业，研究各种形式的装配式建筑预制混凝土技术（Precast Concrete，简称 PC），发展出不同类型的装配式外墙，如图 1-8 所示。

(a) 装配式外墙外侧　　　　　　　　　　　　　(b) 装配式外墙内侧

图 1-8　装配式建筑外墙产品

　　国内外的装配式建筑外墙发展快速，陆续建立标准，进行一系列项目实践，重点聚焦在外墙连接技术、防水技术和装饰保温一体化等领域，在外墙质量控制、精益生产、偏差诊断等方向，还存在大量课题亟待研究解决。

1.4.2　装配式建筑外墙偏差问题

　　近年频频发生装配式建筑外墙装饰层掉落等质量问题，严重影响了建筑寿命和公共安全[3]。分析这些外墙事故的原因，可知从装配式建筑外墙设计、制造和装配均存在连接件偏差、外墙拼接偏差、预埋件位移偏差等问题，导致装配式外墙无法承受地震、台风、暴雨等外界突发因素冲击，或者因自身偏差缺陷，经长时间日晒雨淋而造成外墙失效；造成巨大的社会影响，如图 1-9 所示。

图 1-9　外墙装饰连接件偏差严重

1. 装配式建筑外墙偏差常见类型

为更准确地研究装配式建筑外墙，根据其参与结构计算形式的不同，分为装配整体式结构剪力墙外墙、外挂式墙板外墙、低多层墙板结构外墙和叠合剪力墙四种主要装配式建筑外墙类型。其偏差主要表现为三类：第一，外形尺寸、规格、外观、平整度等制造值较设计值发生偏差；第二，预留、预埋连接件发生位移偏差；第三，装配阶段预埋、定位、安装、临时支撑、后续工法扰动等造成外墙整体偏差。装配式建筑外墙主要偏差类型示意见表1-1～表1-5。

因装配式建筑外墙偏差造成建筑质量问题突出表现为：

（1）连接问题：在具体项目中存在节点连接件与墙板预留位置偏差过大、接缝宽度不合理等现象，易造成结构安全隐患。

（2）板缝问题：装配式外墙拼接缝尺寸偏差过大，超出板缝设计值，密封胶不封闭，易老化，易造成严重渗水隐患。

（3）保温问题：装配式夹心保温外墙出现局部保温冷热桥，外叶板易变形、开裂甚至断裂现象，易造成外墙保温失效隐患。

（4）尺寸问题：外墙尺寸制造偏差超出设计允许值，造成装配困难。

（5）位移问题：预埋件与连接件的位移偏差过大，未能统筹装配式深化设计与装配组织设计，造成装配障碍，如图1-10所示。

装配式剪力墙外墙偏差示意   表 1-1

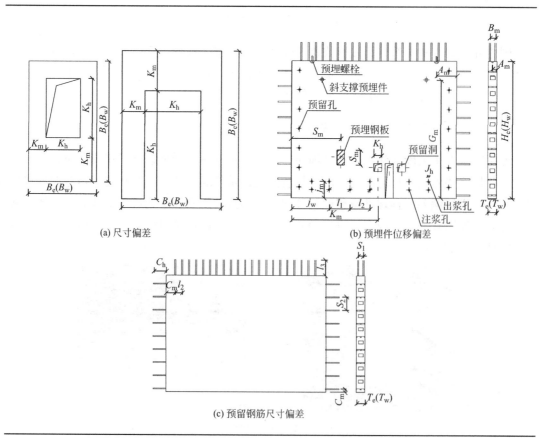

(a) 尺寸偏差   (b) 预埋件位移偏差

(c) 预留钢筋尺寸偏差

装配式外挂墙板外墙偏差示意 表 1-2

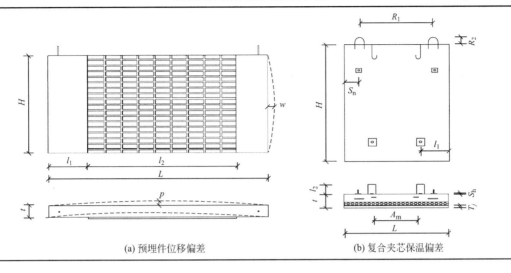

(a) 预埋件位移偏差

(b) 复合夹芯保温偏差

装配式干法连接墙板结构外墙偏差示意 表 1-3

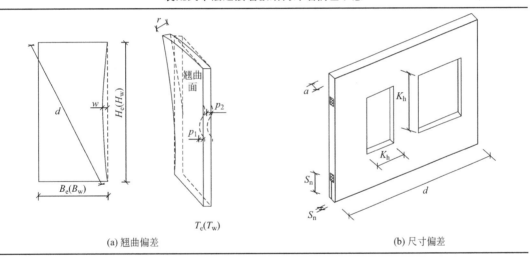

(a) 翘曲偏差

(b) 尺寸偏差

装配式叠合剪力墙偏差示意 表 1-4

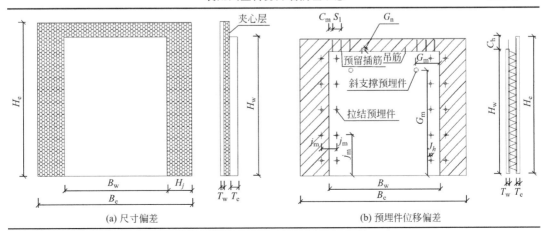

(a) 尺寸偏差

(b) 预埋件位移偏差

装配式外墙装配偏差示意 表 1-5

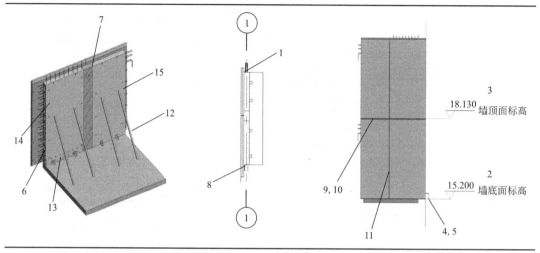

注：1—构件中心线对轴线位置偏移；2—墙底面标高；3—墙顶面标高；4—墙（≤6m）垂直度；5—墙（＞6m）垂直度；6—墙侧面（外露）相邻构件平整度；7—墙侧面（不外露）相邻构件平整度；8—支座、支垫中心线位置；9—墙板接缝宽度；10—墙板接缝中心线位置；11—外墙板接缝防水；12—临时固定施工方案；13—钢筋套筒灌浆等连接；14—连接处后浇混凝土强度；15—外墙整体外观质量缺陷

图 1-10 装配式建筑外墙偏差常见类型

2. 装配式建筑外墙偏差现有研究

国内外研究人员就装配式建筑外墙偏差相关问题做了一些研究，现归纳总结成技术体系建立、影响因素分析和检测技术研究三个方面。

1）技术体系建立

国际混凝土结构协会在 2012 年发布了新版的《模式规范》MC 2010。欧洲建立 EN 1990-EN 1999 等技术规范。美国预制预应力混凝土协会（PCI），主编《预制预应力混凝土手册》。日本装配式建筑外墙规范有《装配式混凝土工程》JASS 10 和《混凝土幕墙》JASS 14。国外发达国家已经建立起一系列涉及外墙的装配式建筑技术规范，各类代表性规范成果归纳见表 1-6。

国外装配式建筑外墙偏差相关规范 表 1-6

类别	主要规范
设计	Seismic Design of Precast/Prestressed Concrete Structures《预制和预应力混凝土结构抗震设计》MNL 140-07 Design and Typical Details of Connections for Precast and Prestressed Concrete (2nd Edition)《预制和预应力混凝土连接设计与典型构造》MNL 123-88 Architectural Precast Concrete (3rd Edition)《建筑预制混凝土(第 3 版)》MNL 122-07 Manual for Quality Control for Plants and Production of Structural Precast Concrete Products《结构预制构件的制作质量控制手册》MNL 116-99
制造	Manual for Quality Control for Plants and Production of Architectural Precast Concrete Products《建筑预制构件的制作质量控制手册》MNL 117-96 Manual for Quality Control for Plants and Production of Structural Precast Concrete Products《结构预制构件的制作质量控制手册》MNL 116-99 Architectural Precast Concrete (3rd Edition)《建筑预制混凝土(第 3 版)》MNL 122-07
装配	Design and Typical Details of Connections for Precast and Prestressed Concrete (2nd Edition)《预制和预应力混凝土连接设计与典型构造》MNL 123-88 Erectors Manual-Standards and Guideline for the Erection of Precast Concrete Products《安装手册—预制构件的安装指南和标准》MNL 127-99 PCI Connection Manual for Precast and Prestressed Concrete Construction (1st Edition，2008)《PCI 预制和预应力混凝土结构连接手册》MNL 138-08 Erectors Manual-Standards and Guideline for the Erection of Precast Concrete Products《安装手册—预制构件的安装指南和标准》MNL 127-99
验收	Tolerance Manual for Precast and Prestressed Concrete Construction《预制和预应力混凝土施工偏差手册》MNL 135-00 PCI Connection Manual for Precast and Prestressed Concrete Construction (1st Edition，2008)《PCI 预制和预应力混凝土结构连接手册》MNL 138-08
综合	《装配式混凝土工程(日本)》JASS 10

国内从 2014 年起，国家出台了一系列与外墙发展相关的装配式建筑技术规范，各种标准代表性成果见表 1-7。这些技术标准从国家层面规范了装配式建筑外墙的有序发展。

国内装配式建筑外墙偏差相关规范和图集   表 1-7

类别	主要规范
设计	《装配式建筑评价标准》GB/T 51129—2017 《混凝土结构设计规范》GB 50010—2010 《装配式住宅建筑设计标准》JGJ/T 398—2017
制造	《装配式混凝土结构表示方法及示例(剪力墙结构)》15G107-1 《装配式混凝土结构住宅建筑设计示例(剪力墙结构)》15J939-1 《预制混凝土剪力墙外墙板》15G365-1 《预制混凝土剪力墙内墙板》15G365-2 《桁架钢筋混凝土叠合板(60mm 厚底板)》15G366-1 《预制钢筋混凝土板式楼梯》15G367-1 《装配式混凝土连接节点构造》15G310-1～2 《预制钢筋混凝土阳台板、空调板及女儿墙》15G368-1
装配	《钢筋套筒灌浆连接应用规范》JGJ 355—2015 《装配式建筑装配施工规范》T/CCIAT 0001—2017
检测	《工厂预制混凝土构件质量管理标准》JG/T 565—2018
验收	《混凝土结构建筑施工质量验收规范》GB 50204—2015 《装配式建筑装配验收规范》T/CCIAT 0008—2019
综合	《装配式混凝土建筑技术规程》GB/T 51231—2016 《装配式钢结构建筑技术规范》GB/T 51232—2016 《装配式木结构建筑技术规范》GB/T 51233—2016 《预应力装配式混凝土框架结构规范》JGJ 224—2010 《装配式建筑混凝土结构技术规范》JGJ 1—2014 《装配式多层混凝土结构技术规程》T/CECS 604—2019

通过对国内外关于装配式建筑外墙在设计、生产、装配和验收的标准或规范的归纳与对比,发现我国在外墙整体结构拆分与设计、外墙构件连接、施工阶段验算等方面的研究还不够深入;对高烈度地区外墙局部抗震性能方面的分析还不够充分、具体;在装配式混凝土结构外墙的防火要求、温度作用、隔声性能、隔震减震等方面,仍然需要进一步研究[4]。因此,装配式建筑技术体系标准建立成为重点。研究主要有装配施工、材料研发、工程造价、信息技术探索等领域,真正聚焦装配式建筑外墙设计、制造和装配偏差和质量提升的研究较少。

2)影响因素分析

研究装配式外墙偏差的论文主要涉及外墙材料选择、构件加工质量控制、产品集成技术、施工偏差控制、现场管理模式等领域;而基于贝叶斯网格理论的研究成果主要涉及结构受力、结构损伤、抗震性能、施工进度、施工质量安全等。

(1)装配建筑外墙设计偏差相关研究

针对装配式建筑外墙设计,郁银泉[5] 对外挂墙板的板间接缝宽度开展相关的研究,得到建筑角部平移式外挂墙板竖缝宽度容易超出限值的结论,并给出了建筑角部局部配筋加强等建议。肖明[5] 研究了风荷载与地震作用下外挂墙板的变形特点，并根据变形特点研究了建筑各部位接缝两侧墙板的相对变形值。周建云[3] 对预制装配式建筑外墙防水方式进行研究，并根据实际问题提出了改进外墙漏水的有效措施。冯雪庭[6] 提出装配集成外墙的精细化设计具体策略，并做出尝试性的总结。朱国阳[7] 分析建筑外墙形式与审美所要求的装配式设计与安装工艺。蒋勤俭[8] 研究了装配式建筑体系组成及系统集成、围护系统的耐久性和高品质特征。田春雨[9] 对装配式建筑外墙中拉结件的布置方案进行计算，根据拉结件的实际应用情况及现行相关标准，总结了拉结件布置方案设计方法。谢俊、邬新邵[10] 提出了装配式剪力墙结构外墙设计方法。庄伟、匡亚川等[11] 详细地讲解利用 PKPM 软件进行预制预应力混凝土装配整体式框架结构设计及装配整体式剪力墙结构深化设计的过程。谢俊、蒋涤非等[12] 阐述了装配式建筑深化设计结合制造工厂工艺要求的原则，并创造性地将"免拆模"应用到墙体之间竖向缝连接中。

（2）装配式建筑外墙制造偏差相关研究

蒋勤俭[13-16] 对面砖饰面的预制混凝土外墙装饰挂板进行了研究。张金树、王春长[17] 探讨了预制工厂建设和生产。叶明[18] 为不同层次的建筑工人和技术管理人员岗位职业技能培训及实际钢筋加工操作应用。王宝申[19] 详细介绍了有关装配式建筑预制混凝土构件生产制作知识，介绍了预制混凝土构件生产制作各工序的详细操作流程、质量评定标准、管理要求和质量控制要点等相关内容。

（3）装配式建筑外墙装配偏差相关研究

杨爽[20] 系统化梳理装配化安全评估体系。陈耀钢、郭正兴等[21] 介绍了全预制装配整体式剪力墙结构（NPC）现场施工的关键施工技术，包括竖向钢筋校正、定位放线、构件吊装、浆锚节点施工、养护、校正固定等。肖明[22] 提出从提升节点适应变形的能力和适当限制主体支承构件的变形两个方面解决外挂墙板节点与主体结构的相对变形问题。胡友斌、谢俊等[23] 通过 Solidworks 软件，判断模型是否满足吊装强度并自动生成应力分析报告，为吊装方案提供科学依据。蒋勤俭[24] 以北京射击馆为例，介绍了预制无装饰清水混凝土外挂板的设计、预制和安装技术。应枢德[25] 系统地介绍了装配式复合墙体与装配式复合墙板的施工技术。杜常岭[26] 解答了包括装配式建筑施工技术要点和偏差控制的质量管理等问题。李长江[27] 总结了国内装配式建筑施工的经验。郭学明[28-30] 系统介绍了装配式混凝土结构的现场施工要点。肖明[31] 分析装配式混凝土建筑现场施工的全工艺流程控制。田庄[32-33] 对装配式建筑质量控制进行研究。宋亦工[34] 主要介绍装配式建筑施工组织特点、建筑信息化管理及工程项目设计协调，预制构件及材料规格性能，装配整体式混凝土建筑工程技术与质量管理等方面的知识。黄延峥和魏金桥[35] 介绍装配式混凝土建筑的施工组织与管理、施工技术和应用方面的知识。李浩[36] 介绍了装配式混凝土剪力墙结构的施工技术措施。林家祥、周成功等[37] 系统地介绍工程预制装配式结构体系的设计基本原则、预制构件生产和安装施工原则及其管理方法。王成[38] 介绍装配式建筑与隔震装置、减震装置之间连接安装的施工工艺以及施工过程中的安全和环境保护控制要点。

（4）装配式建筑外墙偏差控制与质量验收

文林峰[39] 从设计、生产、运输与堆放和装配质量四方面概括装配式建筑生产与施工中质量管理及偏差控制影响因素。高乐旭[40] 从装配式建筑的发展现状、质量提升及监督管理等方面进行研究。刘岳英[41] 重点利用 BIM 工具，分析装配管理疑难问题。王伟坐[42] 总结了产业化住宅结构施工质量问题的主要类型和表现形式，初步建立了产业化住宅结构施工质量评价指标体系。金孝权[43] 对工程质量行为的要求、原材料的控制、现场安装环节关键节点的控制，作了详细的描述。高乐旭[44] 从装配式建筑的发展现状、质量提升及监督管理等方面进行研究。梁爽[45] 提出利用 MATLAB 实现灰色预测模型及改进模型的建立，预测装配式施工偏差发展趋势，从而指导下一步施工。

（5）装配式建筑外墙偏差相关的新型材料、成本、管理和 BIM 领域的研究

郑立和姚通稳[46] 详细地介绍了国家重点提倡发展墙体材料的方向。郭娟利[47] 研究从装配式外墙材料性能角度，提出新型复合建材和集成方法。张龚[48] 提出建筑垃圾再生骨料应用于混凝土预制墙板，并通过力学性能的研究为工程的实际运用提供依据。孙永胜、寄宝康[49] 研究了装配式建筑外墙保温材料的选择，同时将其与一种新型的真空绝热的无机保温材料进行浅析和选择。蒋勤俭[50] 阐述预制混凝土外墙内保温技术、预制混凝土外墙外保温技术和预制混凝土外墙夹芯保温技术的特点及工程应用。刘东卫[51] 利用尾矿砂作为主要原料制备加气混凝土，说明砌块保温性能较好，可用于制备装配式预制保温墙体。潘雨红[52] 通过对预制混凝土外墙板直接成本分析，提出应提高外墙板生产规模、优化生产工艺，开发新技术、新材料，可以大大降低 PC 外墙板的建造成本。苗启松、卢清刚等[53] 通过技术研发构建了一种适宜于装配式住宅建筑的外围护墙板技术体系，提出了新型高效连接节点做法，明确了安装工法关键控制技术，对装配式住宅类建筑设计具有借鉴意义。戴文莹[54] 在 BIM 技术的研究基础上，对我国建筑工业化发展模式下的装配式建筑进行了系统研究。金晨晨[55] 分析了装配式建筑采用工程总承包发包的协同优点。赵勇[56] 概括介绍了装配式复合模壳剪力墙体系的技术特点、标准编制及其在实际项目中的示范应用。谢俊、蒋涤非等[57-59] 研究了装配式建筑成本影响的相关因素。许德民[60] 分析了装配式混凝土建筑成本构成的各要素。单英华[61] 研究了工业化住宅产业链机理。高颖[62] 对工业化住宅部品体系集成化技术进行了研究。鄂欣[63] 提出了提高生产设计标准化的措施。

（6）装配式建筑外墙专利和发明情况

田春雨[64] 介绍了装配式混凝土结构中较重要的 10 项技术。赵勇[65-66] 申请设计一种具有转角连接结构的保温装饰结构一体化装配式外墙挂板，提高了叠合剪力墙的整体性。吴刚[67-68] 提出一种聚苯乙烯复合装配式墙板及其制备方法。刘卫东[69-70] 发明了一种装配式墙板定位装置，解决了保温板与墙体易脱落、开裂和渗水的问题。赵钿[71-72] 设计了一种预制墙，解决快速装配问题。肖明[73-75] 公开了一种基于内置通高波纹管预制墙板的装配式建筑及其施工方法。郭海山[76-78] 发明了一种结构保温装饰一体化大型外挂预制墙板及其制作方法。彭海辉、陈定球、谢俊等[79-81] 结合防水要求对装配式建筑带外墙的整体卫浴进行研究，申请了相关专利，满足了建筑整体防水性能要求。

3）装配式建筑外墙检测技术的研究

国内装配式建筑的检测技术论文研究主要涉及结构性能检测、损伤缺陷检测、灌浆套筒连接检测、施工安装检测、接缝抗震性能检测等领域，专注于外墙偏差检测研究较少。

梁益定[82] 将装配式混凝土住宅建筑检测内容分为材料、构件、连接质量、结构性能、外围护系统、内装系统、设备与管线系统检测几个方面进行详细阐述。李康[83] 对混凝土预制构件进行超声无损检测，超声波的振幅值的大幅衰减可作为判断混凝土构件存在

缺陷的主要依据。张军[84] 围绕水平接缝灌浆质量、套筒灌浆质量、浆锚连接件灌浆质量的超声检测技术开展研究。崔珑、刘文政、张效玲[85] 通过在套筒出浆孔位置安装灌浆传感器，检验预制外墙竖向钢筋连接套筒灌浆饱满程度是否达规定要求，便于实现对灌浆施工过程进行控制。张剑峰[86] 通对过红外热成像法探测建筑外墙热工缺陷的试验研究和理论分析，对红外热像图用于建筑外墙的保温性、气密性等检测的可行性、判定方向进行了探索。仲小亮[87] 提出的密封材料的密实性、密封性、粘结性的现场检测方法，为建筑外墙防水性能的现场检测和鉴定提供参考。

相对于发达国家，我国的装配式建筑外墙检测技术还未发展成熟，当前检测工具或标准不能满足建筑制造业精度需求，性能试验还处于一种较为被动的局面，大多数时候进行外墙性能试验只是应付业主单位、监理单位和质量监管部门验收需要，还不能反映装配式建筑外墙产品的真实性能。另外，在国外有很多关于装配式建筑外墙性能试验由于我国缺少相关标准和规范，外墙产品推广应用存在障碍。

国内外装配式建筑外墙偏差研究主要聚焦在建筑设计、施工管理和新发明与新材料应用等领域，针对制造阶段的外墙偏差研究较少。在项目应用中，研究主体是开发企业或者生产单位，其研究侧重点在于装配式建筑外墙的经济性和实用性，对装配式建筑外墙设计、生产和装配的全过程偏差控制的理论研究较少。在学术研究中，研究主体是科研院所，其研究重点在于体系建立和标准规范，确保行业安全、可靠、规范的发展，对装配式建筑外墙从设计、制造、装配全过程偏差诊断的定量分析理论研究极少。

1.4.3 装配式建筑外墙偏差诊断不确定性问题

相对于现浇混凝土建筑外墙施工，装配式建筑外墙是多流程、多工种、多工艺、多工位的设计、制造和安装进程。由于外墙在工厂加工和工地安装的工艺较复杂且检测体系的相对落后，造成外墙制造与装配进程中存在非常多的不确定因素，从而导致装配结果相对不可控、偏差诊断不及时、诊断结果不确定。具体如下：

1）装配式建筑外墙需进行深化设计，需要考虑外墙拆分构件的结构安全、防水防火、外形重量、模具生产、制造与运输、装配与组织等诸多变量因素，容易造成后续流程偏差。外墙按照设计要求，在不同类型工厂、不同流水线、不同模具环境下生产偏差值波动明显。严重的偏差会导致外墙装配时钢筋和套筒无法全部正常对齐，出现割断钢筋等极端处理方案，从而造成严重的质量安全隐患。

2）单个外墙构件偏差在设计规范控制范围内，但是批次构件累计偏差造成构件无法正常安装，或者是安装后构件间的拼接缝超出验收规范控制的尺寸要求，造成渗水、保温、防火等质量隐患；这些问题往往呈现偏差源的随机性和过程不断累加新增变量因素的不确定性特征。

3）外墙构件种类多、组成复杂，尺寸质量检测过程仅能对批次构件的5%～10%进行抽样检测[88]，检测偏差过程存在检测工具精度不够，客观上造成偏差特征选取难度大，统计数据代表性不强。

4）各种数据采集受制于外墙研发、具体项目设计、偏差源情况的复杂程度以及检测数据的统计口径差别等因素影响，从而导致问题偏差诊断结论的差异性非常大，不确定性程度非常高。

1. 装配式外墙偏差诊断的不确定性理论

建立在没有精确数据和足够多证据的环境下进行的逻辑推断，推理结果呈现某种程度的不确定性却又符合常理的理论，叫不确定性推理。常见的不确定性推理方法有人工神经网络、支持向量机、贝叶斯网络、决策树和随机森林等。其中，人工神经网络（Artificial Neural Networks，ANNs）是模拟生物的神经网络运行机制的数学模型算法。由诸多神经元节点相互连接组成，节点表示特定的输出函数，两个节点之间连接表示经过该连接信号的加权值。模型因而具有智能决策能力。但人工神经网络模型结构复杂，建模节点间逻辑关系较难确定，模型结构输出计算量较大。由 Vapnik 和 Corinna Cortes 首次提出的支持向量机（Support Vector Machine，SVM）理论，是典型的二分类模型，能分析数据、识别模式，可以分类和回归分析。在解决非线性、小样本和高维模式识别中具有特有优势。但其应用面较窄，主要用于特征空间上的间隔最大化处理，求解凸二次规划的最优化算法。决策树（Decision Tree）方法是一种树形结构，每个节点代表一个属性上的测试，每个分支表示一个输出，每个叶节点指的一种类别。通过已知各种情况概率基础上，构成决策树来计算净现值的期望值大于等于零的概率，推理其可行性的决策分析方法，是直观运用概率分析的一种图解法。但决策树方法对连续性的数据较难预测，对有时间顺序的信息，需要大量的计算前预处理工作；且数据类别较多时，模型计算结果错误概率增长显著。Adele Cutler 和 Leo Breiman 根据决策树理论和贝尔试验室的 Tin Kam Ho 所提出的随机决策森林（Random Decision Forests）提出随机森林（Random Forest，RF）算法。在机器学习中，随机森林是将多棵决策树集成的分类器，基本单元是决策树，本质属于机器学习中集成学习（Ensemble Learning）方法；其输出类别由单个决策树输出类别的众数而定。但随机森林在某些噪声较大的分类或回归问题上会出现过拟；当有许多类似决策树时，容易遮掩真实结果。对于小数据或者低维数据，可能产生较差的分类。

贝叶斯网络是不确定性推理理论体系主要发展方向之一，该理论是图论和概率论结合的成果，建立在有向图（Graphical Models）的基础上，可以有效提高问题的决策效率，从而使决策网成为一种根据有向图决策的概率统计模型，进而使概率论能在复杂的决策领域中开展应用。贝叶斯网络是人工智能研究中重要的推理方法。大量的研究成果表明，贝叶斯网络是一种不确定推理和数据分析的有效工具（Buntine，1996）。类似自然语言处理60多年的发展中，采用机器模拟人类语言的20多年科学探索，成果寥寥无几；直到借助数学模型和统计方法，自然语言处理进入实质性突破[89]。因此，将贝叶斯网络引入到装配式建筑外墙偏差诊断中具有重要的应用研究价值。

贝叶斯网络（Bayesian Network）源起于1763年英国学者贝叶斯的一篇遗作——"An essay towards solving a problem in the doctrine of chances"[90]，阐述了著名的贝叶斯定理，首次对随机变量的数据归纳给予精确定量推理；经过众多研究人员的进一步发展，到1988年由 Judea Pearl 首次提出了贝叶斯网络理论，进一步界定随机变量间的条件相互独立关系，逐渐演变形成一种系统的逻辑推断和科学决策的理论方法。其中，包含朴素贝叶斯（Navie Bayes）、贝叶斯推理、贝叶斯学习、贝叶斯决策和贝叶斯网络等理论方法。在贝叶斯理论引起重视之前，经典统计论方法占据主流，它的理论是不承认先验知识，结果完全依据客观数据。贝叶斯理论的出现，引起了思维的重大改变；基于先验经验，结合观测数据推导的后验概率，深刻地影响了人们的思维方式，尤其可用于装配式建筑外墙设计、制造、装配的全过程。

从以上对各种典型不确定推理方法和人工智能算法的对比分析，可知贝叶斯网络理论采用概率加图论表达不确定性推理，相对于其他方法，在装配式建筑外墙偏差诊断研究领域优势明显。

1）能将装配式外墙偏差诊断问题以形象化的有向图模型表示，用测度概率来分析偏差原因输入与偏差检测输出之间的关系强度，这种图模结合的表达方式呈现的诊断结论形象、直观。

2）能对装配式建筑外墙设计、制造、装配全过程数据进行集成应用，将外墙偏差诊断的问卷数据、工艺信息、模拟数据和专家知识等模型先验转化为诊断网络节点之间的模型结构和参数概率，结合实测数据，进行诊断模型学习。

3）贝叶斯网络方法具有强大的不确定性推理能力，能够实现小样本、不完备数据条件下推理计算，有利于装配式建筑外墙偏差问题的快速确诊。因此，采用贝叶斯网络理论方法，符合装配式建筑外墙偏差诊断的不确定性问题解决的需要。

2. 不确定性理论下的贝叶斯网络推理

本书研究外墙偏差所提取的节点特征是连续型的随机变量，因而模型采用贝叶斯公式密度函数形式表达：

$$\pi(\theta \mid x) = \frac{h(x, \theta)}{m(x)} = \frac{P(x \mid \theta)\pi(\theta)}{\int_{\theta \in \Theta} P(x \mid \theta)\pi(\theta)\mathrm{d}\theta} \tag{1-1}$$

其中，θ 表示所要估计的参数；Θ 表示相应的参数空间；$\pi(\theta)$ 表示参数 θ 的先验知识确定的先验分布；$\pi(\theta \mid x)$ 表示 θ 的后验分布（即在观测样本 x 的条件下 θ 的条件分布）；$P(x \mid \theta)$ 为随机变量 θ 给定值时，总体指标 x 的条件分布；$h(x, \theta)$ 为样本 x 和参数 θ 的联合分布；$m(x)$ 是 x 的边缘密度函数。

从公式可知，后验分布 $\pi(\theta \mid x)$ 与先验分布 $\pi(\theta)$ 最大的差异，是否考虑观测样本的影响，后验分布 $\pi(\theta \mid x)$ 是集合了总体、先验分布和观测样本中关于 θ 的所有信息，并且对先验分布 $\pi(\theta)$ 进行更新。

而贝叶斯网络可用一个二元组 $B = <H, \Theta>$ 公式表达，它由 H 和 Θ 两部分组成。其中，H 表示有向无环图（Directed Acyclic Graph，DAG），由 n 个节点 $x_1, x_2, x_3 \cdots x_n$ 组成，图中所有的节点一一对应随机变量，记做：

$$H = \{x_1, x_2, x_3 \cdots x_n, S\} \tag{1-2}$$

S 指集合 H 里包含的所有有向边，是随机变量之间逻辑因果反映；表达领域定性特征。H 也被称之为贝叶斯网络拓扑结构，在 H 集合中父节点确定的 x_i，与其非后代节点条件独立。

Θ 表示条件概率分布的集合，Θ 中的因素对于连续的随机变量，是条件分布的参数，如下：

$$\Theta = \{P(X_i \mid \pi(X_i)), \forall X_i \in G\} \tag{1-3}$$

Θ 又称为参数空间，体现了领域信息定量特征。

贝叶斯网络利用有向无环图表达随机变量间的独立和条件关系的定性特征，用条件概率分布描述随机变量对其父节点的依赖关系。在语义上，是联合概率分布分解的直观、形象表达。贝叶斯网络使用概率论来表达问题的不确定性，利用贝叶斯定理来实现过程学习和逻辑推理，贝叶斯网络的计算结果表现为随机变量的概率分布，可形象地理解为对不确定性问题中不同程度可能性的发生概率。

3. 贝叶斯网络理论在各领域的应用现状

现有贝叶斯网络研究是不断通过实时数据更新来迭代模型结构和参数概率，内容包括优化节点之间逻辑梳理和对各个节点的概率参数的持续更新，包括节点结构学习和条件参数学习内容。伴随贝叶斯网络学习的模型算法快速发展，参数学习方法取得重大突破，例如贝叶斯假设、贝叶斯估计、极大似然估计和最大期望值法等。在现有贝叶斯网络的研究中，已经在医疗诊断、计算机系统、制造业和数字信息技术产业等领域开展了积极应用。20 世纪 80 年代，丹麦 Aalbrg 大学的研究人员首先将贝叶斯网络运用于神经肌肉疾病的诊断，这项研究产生了第一个 BN 商业软件 HUGIN[91-92]。Fenton 等[93] 开发了一个贝叶斯网络模型去精确地预测软件中残余缺陷，被用于软件开发过程中决定何时可以停止软件测试，发布软件。Helminen 等[94] 研究了如何运用贝叶斯网络将专家知识和历史数据加以结合。

国内的贝叶斯网络研究中，杨志波等将动态贝叶斯网络应用于设备剩余寿命的预测估计。张连文等将不确定建模和贝叶斯网络推断应用于中医诊疗定量分析尝试上。杨开云[95] 编写神经网络的投资估算程序，引入了贝叶斯（Bayesian）正则化算法，较好地解决了神经网络泛化问题。李俭川等将贝叶斯网络诊断模型应用于直升机的问题确诊，结论合理。傅军等基于贝叶斯网络的柴油机问题诊断建模，推断合理。徐宾刚等在转子问题同频诊断中，采用朴素贝叶斯进行推理和具体应用，确诊及时，结论科学。樊学平[96] 以贝叶斯修正和预测理论为基础，对桥梁结构构件及体系可靠性的修正与预测进行了系统的研究。华斌等在水电发电机组中引入贝叶斯网络进行问题诊断，效果较好。

研究人员针对建筑领域的相关问题，通过引入贝叶斯网络理论展开应用研究，取得相应的研究成果。贺兆泽和莫俊文[97] 建立住宅防水风险贝叶斯网络结构，得出住宅漏水的概率和各个根节点的后验概率，经过排序得到关键致险因素。朱斌和张辉[98] 在面砖脱落研究领域采用贝叶斯网络技术进行概率测算，建立相应预警监测指标。林雪倩[99] 在贝叶斯网络模型的基础上建立一个完整的建筑施工安全预警系统，证明基于贝叶斯网络的建筑施工安全预警系统的可行性。刘建兵[100] 建立贝叶斯网络风险传递模型，提出控制风险因素和降低风险事件的严重程度的措施。杨晓楠[101] 基于贝叶斯理论针对结构系统参数识别与损伤模式识别问题进行了研究，提出在有噪声情况下结构损伤模式识别具有巨大潜力。吕贝贝[102] 利用贝叶斯方法建立的钢筋混凝土深受弯构件概率，为深受弯构件的抗剪性能研究提供了一种可供借鉴的理论方法。陶川[103] 对基于贝叶斯理论的区域建筑冷热负荷预测模型进行了介绍，验证了该方法在不同气候区、在不同功能类型的区域建筑、在冷负荷和热负荷的预测上的适用性。李浩[104] 构造了基于贝叶斯网的专家系统通用原型机用于结构工程的诊断评估，在该系统中领域知识采用离散贝叶斯网表达。笪可宁[105] 提出基于贝叶斯网络，针对装配式建筑每个构件中间环节质量信息，构建了此类建筑工程质量监控和追溯体系，并探析了装配式建筑构件质量影响因素间的因果联系以及质量风险变化。

通过上述分析可知，贝叶斯网络理论已经在建筑领域中漏水渗水、面砖脱落、施工进度、安全预警、损伤检测、抗剪性能、质量追踪等领域展开了应用，并取得了较好的应用效果，证明贝叶斯网络理论在建筑领域开展应用研究的可行性。

1.4.4　研究现状小结

装配式建筑外墙从 19 世纪发轫开始，国外经历三个主要阶段的发展，每个时期都诞生了诸如巴黎世界博览会英国别墅、马赛公寓、波浪大厦等代表性作品，深刻地推动了装配式建筑外墙技术发展和行业进步；现阶段，标准健全、体系完整，产业趋于成熟。国内从 20 世纪 50 年代开始，历经四个主要时期，从新中国成立后大板建筑到改革开放后的百花齐放，2013 年后快速发展，呈现标准陆续建立、应用项目众多、外墙形式丰富、技术研究进步、体系逐步健全等特征。以万科上海新里程项目为代表的装配式建筑外墙，取得了市场认可。纵观国内外装配式建筑外墙发展，质量问题一直是重中之重。尤其是针对装配式建筑外墙大规模制造和装配所带来的制造高精度要求，国内外研究学者从标准规范、研究论文、发明专利、科学试验等展开系列研究，大部分成果重点聚焦在装配式建筑外墙的抗震性能、结构安全、标准化设计、工业化管理、新材料应用等领域，对装配式建筑外墙偏差问题研究相对较少。

现阶段，国内装配式建筑外墙偏差问题已成为潜在质量和安全隐患，过往研究缺乏解决装配式外墙偏差问题的理论方法。通过对该问题分析，归纳四种典型装配式建筑外墙常见偏差类型，发现基于传统建筑尺寸偏差统计和诊断方法，无法适应外墙制造与装配要求，通过工程师现场手工测量获得尺寸偏差数据，偏差修正困难，且仅能处理具体项目质量问题，难以从历史偏差数据和专家意见等宝贵资料中吸取知识并及时更新数据库，具有小样本、滞后性、成本高、不完备、不确定性等特点。因此，装配式外墙偏差诊断演化为典型不确定性推理问题。不确定性推理是人工智能理论的重要分支，基于小样本、不完备条件下的贝叶斯网络方法，是一种不确定推理和数据分析的有效理论；能够清晰表达偏差结果与偏差原因之间的不确定关系。在机械制造、医疗诊断、航空故障、建筑检测等领域取得了成功应用。因此，本书将基于贝叶斯网络理论展开对装配式建筑外墙偏差诊断研究。本课题研究从实际出发，聚焦新问题，具有重要的现实指导价值。

1.5　本书的研究内容与体系框架

本书基于贝叶斯方法深入研究四种典型装配式建筑外墙，在设计、制造、装配阶段的偏差原因和偏差检测节点。通过贝叶斯网络理论，从概率测度角度，基于小样本数据和不完整检测条件下，分析偏差原因节点与偏差观测节点间逻辑关系[106]，在贝叶斯统计学习框架下建立装配式建筑外墙偏差模型，结合实测节点数据，采用贝叶斯不确定性推断原理实现模型诊断学习和更新，算法适应性强，逻辑严谨，可定量分析，推理清晰，优势明显。结合四个典型案例，实现理论应用。最终，建立装配式建筑外墙偏差诊断体系。主要研究内容有：

1. 基于贝叶斯思维的装配式建筑外墙偏差先验知识

依据贝叶斯理论，寻找装配式建筑外墙偏差的先验知识，对偏差原因与偏差检测节点进行定义。针对研究本体，归纳四种典型装配式建筑外墙类型，从设计、制造和装配三个维度展开深入研究，科学分析，归纳总结，提出各阶段的偏差影响因子。

2. 提出装配式建筑外墙偏差影响数学表达

面向大规模生产外墙制造要求，构建装配式外墙偏差原因与偏差检测的统计函数表达。从传统外墙偏差单点检测向工业化大规模生产的装配式外墙集中偏差检测，通过首次引入不确定性推理的贝叶斯网络理论，基于外墙制造与装配偏差统计，将其偏差原因节点与偏差检测节点之间的影响关系用图论加概率方式进行表达。解决过往装配式外墙偏差分析中缺乏定量计算问题，客观表达设计、制造与装配之间偏差影响的不确定性关系。

3. 装配式建筑外墙偏差贝叶斯网络理论建模和诊断方法

对外墙偏差原因节点和偏差检测节点进行定义，确定模型结构和参数，建立外墙偏差初始模型，对外墙偏差观测节点进行优化设计。结合实测数据对装配式建筑外墙偏差模型进行学习，取得外墙偏差诊断结果。

4. 理论方法的实践验证

通过选取某超高层装配式混凝土建筑等四个典型案例进行理论应用验证，建立贝叶斯网络偏差诊断模型，对案例观测节点进行优化，结合实测数据对模型进行学习。诊断结论验证装配式建筑外墙偏差诊断理论的有效性。

5. 建立装配式建筑外墙偏差诊断体系

利用历史数据和专家经验等先验知识，结合外墙偏差有限元模拟仿真，采用敏感度分析方法，提出偏差原因节点与偏差检测节点映射矩阵，通过外墙偏差模型的持续学习，建立装配式建筑外墙偏差诊断体系。

全书分 7 章展开，具体研究框架体系如下：

第 1 章，绪论。总结国内外装配式建筑外墙发展历程，提出装配式外墙偏差问题的研究背景和应用价值。分析装配式外墙偏差常见类型和现有研究综述，指出装配式外墙偏差诊断的不确定性。通过分析不确定性理论下的贝叶斯网络推理方法，归纳其在建筑检测等各领域的应用现状，提出引入贝叶斯网络理论对装配式建筑外墙开展偏差诊断研究。阐明本书研究内容和体系框架，标明全书框架结构与各章研究逻辑内涵。

第 2 章，贝叶斯思维下设计偏差分析。归纳典型装配式建筑外墙类型，基于贝叶斯理论开展相应偏差先验分析，研究设计阶段的主要潜在偏差源。细化研究本体为叠合剪力墙外墙等四种主要装配式外墙类型，从装配式外墙性能与系统、制造与运输、装配与组织三个方面对装配式设计展开偏差分析，取得外形设计、板缝设计、质量设计等设计偏差影响因子。

第 3 章，贝叶斯思维下制造偏差分析。基于精益制造目标，对比国内外规范制造阶段允许偏差值，对四种装配式外墙重点从制造工艺、制造环境和制造后续影响三个方面展开装配式外墙制造偏差研究，取得模具、预埋件与连接件固定、振捣工艺等制造偏差先验知识。

第 4 章，贝叶斯思维下装配偏差分析。对比国内外规范装配阶段允许偏差值，对四种外墙重点从装配工法、装配环境和后续影响三个方面开展外墙装配偏差分析，取得预埋精度、定位精度、工法组织等装配偏差贝叶斯先验知识。

第 5 章，装配式建筑外墙偏差模型及诊断体系。定义装配式建筑外墙偏差原因节点与偏差检测节点，结合第 2～4 章装配式建筑外墙偏差先验知识，确定模型结构和参数；建立装配式建筑外墙偏差贝叶斯初始模型。基于有效独立性准则，开展实测节点设计优化，取得证据变量集；采用贝叶斯估计方法满足模型节点参数先验概率与实测数据融合。利用模型结构实测节点独立性检验算法，对模型偏差原因节点后验概率进行贝叶斯推理，取得偏差原因节点定位和偏差原因概率排序，实现模型偏差诊断。研究在噪声等影响条件下，对模型结论准确性进行验证，证明外墙偏差贝叶斯网络诊断方法的有效性。采用有限元模拟方法对装配式建筑外墙开展偏差分析，进行偏差原因节点与偏差检测节点敏感度映射，获得装配式建筑外墙偏差影响关系和先验参数，建立装配式建筑外墙偏差映射矩阵。通过偏差检测节点的实时证据变量更新，实现算法持续学习，诊断模型迭代更新，建立装配式建筑外墙偏差诊断体系。

第6章，装配式建筑外墙偏差诊断方法工程应用。通过选取四种装配式建筑外墙代表性案例，分别建立偏差诊断模型，结合实际对案例观测节点优化，取得实测数据证据集，导入模型进行偏差诊断。四个案例诊断结果与实检结果一致，证明装配式建筑外墙偏差诊断理论的有效性和实用性。

第7章，结论与展望。总结全书，获得结论，指出创新成果。展望后续研究方向。本书研究结构逻辑如图1-11所示。

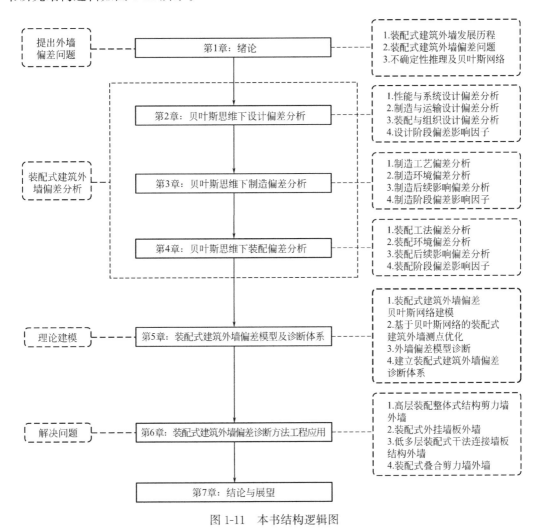

图1-11 本书结构逻辑图

第 2 章　贝叶斯思维下设计偏差分析

2.1　引言

　　装配式建筑外墙相对传统外墙是"化整为零"设计过程。按照工业制造和机械装配要求，满足建筑外墙整体性能目标，展开装配式建筑设计。基于制造理念的装配式设计需同时满足建筑围护性能、大规模流水制造和高精度快速装配目标；精益设计是目标，偏差控制是基础。

　　实际工程中偏差概率具有典型随机性，基于统计学分析，对偏差概率的解释主要有频率统计理论和贝叶斯理论。基于贝叶斯理论下的偏差统计，认为概率是合理信度，反映了个体知识状态和主观信念，也称主观概率[198]。根据贝叶斯思维开展装配式建筑外墙设计、制造和装配偏差的主观概率分析，即是寻找外墙偏差的先验研究过程。将其分为目标设定和偏差分析两个阶段。目标设定阶段内容是基于制造业精益设计目标，根据装配式建筑最终交付标准，提出具体指标，开展装配式设计。偏差分析阶段主要基于工程经验、调查问卷、模拟统计等方法，为贝叶斯建模诊断准备先验知识[107]。

　　找出设计阶段偏差主要影响因子，本章首先对研究主体进行类型分析，归纳装配整体式结构剪力墙外墙等四种不同形式；从整体性能设计、装配式部件及连接设计、偏差检测三个方面展开偏差检测分析；其次，从外墙整体性能设计、制造与运输设计、装配与组织设计三个角度展开设计阶段偏差分析，取得外形和质量设计等主要设计偏差影响因子；最后，采用外墙仿真影响系数法，利用 Matlab、SPSS 和 Curve 软件对偏差因子模拟分析，获得设计偏差映射矩阵和偏差曲线分布。研究分析流程见图 2-1。

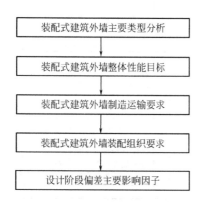

图 2-1　装配式建筑外墙设计
偏差研究流程

2.2　贝叶斯思维下装配式建筑外墙设计

　　装配式建筑外墙设计阶段主要内容有建筑立面设计、外墙拆分工艺设计、外墙产品公差设计、检测定位基准设计、外墙构件和部品部件几何尺寸及定位设计、制造与装配设计、偏差检测设计等。设计工作贯穿于设计到大批量生产和大规模装配全流程。现代工业的快速发展，推动基于精益制造（Lean Manufacturing）的理论迅速成为飞机、汽车、轮船等制造业的指导思想。该理念首先由日本大野耐一为代表的丰田汽车制造公司提出，经过麻省理工学院 James P·Womack 等学者研究推广，发展成系统的精益思想（Lean

Thinking）[108]。内容涵盖精益设计（Lean Design）、精益生产（Lean Production）、精益管理（Lean Management）等多个维度。装配式建筑外墙作为传统手工作业向建筑制造业转型中，设计标准应充分借鉴成熟高精制造业发展经验；以精益设计为目标，以精益制造和精益装配为导向，升级设计理论，提高设计方法。精益设计的基础是偏差控制，偏差概率分析的研究迫在眉睫。传统古典统计学的偏差概率指在绝对一致性条件下重复偏差发生次数的比例极限。根据大数定理，当偏差频率数量 X 越大，偏差越趋于稳定成为概率且波动区间也越稳定；当 X 趋于无穷大时，偏差频率即是概率。由此可知，需要在同一条件下足够多的重复试验，方能得出合理精度反映其概率；定义为偏差的频率解释思维。

　　基于贝叶斯思维的偏差分析指概率对于不确定性"置信度"数量判断，不需要大量重复试验，先假设一个包含主观判断和特性的概率给非重复性事件，通过贝叶斯定理将偏差的先验概率、后验概率及实测数据融合计算；既考虑主观概率又尊重客观数据，将静态与动态相结合，既尊重专家知识和历史数据，又尊重客观事实。这是一种科学的偏差分析哲学[203]。通过贝叶斯假设，可以将区间（0，1）上的均匀分布作为 β 的先验分布。设参数 β 取值范围在区域 W 内，则数学公式表达如下：

$$\pi(\beta) \propto 1，当 \beta \in W \tag{2-1}$$

　　当 β 波动进入无界区域时，需采用广义贝叶斯假设。根据最大熵原则，随机变量熵最大的充要条件是随机变量服从均匀分布。故贝叶斯假设采用广义分布密度，取无信息先验分布为均匀分布，符合信息论的最大熵原则。选取适宜的先验知识是进行贝叶斯学习的开始，可采用基于主观的专家知识和历史数据的指定先验概率方法和基于客观的数据统计分析方法，如林德莱准则、杰弗莱准则和最大熵准则等。基于贝叶斯思维的装配式建筑外墙设计偏差分析，即通过专家经验来找出外墙偏差主要影响因子，再结合模拟仿真影响系数法分析其先验概率。

2.2.1　装配式建筑外墙精益设计目标

　　精益设计理念来源于精益生产，设计对象是知识性产品，其目标追求设计过程和结果最优。基于精益设计理念能够把人、产品、工具和方法通过分工和协作的方式打造成设计流水线，设计师各司其职，专业协同。基于无偏差的大规模集成和高效率协作，是实现装配式建筑外墙设计精益目标的最佳方式。装配式建筑外墙精益设计，借鉴成熟制造业经验，提升设计精度标准，加强偏差控制。例如，每架飞机由 90 万多个零件组装而成，每台汽车由 3000 多个部件安装而成，每艘轮船由 100 万个零部件以上装配而成，如图 2-2 所示。在设计过程中抓住关键设计环节，如偏差等问题进行预防和强化设计。这就是精益设计的价值。

　　建筑领域也需要紧跟时代，从建筑学经典作品范斯沃斯住宅的建造可以清楚地发现，基于传统建筑设计，住宅至少由 1000 种以上构件和材料经施工建成；而基于精益思想的装配式系统化、模块化和集成化设计，将使建筑降至由 30 多个各种部品部件，通过装配组装完成。对比发现，传统施工模式与装配式建筑，首要区别在于设计理念的创新，类似飞机制造，借助强大的工业制造能力，可以在各专业工厂将各种建材、零部件、设备组装成建筑所需的各个系统的部品部件，如外围护系统中的装饰保温一体化外墙[109]。系统化和集成化的设计，可以大幅度降低现场各工种间的冲突，降低建造难度，提升建筑品质。

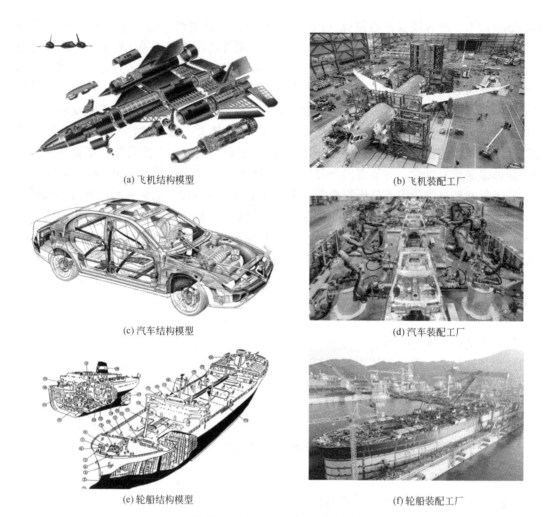

(a) 飞机结构模型

(b) 飞机装配工厂

(c) 汽车结构模型

(d) 汽车装配工厂

(e) 轮船结构模型

(f) 轮船装配工厂

图 2-2　工业产品结构及装配工厂

而这一切的基础在于装配式公差设计、标准协同和偏差控制，基于精益思想的装配式设计是确保外墙制造和装配的指导理念见图 2-3。以下将基于此开展装配式精益设计、精益制造和精益装配三个阶段的偏差分析。

(a) 范斯沃斯住宅实景

(b) 范斯沃斯住宅模型

图 2-3　建筑产品结构及装配

2.2.2 装配式建筑外墙设计允许偏差

无论是机械制造还是建筑制造，由于加工、测量、安装等因素的影响，完工后的实际尺寸和设计尺寸总存在一定的误差。为保证零件或构件的互换性，必须将实际尺寸控制在允许变动的范围内。这个允许的尺寸变动量在机械设计领域称为尺寸公差，在建筑设计领域称为允许偏差。表2-1对比机械设计尺寸公差和建筑设计允许偏差。

机械设计尺寸公差和建筑设计允许偏差对比表　　　　　　　　表 2-1

类别	机械设计尺寸公差	建筑设计允许偏差
释义	指允许最大极限尺寸减最小极限尺寸之差绝对值大小。公差等级指定尺寸精确程度等级，国标规定公差分20等级，从IT01、IT0、IT1、IT2～IT18，数字越大，公差等级越低，尺寸允许变动范围越大，加工难度越小	指在标准设计范围值上下浮动值，一般用数值表示，有"正""负"数值
单位	微米(μm)	毫米(mm)
举例	例如，IT0用于特别精密的尺寸传递基准及宇航中特别重要的精密配合尺寸，特别精密的标准量块，特别重要的精密机械零件尺寸	例如，装配式外墙构件高度允许偏差(±4)代表外墙构件制作完成后高度尺寸在设计尺寸4mm以内波动

选择机械尺寸公差和建筑允许偏差原则，是在满足产品（零件）使用要求前提下，尽可能选用较低公差等级、尽可能选用较大允许偏差。零件和构件的精度将决定配合零件与构件的工作性能、使用寿命及可靠性，同时又决定零件和构件的制造成本与生产效率。精度要求应与生产协调一致，进行生产和装配选型，采用合理的加工和装配工艺。在必要的情况下，需要采取提高设备精度和改进工艺方法来保证产品精度。对机械尺寸公差和建筑允许偏差的合理设计，本质是平衡产品品质与成本之间的矛盾。

2.3 装配式建筑外墙主要类型

按外墙传力方式，有剪力墙、外挂墙板、墙板结构和叠合剪力墙四种主要装配式建筑外墙形式。根据不同建筑类型及结构形式选择适宜的系统类型，外墙板可采用内嵌式、外挂式、嵌挂结合等形式[1]。装配整体式结构剪力墙外墙和叠合剪力墙参与主体结构受力验算，与主体结构形成完整抗震结构体系，一般在剪力墙结构体系中应用较多。外挂式墙板不参与结构计算，类似玻璃幕墙，主要起围护作用，在框架结构体系中得到广泛应用。墙板结构外墙是设计中既要承受主要荷载计算，又要承担围护功能需求，多在低多层使用[110]。

2.3.1 装配式剪力墙外墙

1. 装配式整体性能设计

与现浇结构相比，装配式剪力墙结构中存在更大量水平和竖向接缝[111]，如图2-4和图2-5所示，接缝受力性能直接决定结构整体抗震性能[112]。装配整体式剪力墙结构中墙体之间接缝数量多且构造复杂，制造和装配精度要求高[113]，是极易发生偏差的部位。

图 2-4　装配整体式剪力墙体系示意

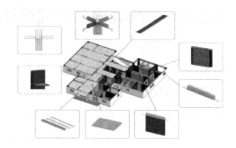

图 2-5　剪力墙体系装配式设计

装配式设计是制造与装配的关键，对外墙偏差具有决定性影响。外墙拆分决定外墙构件数量、重量、标准化程度、制造与装配难易程度等。装配式外墙拆分设计的三项原则如下：

1）按照"规格少、组合多"的原则开展标准化设计，生产所需周转模具少、生产效率高，能最大限度地降低生产成本，体现工业化制造优势[12]；

2）保持模数协调，按照标准化制造与装配要求，明确外墙构件外形尺寸，对外墙构件种类进行优化；

3）设计便于外墙构件便捷连接，传力路径明确，并计算外墙构件拼接处受力分析。

综合制造、运输和装配条件，展开综合设计，见图 2-6。

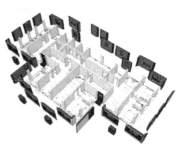

图 2-6　外墙装配式设计原则

2. 装配式部件及连接设计

依据结构受力特征，将现浇与预制部位组合形成长肢剪力墙。在外墙 T 形受力处以及端部放置连接部分，不用对中间进行连接，以降低竖连接中的钢筋使用数量，见图 2-7。

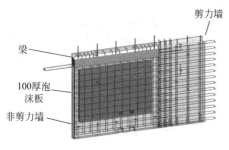

图 2-7　外墙装配式产品设计

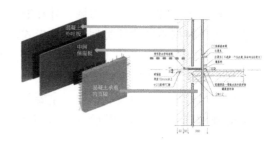

图 2-8　外墙复合夹芯保温集成设计

装配式剪力墙外墙通常采用装饰保温一体化设计，由装饰混凝土外叶板、保温层和承重混凝土内叶板组成，见图 2-8。竖向节点常采用灌浆套筒或浆锚将竖向钢筋进行连接[88]，并将其预埋在墙体中，使其能够和纵筋以螺纹连接方式组合，现场灌浆，完成节点连接，见图 2-9。因此，位移偏差敏感。水平节点连接常用后浇混凝土连接成整体，见图 2-10。竖向连接中，应采用套筒灌浆连接或浆锚搭接连接[57]，见图 2-11。

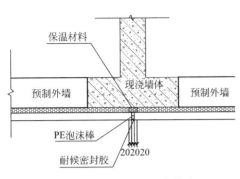

图 2-9 外墙竖向缝节点构造

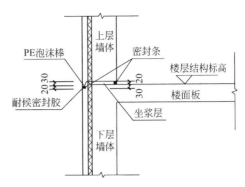

图 2-10 外墙水平缝节点构造

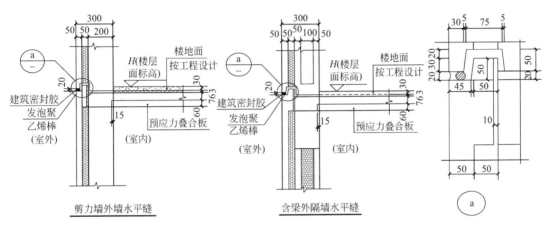

图 2-11 外墙水平缝节点构造

3. 偏差检测

为达到建筑外墙整体性能目标，分析国家标准、规范，结合工程实际，提出装配式外墙偏差检测项有混凝土、钢筋、预埋件性能指标、外墙产品预留钢筋位移等。为满足装配式设计、制造、安装和验收相关要求，将装配整体式结构剪力墙外墙偏差检测分析提炼共66项[114]，见表2-2。

装配整体式结构剪力墙外墙偏差检测项一览表 表 2-2

序号	分类	检测项
1	模具检测	制造模具外形尺寸、截面公差、翘曲弯扭、对角线标准差、模台平整度、组装缝隙、端模与侧模高低差；预埋门窗框的锚固脚片中心线位置、门窗框位置、门窗框高、宽、门窗框对角线、门窗框的平整度
2	外墙产品检测	构件规格尺寸的高度、宽度、厚度、对角线差；构件表面平整度的内表面和外表面；侧向弯曲、扭翘；预埋钢板的中心线位置偏差、平面高差；预埋螺栓的中心线位置偏移、外露长度；预埋套筒、螺母的中心线位置偏移、平面高差；预留孔的中心线位置偏移、孔尺寸；预留洞的中心线位置偏移、洞口尺寸、深度；预留插筋的中心线位置偏移、外露长度；灌浆套筒的中心线位置及连接钢筋的中心线位置、外露长度；粗糙面的墙端；外观质量缺陷、结构性能、构件标识、装饰面层外观、内外叶墙拉结件、预埋件预留孔洞等

序号	分类	检测项
3	装配与连接检测	墙的构件中心线对轴线位置；墙底面和墙顶面的构件标高；墙（≤6m）和墙（＞6m）的构件垂直度；墙侧面（外露）和墙侧面（不外露）的相邻构件平整度；墙的支座、支垫中心位置；墙板接缝的宽度、中心线位置；外墙板接缝防水、临时固定施工方案、外观质量缺陷；钢筋套筒灌浆等连接、连接处后浇混凝土强度
4	外墙整体检测	混凝土强度、钢筋保护层厚度、结构位置与尺寸偏差和墙厚

2.3.2　装配式外挂墙板外墙

外挂墙板外墙指将预制板材通过干挂等装配连接方式，形成建筑完整封闭围护体系。多用于框架结构和内浇外挂体系，见图 2-12。根据外墙保温构造不同，分为单层外墙和复合外墙（有单叶加保温外墙和复合夹芯保温外墙）。挂板外墙须适应主体结构变形。

图 2-12　装配式外挂墙板外墙

1. 装配式整体性能设计

外挂墙板整体性能设计应满足外围护系统要求，宜采用建筑、结构、设备管线装配化集成技术和管线分离技术[115]。外挂墙板混凝土构件和节点连接件设计使用年限宜与主体结构相同。外挂墙板系统应统筹设计、制作运输、安装施工及运营维护全过程，并应进行一体化协同设计。

（1）支撑系统选型

根据支承形式，外挂墙板可分为点支承外挂墙板和线支承外挂墙板，见图 2-13。点支承构件及节点受力简单、明确，对主体结构刚度没有影响，可以完全释放温度应力，可以协调施工误差；线支承外挂墙板的特点为：墙板与主体结构间不存在缝隙，对建筑使用功能影响较小。

（2）外墙拆分设计

外挂墙板的形式及尺寸应根据建筑立面造型、主体结构层间位移限值、楼层高度、节点连接形式、温度变化、接缝构造、运输限制条件和现场起吊能力等因素确定，见图 2-14。

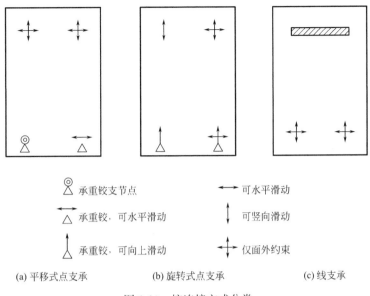

图标	含义	图标	含义
	承重铰支节点		可水平滑动
	承重铰，可水平滑动		可竖向滑动
	承重铰，可向上滑动		仅面外约束

(a) 平移式点支承   (b) 旋转式点支承   (c) 线支承

图 2-13 按连接方式分类

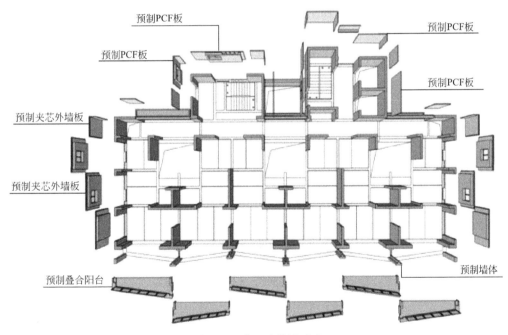

图 2-14 装配式设计示意

2. 装配式部件及连接设计

（1）外墙部件设计

装配式外挂墙板外墙非夹心保温墙板构件板厚不宜小于 100mm，墙板宜采用双层、双向配筋，夹心保温墙板构件外叶墙板的厚度不宜小于 60mm，外叶墙板宜采用单层、双向配筋，内叶墙板采用平板时厚度不宜小于 100mm。

按外墙立面布置图及挂板节点大样图，进行外墙挂板尺寸及深化节点大样图的设计。装配式外挂墙板外墙深化设计，直接决定外墙制造精度、制造效率、运输效率、装配效率和综合成本。外墙预埋件、支撑件、吊装件和连接件的深化设计尤其关键，宜同步进行外墙装配施工设计[116]。

（2）外墙连接设计

外挂墙板与主体结构采用线支承连接时，宜在墙板顶部与主体结构支承构件之间采用后浇段连接，见图2-15。

外挂墙板与主体结构采用点支承连接时，立面外连点不应少于4个，见图2-16，竖向承重连接点不宜少于2个；外挂墙板承重节点验算时，选取的计算承重连接点不应多于2个[117]。

节点设计应加强装配式外挂墙板外墙水密性设计，外墙拐角、窗口、屋檐及墙角等复杂部位连接设计，支承力计算和验算，抗风、抗震计算，主体结构变形偏差冗余度（平移式或旋转式），预埋件验算，焊接设计，防锈防火设计[118]。

节点设计完成后需进行节点的承载力计算和验算，包括上部节点的承载力计算、下部节点的承载力计算，具体结构计算及连接节点设计见国家行业标准相关内容。

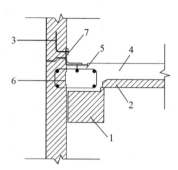

图2-15　线支撑连接示意
1—预制梁；2—预制板；
3—预制外挂墙板；4—后浇混凝土；5—连接钢筋；6—剪力键槽；7—面外限位连接件

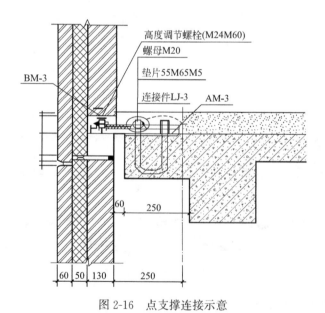

图2-16　点支撑连接示意

3. 偏差检测

同样，为达到建筑外墙整体性能目标，满足设计、制造、装配和验收相关强制性要求，将装配式外挂墙板外墙偏差检测项分析归纳共66项，见表2-3。

装配式外挂墙板外墙偏差检测项一览表 表2-3

序号	分类	检测项
1	模具检测	制造模具外形尺寸、截面公差、翘曲弯扭、对角线标准差、模台平整度、组装缝隙、端模与侧模高低差;预留门窗框的锚固脚片中心线位置、门窗框位置、门窗框高、宽、门窗框对角线、门窗框的平整度
2	外墙产品检测	板高、板宽、板厚、肋宽、板正面对角线差、板正面翘曲、板侧面侧向弯曲、板正面弯曲、角板相邻面夹角;构件(清水混凝土、彩色混凝土)的表面平整、石材(面砖、石材饰面)的表面平整;预埋件的中心线位置偏差、平整度;预埋螺栓的中心线位置偏移、外露长度;预留孔的中心线位置偏移、孔尺寸;预留节点连接钢筋(线支撑外挂墙板)的中心线位置偏移、外露长度;键槽的中心线位置偏移、长度、宽度、深度;外观质量缺陷、内、外叶墙拉结件、夹芯保温材料传热系数等性能、预制内、外叶墙混凝土强度;构件实体检验的混凝土强度、钢筋保护层厚度、钢筋数量、规格、间距;构件结构性能、构件标识
3	装配与连接检测	安装标高、相邻墙板平整度;层高和全高的墙面垂直度;相邻接缝高;接缝的宽度、中心线与轴线距离;临时固定施工方案;节点连接的焊接质量、螺栓连接质量、线支承后浇混凝土强度、金属连接节点防腐涂装、金属连接节点防火涂装;墙板接缝及门窗安装部位防水性能、墙板楼层接缝防水封堵、接缝注胶均匀连续
4	外墙整体检测	外墙的位置与尺寸偏差

2.3.3 低多层装配式干法连接墙板结构外墙

目前,国内装配式低多层墙板结构外墙按材质分类,有全预制混凝土单板、混凝土岩棉复合外墙板、薄壁混凝土岩棉复合外墙板、混凝土聚苯乙烯复合外墙板、混凝土珍珠岩复合外墙板、钢丝网水泥保温材料夹芯板、加气混凝土外墙板等[119]。本书重点研究低多层装配式干法连接混凝土外墙,见图2-17。

 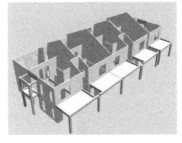

(a) 干法装配实景照片　　　　　　　　　(b) 干法装配模型

图2-17 装配式干法连接墙板结构外墙示意

1. 装配式整体性能设计

装配式墙板结构外墙通过高强度螺栓等可靠连接方式,承担建筑封闭和承重功能。按构件连接方式,分为干式连接、等同现浇湿式连接或混合连接方式。干式连接墙板结构施工速度可实现墙板1d内主体吊装完成,屋面实现整体吊装,是具有广泛市场前景的新型密拼墙板结构体系,100%预制率纯干法作业,生产及安装工期短;构件不出筋,控制精度高;高强度螺栓连接,抗震性能好;墙板间采用密拼并增加加防水卷材的防水构造,整体防水效果好。低多层装配式干法连接墙板结构外墙对偏差控制要求非常高。

2. 装配式部件及连接设计

墙板结构连接精密，设计应考虑制作、运输、堆放、安装及偏差精度控制要求。干法墙板结构应通过结构有限元分析和试验[120]，确定外墙拆分及节点设计，见图 2-18、图 2-19。干法墙板连接节点见图 2-20。干法连接接缝构造宜采用槽口构造，干法接缝示意图见图 2-21。

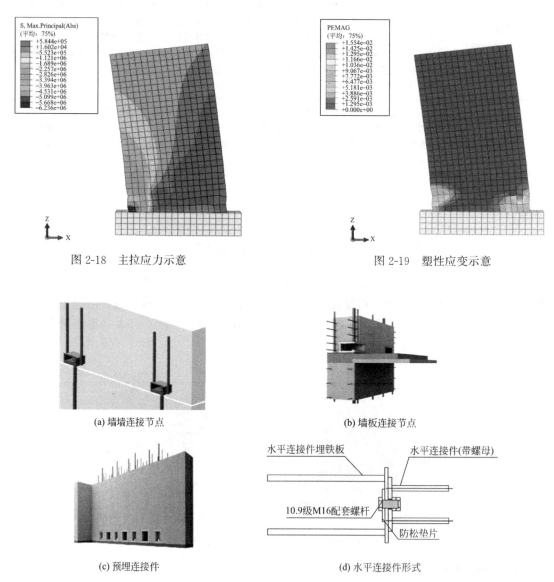

图 2-18　主拉应力示意　　　　　　　　　图 2-19　塑性应变示意

(a) 墙墙连接节点　　　　　　　　　　　(b) 墙板连接节点

(c) 预埋连接件　　　　　　　　　　　(d) 水平连接件形式

图 2-20　干法连接节点示意

3. 偏差检测

同上，为达到建筑外墙整体性能目标，满足设计、制造、装配和验收相关强制性要求，将低多层装配式干法连接墙板结构外墙偏差检测项分析归纳共 54 项[121]，见表 2-4。

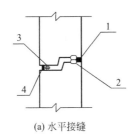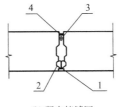

(a) 水平接缝　　　　　　　　(b) 竖向接缝图

图 2-21　干法连接接缝构造示意

1—内侧密封胶；2—气密条；3—外侧嵌缝材料；4—外侧密封胶

低多层装配式干法连接墙板结构外墙检测项一览表　　　　表 2-4

序号	分类	检测项
1	模具检测	制造模具外形尺寸、截面公差、翘曲弯扭、对角线标准差、模台平整度、组装缝隙、端模与侧模高低差；预埋门窗框的锚固脚片中心线位置、门窗框位置、门窗框高与宽、门窗框对角线、门窗框的平整度
2	外墙产品检测	构件高度、宽度、厚度、对角线差，构件内表面、外表面平整度、侧向弯曲、扭翘、预埋钢板中心线位置、高差，预埋螺栓螺母中心线位置偏移、外露长度，吊环木砖中心线位置、与混凝土表面高差，构件外观质量缺陷，结构性能，构件标识，装饰面层外观
3	装配与连接检测	结构位置与尺寸偏差；墙底面标高、墙顶面标高、墙垂直度、相邻外露、不外露墙面平整度，支座、支垫中心位置、墙板接缝宽度、中心线位置、外墙板接缝防水、临时固定施工方案、安装后外观质量缺陷；螺栓的特性和拧紧力矩
4	外墙整体检测	混凝土强度，钢筋保护层厚度

2.3.4　装配式叠合剪力墙外墙

　　叠合剪力墙根据预制工法，可分为单面叠合剪力墙和双面叠合剪力墙。双面叠合墙板由两片至少5cm厚的钢筋混凝土板组成，墙体两侧预制板内按设计配桁架钢筋进行连接，在空腔内浇筑混凝土作为结构抗侧力构件，形成叠合板式剪力墙，两侧预制板在浇筑时充当模板，并作为结构的一部分，与现浇混凝土共同参与受力[122]，预制的两块墙板既用作承载，同时又可作为现浇混凝土的侧模，见图 2-22。

　　单面叠合墙板由外侧一片至少5cm厚的钢筋混凝土板及钢筋桁架在工厂制作而成，现场安装就位后兼作外侧模板使用，在内侧支模浇筑混凝土，作为剪力墙一部分共同参与结构受力，见图 2-23。目前，工程多使用双面叠合剪力墙。

图 2-22　双面叠合剪力墙实景　　　　　　图 2-23　单面叠合剪力墙实景

1. 装配式整体性能设计

国内装配式叠合剪力墙外墙处于推广初期，主要吸收德国技术和制造标准，在上海、安徽等地有项目应用。国家标准未做详细要求，仅发布团体标准《装配整体式钢筋焊接网叠合混凝土结构技术规程》T/CECS 579—2019，地方标准有《湖北省装配整体式叠合剪力墙结构技术规程》DB42/T 1483—2018 等。

采用桁架钢筋连接的装配式叠合剪力墙性能与现浇混凝土剪力墙基本相似，预制混凝土与后浇混凝土整体性良好；空腔内后浇自密实混凝土形成外墙整体防水保温体系。水平接缝是装配式叠合剪力墙薄弱部位，当前上下层连接通常是钢筋搭接连接；对拉螺栓连接的带纵肋预制板构成装配式叠合剪力墙具有良好整体性能[123]。

2. 装配式部件及连接设计

（1）外墙部件设计

含门窗洞口的装配式叠合剪力墙外墙外形及保温设计应符合：单侧板厚不应小于50mm，空腔宽度不应小于100mm，见图 2-24。

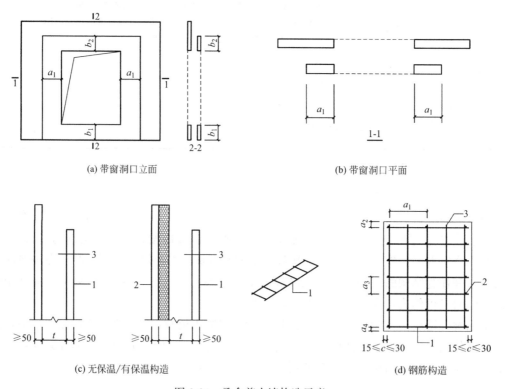

(a) 带窗洞口立面　　　　　　　　　　　　(b) 带窗洞口平面

(c) 无保温/有保温构造　　　　　　　　　　(d) 钢筋构造

图 2-24　叠合剪力墙构造示意

预制空心墙构件应进行自重、风荷载、地震作用及温度作用等持久设计状况下的承载力、变形及裂缝验算。

（2）外墙连接设计

叠合剪力墙底部接缝宜设置在楼面标高处，接缝高度不宜小于50mm，接缝处后浇混凝土应浇筑密实[124]。接缝处混凝土上表面应设置深度不小于6mm的粗糙面。叠合剪力墙上下层墙体水平接缝处的连接钢筋与边缘构件的竖向钢筋宜采用逐根搭接连接（图 2-25），叠合构件之间应通过水平连接筋进行连接，见图 2-26。转角墙及翼墙构造边缘构件宜采用现浇混凝土，水平连接筋见图 2-27。

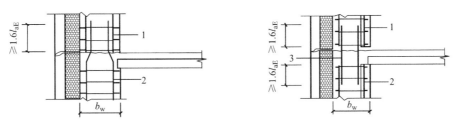

图 2-25　叠合剪力墙边缘构件垂直连接

1—上层边缘构件纵筋；2—下层边缘构件纵筋；3—连接钢筋

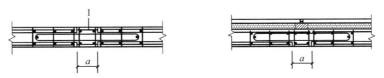

图 2-26　叠合剪力墙水平连接

1—成型钢筋笼扣；a—现浇混凝土墙段长度

图 2-27　转角墙及翼墙构造边缘构件

1—现浇混凝土；2—叠合构件

3. 偏差检测

同上，为达到建筑外墙整体性能目标，满足设计、制造、装配和验收相关强制性要求，符合《装配整体式钢筋焊接网叠合混凝土结构技术规程》T/CECS 579—2019 等相关规范要求，将装配式叠合剪力墙外墙偏差检测项分析归纳共 58 项[125]，见表 2-5。

装配式叠合剪力墙建筑外墙检测项分类　　　　　　表 2-5

序号	分类	检测项
1	模具检测	制造模具外形尺寸、截面公差、翘曲弯扭、对角线标准差、模台平整度、组装缝隙、端模与侧模高低差；预埋门窗框的锚固脚片中心线位置、门窗框位置、门窗框高、宽、门窗框对角线、门窗框的平整度
2	外墙产品检测	构件规格尺寸的高度、宽度、厚度(含空腔)、两侧板厚度、对角线差；构件表面平整度的内表面和外表面；侧向弯曲、扭翘；预埋钢板的中心线位置偏差、平面高差；预埋螺栓的中心线位置偏移、外露长度；预埋套筒、螺母的中心线位置偏移、平面高差；预留孔的中心线位置偏移、孔尺寸；预留洞的中心线位置偏移、洞口尺寸、深度；预留插筋的中心线位置偏移、外露长度；吊环、木砖的中心线位置偏移、与构件表面混凝土高差；钢筋桁架的位置偏差；外观质量缺陷、构件结构性能、构件标识、装饰面层外观；预埋件预留孔洞

序号	分类	检测项
3	装配与连接检测	墙的构件中心线对轴线位置；墙底面和墙顶面的构件标高；墙(≤6m)和墙(>6m)的构件垂直度；墙侧面(外露)和墙侧面(不外露)的相邻构件平整度；墙的支座、支垫中心位置；墙板接缝的宽度、中心线位置；临时固定施工方案；构件钢筋连接质量、安装连接后外观质量缺陷
4	外墙整体检测	墙体空腔及连接后浇混凝土强度、钢筋保护层厚度、结构位置与尺寸偏差和墙厚

2.4 装配式建筑外墙性能与系统设计偏差分析

根据《装配式建筑混凝土技术标准》GB/T 51231—2016 和《装配式住宅建筑设计标准》JGJ/T 398—2017 等规范要求，装配式建筑外墙设计应满足建筑立面设计、设计模数化和标准化，达到耐久性能等要求[1]。装配式建筑外墙的性能要求主要有安全性、功能性、结构性和耐久性。单项功能形成系统，几大功能系统之间相互关联、相互作用。多个子系统共同形成外墙功能体系，共同完成建筑物对外墙整体的系统需求。

2.4.1 安全性能要求下装配式外墙设计偏差分析

1. 抗风与防水性能设计

（1）抗风性能设计

四种主要装配式建筑外墙抗风设计应考虑外墙板在风荷载作用下平面外弹性变形的恢复能力，有无残余变形及变形值大小，有无裂缝，连接点是否破坏，能否满足规范要求的抗风承载力和挠度变形限值，能否具有相应的适应主体结构变形的能力，节点连接件、接缝密封胶等应不受损坏。

（2）防水性能设计

1）四种装配式建筑外墙防水节点设计

为保证装配式建筑外墙整体水密性能，防水节点设计至关重要。装配整体式结构剪力墙外墙和低多层装配式干法连接墙板结构外墙拼接缝多，节点设计均按两道防水措施进行设计；深化建筑构造空腔结合密封材料形成多道装配式防排水设计。尤其是装配式特殊的构造设计，如挡水台、滴水线、导流管、集流槽等外墙构件侧边缘接缝处专业防水构造设计。

装配式建筑外墙拼接缝有水平缝和垂直缝。水平缝防水设计主要有高低缝构造和企口缝构造两种。高低缝构造防水设计通过竖向外墙构件的互相咬合形成高低缝防止雨水渗入，在下层外墙构件外侧顶部设计泄水坡，靠内侧设计有防止雨水漫过的"挡水条坎"，对制造和装配的偏差控制要求精准见图 2-28。

装配式建筑外墙垂直缝的防水设计，通过建筑平面结合设计，设置在现浇柱或现浇剪力墙外侧，在外墙构件水平方向预留企口，通过制造单槽形成密闭空腔构造，实现防水目的，在外墙构件拼缝内侧勾抹防水砂浆、外侧采用专业密封胶条封闭的双重设计能高效防止雨水渗入，见图 2-29。

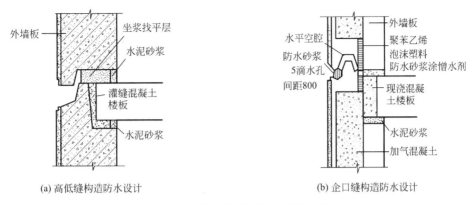

(a) 高低缝构造防水设计   (b) 企口缝构造防水设计

图 2-28 装配式外墙防水构造示意

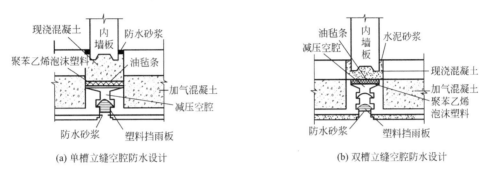

(a) 单槽立缝空腔防水设计   (b) 双槽立缝空腔防水设计

图 2-29 装配式外墙防水设计节点构造

四种装配式建筑外墙中,装配整体式结构剪力墙外墙防水,竖向缝采用现浇混凝土防水,水平缝采用防水密封材料配合建筑企口构造防水。装配式外挂墙板外墙水平缝及竖向缝采用防水密封材料、建筑企口构造和空腔防水三重结合方式;受热带风暴和台风袭击地区的装配式外挂墙板垂直缝应采用槽口构造形式,其他地区的外挂墙板垂直缝宜采用槽口构造形式,多层建筑外挂墙板垂直缝可采用平口构造形式。低多层装配式干法连接墙板结构外墙连接接缝,采用密封材料与建筑构造防水相结合;对外墙制造精度要求高。装配式叠合剪力墙外墙水平缝和竖向缝均采用现浇混凝土,防水效果好。在卫浴室的装配式建筑外墙,需根据外墙整体构造防水和整体卫浴外墙构造,进行构造创新和设计发明[130]。

根据四种装配式建筑外墙不同的设计、制造与装配要求,对其不同的防水设计构造研究分析,见表2-6。

2) 四种装配式建筑外墙防水密封设计

装配式建筑外墙防水第一道防线是外墙拼接缝的密封材料[131]。外墙拼接缝设计质量,直接决定材料防水是否失效。如装配式外墙板缝宽度、深度设计不合理,容易造成密封材料过早失效,从而导致漏水。防水密封材料宜选用耐候性密封胶,密封材料选型应与混凝土兼容,并具有低温柔韧性、防霉性、耐水性和防火性等功能,满足建筑整体防火要求,确保建筑的品质、寿命和安全,见图2-30。

外墙防水构造

表 2-6

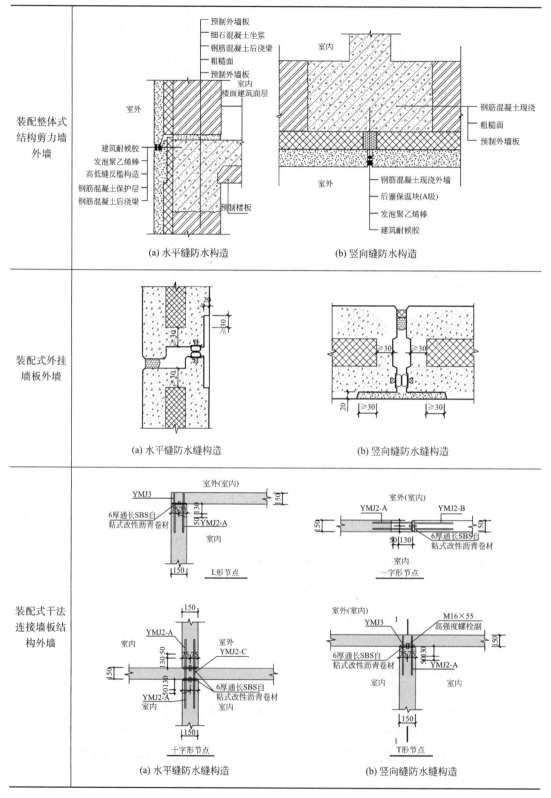

(a) 水平缝防水构造　　　　(b) 竖向缝防水构造

(a) 水平缝防水缝构造　　　　(b) 竖向缝防水缝构造

(a) 水平缝防水缝构造　　　　(b) 竖向缝防水缝构造

续表

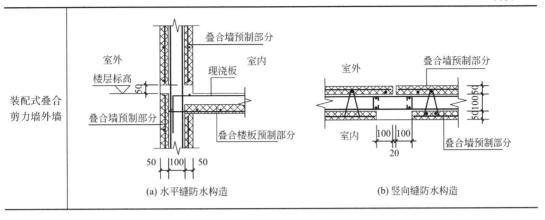

| 装配式叠合剪力墙外墙 | (a) 水平缝防水构造 | (b) 竖向缝防水构造 |

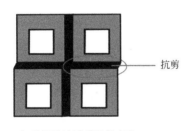

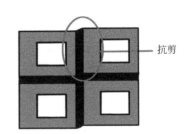

(a) 水平填缝材料位移偏差变形　　　　　　(b) 垂直填缝材料位移偏差变形

图 2-30　装配式建筑外墙拼接缝防水材料位移偏差变形示意

为满足四种装配式建筑外墙拼接缝密封材料防水要求，对主要高分子建筑密封材料进行分析总结。装配式外墙主要密封材料有聚氨酯密封胶（PU）、硅酮密封胶（SR）、硅烷改性聚氨酯密封（SPU）和硅烷改性聚醚密封胶（MS）等。其适用范围详见表 2-7。

外墙拼接缝与密封材料匹配范围　　　　　　表 2-7

拼接缝		外墙类型/部位	SR-2	SR-1	MS-2	MS-1	PU-2	PU-1
变形接缝	玻璃幕墙	玻璃周围接缝	1	1	0	0	0	0
		金属框间接缝	0	0	1	0	0	0
		PC 板间接缝	0	0	1	0	0	0
		玻璃周围	1	1	0	0	0	0
	外挂混凝土外墙	ALC 板　有涂层	0	0	1	1	1	1
		ALC 板　无涂层	0	0	1	1	0	0
		外墙 PC 挂板　有涂层	0	0	1	1	1	1
		外墙 PC 挂板　无涂层	0	0	1	1	0	0
		外墙 PC 挂板　成型水泥板	0	0	1	1	0	0
非变形接缝	混凝土外墙	有涂层	0	0	1	1	1	1
		无涂层	0	0	1	1	0	0
		瓷砖接缝	0	0	1	1	0	0

注："1"代表匹配度高，"0"代表匹配度低。

2. 耐撞击与防火性能设计

（1）耐撞击性能设计

四种装配式建筑外墙耐撞击性能设计，主要指装饰、保温、混凝土复合外墙满足相关规范要求，采用新型材料或者连接方式，应通过试验确定耐撞击性能指标。

（2）防火性能设计

根据建筑防火规范要求，装配式建筑外墙设计需做好防火构造设计和防火材料选型。装配式建筑外墙常设计成装饰保温一体化墙板，外墙设计有 150～200mm 厚的混凝土，可以起到很好的防火作用；重点是外挂墙板板缝需进行防火阻燃材料设计，必要时需设计有阻火隔离圈和构造措施。露明的金属支撑件及外墙板内侧与梁、柱及楼板间的调整间隙[126]，是防火安全的薄弱环节。露明的金属支撑件应设置构造措施，避免在遇火或高温下导致支撑件失效，进而导致外墙板掉落；外墙板内侧与梁、柱及楼板间的调整间隙，也是窜火的主要部位，应设置构造措施，防止火灾蔓延（图 2-31）。

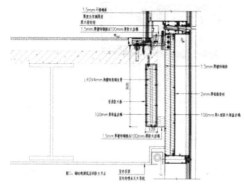
(a) 挂板幕墙层间防火封堵

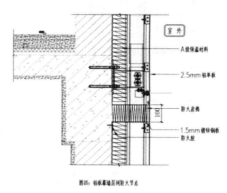
(b) 建筑幕墙层间防火封堵

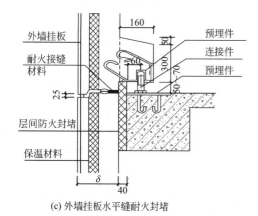
(c) 外墙挂板水平缝耐火封堵

(d) 外墙挂板层间岩棉封堵

图 2-31 装配式外墙层间防火封堵构造示意

3. 偏差分析

采用外墙仿真影响系数法，结合有效问卷调查 86 份以及专家知识，利用 Matlab 和 SPSS 软件，对安全性能要求下装配式外墙设计偏差分析，获得设计偏差映射矩阵如表 2-8 所示。从表 8-2 分析得出，抗风性能设计容易引起外观尺寸及表面平整度偏差（Z1）和外墙整体实体检验偏差（Z5），防火性能设计容易引起预埋件与及连接件偏差（Z2），防水性能设计容易引起预留孔洞及门窗框偏差（Z3）和连接与装配偏差（Z4）。

安全性能对装配式外墙设计偏差影响分析 表 2-8

影响因子指标项 \ 检测项	Z1	Z2	Z3	Z4	Z5
抗风性能设计	0.84	0.53	0.27	0.21	0.90
防水性能设计	0.18	0.47	0.63	0.82	0.76
耐撞击性能设计	—	0.22	0.17	—	0.15
防火性能设计	0.78	0.87	0.21	—	0.88

注：Z1—外观尺寸及表面平整度偏差；Z2—预埋件及连接件偏差；Z3—预留孔洞及门窗框偏差；Z4—连接与装配偏差；Z5—外墙整体实体检验偏差。

2.4.2 结构和耐久性能要求下装配式外墙设计偏差分析

1. 结构性能设计

四种装配式建筑外墙结构设计，应根据建筑高度、功能、平面布局选择不同的结构体系。剪力墙外墙适用于高层住宅[10]，装配式外挂墙板外墙适用于框架结构和剪力墙结构外墙，装配式干法连接墙板结构外墙适用于 6 层以下住宅。不同装配式结构体系外墙结构设计规范不同、方法不同，外墙的结构设计主要保证结构及其围护系统在正常使用状态下的承载力和在偶然作用发生时具有适宜的抗连续倒塌能力，与传统现浇结构不同，装配式结构外墙设计包括结构选型设计、外墙构件拆分设计、构件连接设计，计算符合《建筑抗震设计规范》GB 50011、《装配式混凝土结构技术规程》JGJ 1 等相关规定。对承受的各种荷载和作用以垂直于屋面方向进行组合，并取最不利工况下的组合荷载标准值为结构性能指标。我国的装配式建筑的结构抗震设计规范规定等同于现浇结构[127]，但由于装配式外墙的构件连接与现浇结构不同使得其不能完全照搬。

1）外墙参与抗震计算

剪力墙、墙板结构和叠合墙外墙均参与抗震计算。三种装配式外墙都应具有良好的整体性，其目的是保证结构及其围护系统在偶然作用发生时具有适宜的抗连续倒塌能力[1]。

2）外墙不参与抗震计算

装配式外挂墙板外墙不参与抗震计算，重点做好外挂墙板与主体结的连接节点的性能计算，应确保具备在常遇地震时层间位移角 3 倍以上偏差适应能力，见图 2-32。主体结构计算时，应计入装配式外挂墙板自重，连接节点能适应主体变形的能力。带洞口的外挂墙板应对洞口边墙板的抗弯和受剪承载力进行验算。夹心保温墙板进行承载能力极限状态计算和正常使用极限状态验算。非组合夹心保温墙板宜按内叶墙板单独承受墙板水平荷载进行计算；组合夹心保温墙板可按内、外叶墙板共同点受墙板水平荷载进行计算，必要时面外受力性能宜进行试验验证；部分组合夹心保温墙板的面外受力性能可试验确定。无试验依据时可按内叶墙板单独承受墙板水平荷载计算。

2. 耐久性能设计

四种装配式建筑外墙耐久性设计，指在正常维护条件下，结构应能在设计使用年限内

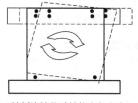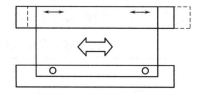

(a) 墙板旋转移动结构变位方向　　　　(b) 墙板水平移动结构变位方向

图 2-32　装配式建筑外挂墙板连接构造节点运动示意

满足各项功能要求；耐久性要求满足外墙设计使用寿命和维护保养时限。具体设计主要满足混凝土材料耐久性和装配式连接耐久性要求。剪力墙外墙的连接件主要是通过套筒灌浆和钢筋浆锚连接方式，套筒和连接钢筋材料必须经检测合格且通过混凝土保护，确保外墙连接整体耐久性达到性能要求。装配式外挂墙板主要通过金属连接件进行可靠连接，金属连接件的各项材料指标必须经耐久性检测合格，且通过外墙构造和密封材料，避免外露，确保外挂墙板整体的耐久性。低多层装配式干法连接墙板结构外墙主要通过高强度螺栓进行连接，高强度螺栓材料必须满足耐久性指标要求，而且连接后应通过保护漆达到防腐、防火、耐候等要求，满足外墙整体耐久性要求。装配式叠合剪力墙外墙主要通过现浇钢筋混凝土连接，与现浇混凝土结构外墙耐久性指标一致。四种装配式建筑外墙通过耐久性试验后，仍需对相关力学性能进行复测，保证使用稳定性；同时，满足抗冻性、耐候、耐酸雨、耐老化、耐伸缩等性能要求[128]。

3. 偏差分析

采用外墙仿真影响系数法，结合有效问卷调查 86 份以及专家知识，利用 Matlab 和 SPSS 软件，对结构和耐久性能要求下装配式外墙设计偏差分析，获得设计偏差映射矩阵见表 2-9。从表 2-9 分析得出，结构性能设计容易引起外观尺寸及表面平整度偏差（Z1）、预埋件与及连接件偏差（Z2）、连接与装配偏差（Z4）和外墙整体实体检验偏差（Z5）。

结构和耐久性能对装配式外墙设计偏差影响分析　　表 2-9

影响因子指标项　检测项	Z1	Z2	Z3	Z4	Z5
结构性能设计	0.91	0.63	0.34	0.87	0.79
耐久性能设计	0.21	0.14	—	—	0.18

注：Z1—外观尺寸及表面平整度偏差；Z2—预埋件与及连接件偏差；Z3—预留孔洞及门窗框偏差；Z4—连接与装配偏差；Z5—外墙整体实体检验偏差。

2.4.3　功能性能要求下装配式外墙设计偏差分析

1. 水密、气密与隔声性能设计

（1）水密性能设计

四种装配式建筑外墙水密性能设计，主要满足装配式外墙整体不透水性，外墙构件之间拼缝，以及外墙与楼层板、屋面板接缝的整体防水、止水、排水性能。由于外墙有大量的水平缝和竖向缝，连接接缝的水密性能设计应符合建筑功能要求[129]。

（2）气密性能设计

四种装配式建筑外墙气密性能应符合建筑物所在地区建筑节能设计要求。装配式外墙整体气密性能不应低于现行国家标准《建筑幕墙》GB/T 21086 所规定的 2 级，其分级指标值不应大于 2.0m³/（m²·h）[132]。

（3）隔声性能设计

四种装配式建筑外墙均需满足建筑隔声要求，具体设计依据《民用建筑隔声设计规范》，计权隔声量 $R_w \geqslant 45$dB。装配式外墙常设计为夹心保温剪力墙外墙或保温装饰一体化复合隔墙，结构模型假设为"重质＋轻质＋重质"或者"重质＋轻质"，结构较为复杂，声能损失增大，隔声优于传统建筑外墙，但相对复杂的构造引起外墙偏差的因素随之增加[133]，见图 2-33。

2. 采光、遮光与通风性能设计

（1）采光性能设计

四种装配式建筑外墙均需满足建筑室内采光需求，综合考虑自然采光和人工照明。装配式建筑更强调绿色节能，设计应充分将太阳光引入室内，并能根据不同地域、海拔、地形、室内用光需求，将日照进行一定程度的强化或者合理削弱。通过装配式外墙深化设计，改变自然光的强度、颜色和视觉感受，塑造特色各异的室内空间氛围[134]。既可以直接利用外墙开窗或局部玻璃幕墙采光，也可以在外墙增加构造措施，对自然光进行折射、反射、衍射等二次设计。这类装配式外墙设计构造融入外墙后，必将对外墙的整体效果起到重大影响，见图 2-34。

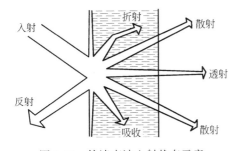

图 2-33 外墙声波入射状态示意

图 2-34 装配式外墙采光与遮光设计

（2）遮光性能设计

四种装配式建筑外墙均需满足建筑遮光要求。在热带及日照强烈的地区，遮阳设计是保持建筑舒适度的重要措施。遮光系统包含遮阳与防眩光，从装配式建筑外墙设计角度可分为外墙固定方式和可拆卸方式。固定式遮阳需结合建筑造型设计，在外墙深化拆分设计时，与外墙组合成整体构件；可调节遮阳常采用可灵活拆卸金属或木质或竹质等因地适宜材料。从安装位置可分为外墙外遮阳、中间遮阳和内遮阳设计，外遮阳比较节能、节约室内空间；中间遮阳常用于多层外墙或中空玻璃窗中；内遮阳则灵活、便捷，形式多样。从遮光形式上，有百叶式、水平式、垂直式、水平与垂直组合式、挡板式等。随着装配式建筑外墙技术发展，外墙构件遮光一体化制造水平的提高，外墙遮阳构件生产精度和装配技术对外墙偏差要求控制日趋精确[135]，见图 2-34。

（3）通风性能设计

四种装配式建筑外墙都须满足建筑内外新鲜空气交换。为实现绿色装配式节能目标，宜尽量设计室内外空气压力差，实现自然通风。当建筑设计室内进深与高度之比小于 2.5 时，通过建筑外墙开窗能满足室内外空气交换需要；根据开窗大小和开窗形式，使空气对流交换满足 20～50L/h，可满足室内呼吸新鲜空气需求。外窗开启方式分为平开、上悬、中悬、内倒、平开等，如图 2-35 所示。不同的外窗开启设计，对装配式外墙工厂预埋连接件的要求不一，对窗缝及外墙拼缝制造与装配要求不一，对外墙偏差控制影响较大，见图 2-35。

(a) 内平开窗	(b) 内平开倒窗	(c) 推拉窗
(d) 外平开窗	(e) 上悬窗	(f) 内倒窗

图 2-35　外墙开窗形式

依据建筑设计，外墙通风常见有三种形式：建筑外走廊式、盒形窗户式、通风井与盒形窗户组合式。由于不同地域、不同气候、不同业态，建筑不同程度地需要机械辅助通风，如办公建筑、医疗建筑和酒店建筑等，为满足室内恒温、恒湿，常将空调、地暖、新风系统与外墙窗户统筹设计，将自然通风与设备通风综合运用；这些类型的建筑外墙常采用封闭外墙围护结构。因此，装配式外墙常将门窗钢附框预埋在外墙制造模具中，附框对门窗起到定尺定位、连接牢固作用，精确指导门窗加工尺寸，对外墙偏差控制精度高，见图 2-36。

3. 热工与装饰性能设计

（1）热工性能设计

四种装配式建筑外墙均需满足建筑节能和室内舒适度要求，设计采用能够降低对流、传导和辐射热损失的材料和构造措施来调节外墙综合热传导阻力。装配式外墙常设计"结构层、保温层和装饰层"一体化，通过拥有良好热阻性能的连接件组成外墙整体，相对传统外墙保温工序多、施工长、成本高、易脱落，装配式外墙工业化程度高、减少冷热桥、隔热保温效果好。装配式整体外墙材料中承重部分以普通混凝土为主，装饰部分以轻骨料混凝土为辅。因混凝土的表观密度决定其导热系数，轻骨料混凝土具有重度小、导热系数小、热阻大的优点。

根据保温板位置不同，装配式建筑外墙可分为非夹心保温墙板和夹心保温墙板，非夹心保温外墙可分为外墙外保温、外墙内保温、外墙自保温，见图 2-37、图 2-38。

其中，非夹心保温外墙指预制实心钢筋混凝土墙板，保温层可复合在墙体内侧或外

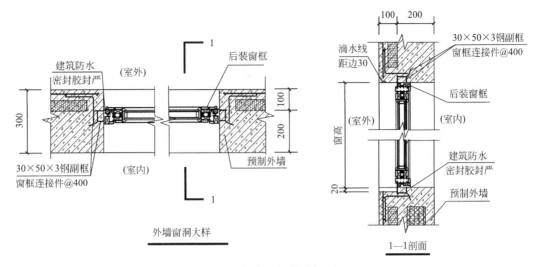

图 2-36　外墙窗户副框安装节点

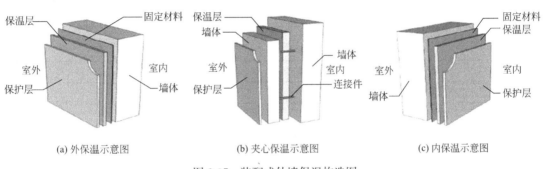

(a) 外保温示意图　　　(b) 夹心保温示意图　　　(c) 内保温示意图

图 2-37　装配式外墙保温构造图

侧，可采用带肋板，以减轻自重。夹心保温外墙：墙体由外叶、内叶和中间层三部分构成，内叶是预制混凝土实心剪力墙作为装配式建筑的承重墙，中间层为保温隔热层，外叶为保温隔热层的保护层。保温隔热层与内外叶之间采用符合建筑热工性能的拉结杆连接。拉结杆可以采用玻璃纤维连接件或者不锈钢拉结件，需同时具备足够的承载能力、耐久性和较低的导热系数，见图 2-39。

(a) 非夹心保温外墙　　　　　　(b) 夹心保温外墙

图 2-38　装配式外墙保温类型

　　装配式建筑外墙外保温，是指把保温层设计在墙体室外一侧，通过喷涂、粘结、粘贴结合机械锚固和浇筑等连接方式，将导热系数低、保温隔热效果好的绝热保温材料与墙体

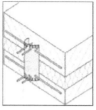

(a) 不锈钢拉结件　　　　　　　　　　　(b) 玻璃纤维拉结件

图 2-39　装配式集成外墙拉结件

进行连接，起到增加外墙整体平均热阻值，满足外墙整体热工性能要求。外墙内保温设计是在外墙基层墙体内侧附加保温性能较好的绝热材料作为保温层。外墙自保温，是指以墙体本身材料来满足保温绝热的热工要求，因其密度小、保温性好、隔热性佳、耐火性好、施工简单，在非承重外墙中使用较多。设计选型中常见的自保温墙材有：轻质墙板、轻集料混凝土墙板、加气混凝土墙板、ALC 集成墙板等。四种装配式建筑外墙保温匹配度见表 2-10。

装配式外墙保温形式匹配表　　　　　　　　　　　表 2-10

编号	外墙类型	外侧保温	内侧保温	材料自保温	复合夹心保温
1	装配整体式剪力墙结构外墙	1	1	0	1
2	装配式挂板外墙	0	0	1	1
3	装配式多层墙板结构外墙	1	1	1	0
4	装配式叠合剪力墙外墙	1	1	0	1

注："1"代表匹配度高，"0"代表匹配度低。

（2）装饰性能设计

　　四种装配式建筑外墙装饰设计，不仅要满足建筑整体外观设计，更要满足装饰层、保温层与结构层连接牢固、安全可靠和良好耐久性的要求。不同的装饰材料如瓷砖、石材、涂料或清水混凝土，既要考虑外墙整体效果，又要满足拼接缝、装饰缝局部设计要求。基于工业化制造的装饰保温一体化装配式建筑外墙，在装配式外墙深化设计时，对装饰材料规格排板、生产工艺制造和外墙整体装配均应明确注明，对有外墙砖、石材对缝要求、自带艺术装饰的偏差控制要求非常高，见图 2-40、图 2-41。

图 2-40　装配式集成外墙（瓷砖反打）

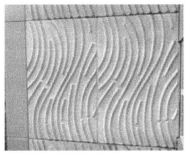

图 2-41　装配式集成外墙（艺术装饰）

　　四种装配式外墙采用装饰一体化时，装饰面整体观感、预埋窗框方向和尺寸偏差、预埋件和连接件位移偏差等均可能导致外墙质量不合格而报废，因不同装饰效果的外墙设计多达上百个偏差控制点，对装配式建筑外墙偏差诊断提出非常高的要求。

　　4. 偏差分析

　　采用外墙仿真影响系数法，结合有效问卷调查 81 份以及专家知识，利用 Matlab 和 SPSS 软件，对功能性能要求下装配式外墙设计偏差分析，获得设计偏差映射矩阵见表 2-11。从表 2-11 分析得出，装饰性能设计容易引起外观尺寸及表面平整度偏差（Z1），热工性能设计容易引起外预埋件与及连接件偏差（Z2）、预留孔洞及门窗框偏差（Z3）和外墙整体实体检验偏差（Z5）。

功能性能对装配式外墙设计偏差影响分析　　　　　　　　　　表 2-11

影响因子指标项 　　　　　　检测项	Z1	Z2	Z3	Z4	Z5
水密性能设计	0.54	0.31	—	0.30	0.77
气密性能设计	0.32	—	0.25	0.28	0.57
热工性能设计	0.78	0.70	0.42	—	0.81
隔声性能设计	0.59	0.30	0.27	0.00	0.48
采光性能设计	0.26	0.16	0.27	0.32	0.62
遮光性能设计	0.65	0.24	0.18	0.32	0.31
装饰性能设计	0.83	0.27	—	0.19	0.61
通风性能设计	0.29	0.31	0.24	—	0.26

　　注：Z1—外观尺寸及表面平整度偏差；Z2—预埋件与及连接件偏差；Z3—预留孔洞及门窗框偏差；Z4—连接与装
　　　　配偏差；Z5—外墙整体实体检验偏差。

2.5　装配式建筑外墙制造与运输设计偏差分析

2.5.1　制造与运输设计

　　装配式建筑外墙制造和运输设计包括制造生产线选型、制造工艺设计、制造模具设计、养护设计、起吊设计、运输设计和偏差检测设计等。不同模具的强度、刚度、精度、平整度等不一，不同装配式外墙类型的制造工艺差异较大，对外墙产品制造偏差影响较大。不同类型的装配式外墙均需进行制造阶段装模、浇筑、存放、养护、翻转、脱模、吊运和存储等短暂设计状况下承载力、变形和裂缝验算。

（1）外墙制造深化设计

不同类型装配式外墙制造设计应根据外墙不同类型，选择合适工厂、适宜生产线、高精度模具、高效率养护系统和安全运输方式。根据建筑各专业图纸，结合制造流程和装配工法，开展装配式外墙制造深化设计，内容包含外墙平面布置图、节点详图、构件详图、预埋件及连接件图、配筋图、水电及吊装点位预埋图、装饰保温连接深化图等[136]，见图 2-42、图 2-43。

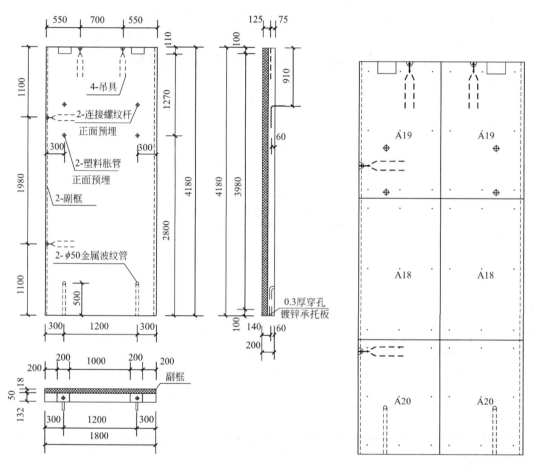

图 2-42　外墙产品制造详图设计　　　　图 2-43　外墙产品装配预拼详图设计

（2）外墙模具设计

模具设计决定装配式建筑外墙产品制造精度偏差。根据外墙制造工艺设计图进行模具深化设计，模具由预留孔模板、标准底模、侧模和活动模四部分组成。模具设计应统筹外墙材料、质量、养护、脱模等条件，合理选择模具材料，以标准化设计、组合式拼装、通用化使用为目标，尽可能减小模具质量，方便组装、拆卸、清扫。模具构造应满足钢筋入模、混凝土浇捣、养护和脱模等要求，便于清理隔离剂涂刷。国内构件生产厂家生产墙板的自动生产线模具宽度在 3~4m 之间，可生产的墙板宽度比模具小 300mm 左右。目前，外墙制造过程中，部分模具的组装和脱模采用人工操作，易造成外墙产品局部受损和偏差缺陷，见图 2-44。

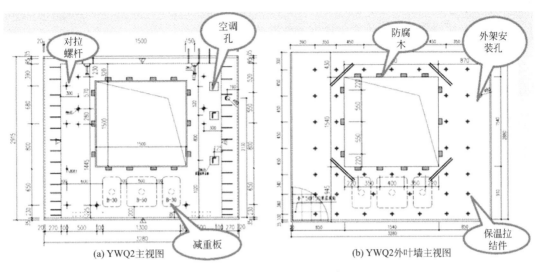

(a) YWQ2主视图　　　　　　　(b) YWQ2外叶墙主视图

图 2-44　外墙制造模具设计

（3）外墙运输设计

不同类型装配式建筑外墙运输设计，首先确保外墙产品满足强度要求。构件厂距施工现场距离 100km 以内比较合理，最大不超过 150km。墙板运输一般是竖向放置，按照交通运输相关规定，运输构件货车高度从地面起一般不超过 4m，最大 4.5m；宽度一般不超过 2.5m，最大 3m；长度一般不超过 21m，最大 23m；货车满载质量不超过 60t。应根据道路运输条件进行外墙构件拆分设计，对于超高、超宽、形状特殊的大型外墙产品运输存放应制定专项设计方案和质量偏差控制措施，见图 2-45。

图 2-45　外墙运输设计

外墙产品运输过程，需设计专门夹具和支架进行可靠固定，避免外墙产品移动、倾倒、变形和损坏。支架应设计足够刚度并支垫稳固[137]。堆放架应安全、可靠，相邻堆放架宜连成整体，并需支垫稳定。对外墙产品的连接止水条、高低企口、墙体转角等薄弱部位，应设计定型保护垫或专用套件加强保护。运输道路及堆放场地应专项设计，路幅和路基荷载设计满足外墙运输和回车要求，弯道最小半径应满足运输车辆拐弯半径要求。堆场满足外墙停放和操作所需作业面，确保空中无障碍且设有排水措施。

外墙脱模、起吊、运输过程中，由于构件强度不达标、保护措施不到位因素等，易造成外墙产品受损及偏差缺陷。

2.5.2 外形与质量设计

装配式建筑外墙的外形和质量设计，需综合考虑建筑功能性和艺术性、结构合理性和抗震安全性、生产平台尺寸和制作经济性、运输可行性和便利性、现场堆放地面承载力要求、起重设备可操作性等，确定外墙拆分外形尺寸和质量。

（1）外形设计

不同形状的外墙构件外形拆分设计，对四种主要装配式建筑外墙的偏差影响巨大。装配式外墙外形设计应遵循少规格、多组合原则，外墙构件外形拆分设计简单、连接巧妙；宜单开间拆分。四种装配式建筑外墙外形设计应综合制造平台规格、道路运输限制、装配设备起吊能力，高度不宜跨越楼层，长度不宜超过 6m。

1）装配式外墙竖向拆分宜在各层的层高处进行，水平拆分应保证门窗洞口的完整性，便于部品标准化生产[138]。

2）形状限制。如带转角飘窗的外墙构件比普通外墙制造难度巨大，模具要求精度高、组装复杂，并且无法在流水线上制造与养护，外形复杂，偏差控制点众多，偏差发生概率大。带阳台的外墙构件比普通外墙转折面增加，外形不规则；装模、浇筑、养护、运输难度剧增，极易发生制造偏差，见图 2-46。

(a) 带阳台外墙产品　　　　　　　　　　(b) 带飘窗外墙产品

图 2-46　装配式外墙外形设计

3）工厂模台尺寸对外形尺寸的限制。表 2-12 给出了工厂模台尺寸对装配式外墙产品尺寸的限制。

工厂模台尺寸对装配式外墙产品尺寸的限制　　　　　　　　表 2-12

工艺	限制项目	常规模台尺寸	构件最大尺寸	说明
固定模台	长度(m)	12	11.5	可以生产所有类型外墙
	宽度(m)	4	3.7	满足建筑标准层高尺寸
流水生产线	长度(m)	9	8.5	生产外墙单板效率高
	宽度(m)	3.5	3.2	综合建筑立面拼接设计
	允许高度(m)	0.4	0.4	受养护窑层高限制

注：本表数据可作为设计大多数构件时的参考。如果有个别构件大于此表的最大尺寸，可以采用独立模具或其他模具制作。

4）运输对外形尺寸的限制。表 2-13 给出了运输对装配式建筑部品部件尺寸的限制。除了车辆限制外，还需要调查道路转弯半径、途中隧道或过道电线通信线路的限高等。

装配式外墙产品外形尺寸运输限制　　　　　　　　表 2-13

情况	限制项目（单位）	限制值	部品部件最大尺寸与质量		
			普通车	低底盘车	加长车
正常路况	高度(m)	4	2.8	3	3
	宽度(m)	2.5	2.5	2.5	2.5
	长度(m)	13	9.6	13	17.5
	质量(t)	40	8	25	30
特殊审批	高度(m)	4.5	3.2	3.5	3.5
	宽度(m)	3.75	3.75	3.75	3.75
	长度(m)	28	9.6	13	28
	质量(t)	100	8	46	100

注：本表高度从地面算起；本表未考虑桥梁、隧洞、人行天桥、道路转弯半径等条件对运输的限值。

（2）质量设计

四种装配式建筑外墙质量设计，直接对制造脱模、运输堆放和装配组织产生影响。装配式外墙宜按照建筑开间和进深尺寸划分，最好全部拆分为一字形，一般要求单个外墙产品质量不超过 6t，最大构件控制在 10t 以内；否则，起重设备成本剧增。带转角飘窗或阳台的复杂外墙产品和装饰保温一体化等复合外墙应进行减重设计（图 2-47），应综合统筹制造台模尺寸、养护系统规格、起吊设备吊装、运输道路荷载极限等进行四种装配式建筑外墙质量设计。不同装配式外墙质量设计，导致偏差概率波动不一。

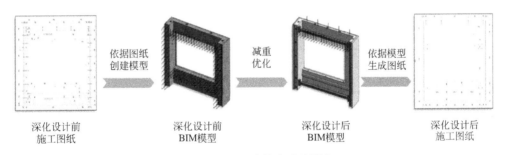

图 2-47　装配式外墙质量设计

外墙板的质量设计需要考虑的因素包括：工厂起重机起重能力（工厂吊车一般为12～24t）。制造平台及装配环境常见吊装设备起重能力见表 2-14。施工用塔式起重机一般为10t 以内。运输车辆限制质量一般为20～30t。

起重设备对外墙产品质量限制　　　　　　　　表 2-14

环节	设备	型　号	最大起吊质量(t)	可吊构件范围	说明
工厂	桥式起重机	5t	4.2(最大)	剪力墙(长度 3m 以内),外挂墙板	考虑吊装架及脱模吸附力
		10t	9(最大)	夹心剪力墙(长度 4m 内),外挂墙板	考虑吊装架及脱模吸附力
		16t	15(最大)	夹心剪力墙板(4～6m)	考虑吊装架及脱模吸附力
		20t	19(最大)	夹心剪力墙板(6m 以上)	考虑吊装架及脱模吸附力

续表

环节	设备	型号	最大起吊质量(t)	可吊构件范围	说明
工地	塔式起重机	QTZ80 (5613)	1.3~8 (最大)	剪力墙(长度3m以内), 夹心剪力墙(长度3m内), 外挂墙板	可吊质量与吊臂工作幅度有关, 8t工作幅度在3m处; 1.3t工作幅度在56m处
		QTZ315 (S315K16)	3.2~16 (最大)	夹心剪力墙(长度3~6m), 外挂墙板	可吊质量与吊臂工作幅度有关, 16t工作幅度在3.1m处; 3.2t工作幅度在70m处
		QTZ560 (S560K25)	7.25~35 (最大)	夹心剪力墙(6m以上)	可吊质量与吊臂工作幅度有关, 25t工作幅度在3.9m处; 9.5t工作幅度在60m处

注：本表外墙以住宅为例。

2.5.3 偏差分析

采用外墙仿真影响系数法，结合有效问卷调查 81 份以及专家知识，利用 Matlab 和 SPSS 软件，对制造与运输要求下装配式外墙设计偏差分析，获得设计偏差映射矩阵见表 2-15。从表 2-15 分析得出，制造与运输设计、外形设计、质量设计容易引起外观尺寸及表面平整度偏差（Z1）、制造与运输设计容易引起外预埋件与及连接件偏差（Z2）、预留孔洞及门窗框偏差（Z3）和外墙整体实体检验偏差（Z5）。

制造与运输对装配式外墙设计偏差影响分析　　　　表 2-15

影响因子指标项 检测项	Z1	Z2	Z3	Z4	Z5
制造与运输设计	0.87	0.92	0.90	0.31	0.89
外形设计	0.93	0.19	0.45	0.56	0.84
质量设计	0.92	0.65	0.28	0.62	0.87

注：Z1—外观尺寸及表面平整度偏差；Z2—预埋件与及连接件偏差；Z3—预留孔洞及门窗框偏差；Z4—连接与装配偏差；Z5—外墙整体实体检验偏差。

2.6　装配式建筑外墙装配与组织设计偏差分析

2.6.1　装配与组织设计

装配与组织设计体现的是工业化设计与建造过程，强调装配工厂的理念，将传统的手工业施工现场转变成装配工厂，用机械化施工代替手工作操作，减少人为因素带来的施工偏差。区别于传统施工组织设计，装配与施工组织设计主要包括：装配方案、施工组织、模板设计、支撑设计、起吊强度计算、安装稳定性设计、吊具设计等[139]。

装配式外墙装配施工方案应结合设计要求，考虑外墙类型、外墙起吊应力控制、装配设备起吊能力、外墙装配顺序、构件安放位置等，具体确定装配方式、吊点位置、吊具设计、吊装方法及顺序、临时支架方法，并进行验算[140]。所采用吊具和起重设备及其安装组织，极易造成外墙装配偏差。装配设计措施保证起重设备主钩、吊具和外墙重心在竖直方向重合；吊索与外墙构件水平夹角不应小于45°；吊装过程平稳，不应大幅度摆动且不能长时间悬停，见图2-48。

图2-48　外墙装配与组织设计

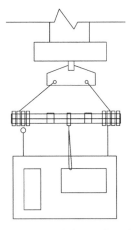

图2-49　外墙挂板吊装示意

装配式建筑外墙装配与组织设计深度，直接决定制造效率、运输成本、吊装方案和装配偏差。应综合统筹工厂、运输和现场实际条件，做好预埋件、吊装件、连接件的定位检测。四种装配式建筑外墙装配与组织设计，均应采取"试拼合格、就位标注、起吊就位、初步校正、偏差调整、临时固定、精确就位、后续工法、拆除支撑"的装配流程。尤其在装配式外挂墙板外墙起吊时，如达不到起吊设计时应做好预案，选用专用吊具根据装配规范进行验算[141]，见图2-49。

2.6.2　外墙拼接缝设计

外墙拼接缝设计对四种装配式建筑外墙整体抗震等影响巨大，因此外墙拼接缝计算必须满足外墙整体性能目标要求（图2-50）。

装配式建筑外墙拼接缝设计的目的是为了适应板缝两侧墙板相对变形，包括相对轴向变形和相对剪切变形。设定外墙拼接缝宽度为W_s，设拼接缝两侧墙板相对轴向变形为D，相对剪切变形为δ，见图2-51。

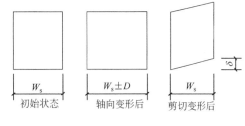

图2-50　装配式外墙拼接缝设计

图2-51　装配式外挂墙板变形示意

（1）拼接缝两侧墙板发生相对轴向变形

相对轴向变形下，计算公式与幕墙规范相同。适应拼接缝两侧墙板相对变形，考虑一定施工允许偏差 d_c，则 $(W_s - d_c)\varepsilon \geqslant D$，即 $W_s \geqslant D/\varepsilon + d_c$。式中，$d_c$ 是外墙允许偏差，按照国家标准《装配式混凝土建筑技术标准》相关限值进行取值；ε 是密封胶的变形能力。短期荷载控制的工况组合，考虑拼接缝密封材料变形能力提升。地震作用和风荷载等短期作用比温度等长期作用时，密封材料变形能力高。

（2）拼接缝两侧墙板发生相对剪切变形

由于我国目前密封胶研究偏少，密封胶的抗剪性能试验则更少，密封胶的相关规范中也并未规定密封胶的抗剪能力，所以建议密封胶的变形参考美国 ASTM 标准进行。

建议接缝宽度计算公式为：

1）当接缝仅发生拉压变形时，板缝宽度可按下式计算：

$$W_s = \frac{D}{\varepsilon} + d_c \tag{2-2}$$

2）当接缝仅发生剪切变形时，板缝宽度可按下式计算：

$$W_s = \frac{\delta}{\sqrt{\varepsilon^2 + 2\varepsilon}} + d_c \tag{2-3}$$

3）当接缝发生拉剪组合变形时，板缝宽度可按下式计算：

$$W_s = \frac{\sqrt{D^2(1+\varepsilon)^2 + \delta^2(2\varepsilon + \varepsilon^2)}}{2\varepsilon + \varepsilon^3} + d_c \tag{2-4}$$

4）当接缝发生压剪组合变形时，板缝宽度应取式（2-2）和式（2-4）计算值的较大值：

$$W_s = \frac{D + (1-\varepsilon)\sqrt{D^2 + \delta^2(2\varepsilon - \varepsilon^2)}}{2\varepsilon - \varepsilon^3} + d_c \tag{2-5}$$

（3）拼接缝宽度及密封材料厚度限值

装配式外墙拼接缝宽度取值为 10～30mm；外墙进深厚度不小于 8mm，且不小于缝宽的一半。

2.6.3 偏差分析

采用外墙仿真影响系数法，结合有效问卷调查 81 份以及专家知识，利用 Matlab 和 SPSS 软件，对装配与组织要求下装配式外墙设计偏差分析，获得设计偏差映射矩阵见表 2-16。从表 2-16 分析得出，装配与组织设计容易引起外观尺寸及表面平整度偏差（Z1）、预埋件与及连接件偏差（Z2）、连接与装配偏差（Z4）和外墙整体实体检验偏差（Z5），外墙拼接缝设计容易引起连接与装配偏差（Z4）。

装配与组织对装配式外墙设计偏差影响分析　　　　　　　　　　　　　　　　表 2-16

影响因子指标项　＼　检测项	Z1	Z2	Z3	Z4	Z5
装配与组织设计	0.86	0.84	0.61	0.90	0.88
外墙拼接缝设计	—	0.48	0.25	0.85	0.30

注：Z1—外观尺寸及表面平整度偏差；Z2—预埋件与及连接件偏差；Z3—预留孔洞及门窗框偏差；Z4—连接与装配偏差；Z5—外墙整体实体检验偏差。

2.7 装配式建筑外墙设计偏差影响因子

四种典型外墙既要满足建筑外围护体系整体要求，又必须满足装配式特性，对偏差的允许范围主要集中在满足制造与运输、装配与组织以及外墙整体性能目标的设计，具体偏差影响因子见表2-17。

四种装配式外墙设计偏差影响因子 表2-17

序号	外墙设计	装配整体剪力墙	装配式外挂墙板	装配式多层墙板	装配叠合剪力墙
Y1	防水性能设计	1	1	1	0
Y2	防火性能设计	0	1	0	0
Y3	通风性能设计	1	1	1	1
Y4	采光性能设计	1	1	1	1
Y5	外墙拼接缝设计	1	1	1	0
Y6	隔声性能设计	1	1	1	1
Y7	抗风性能设计	0	1	0	0
Y8	热工性能设计	1	1	1	1
Y9	装饰性能设计	1	1	1	1
Y10	结构性能设计	1	0	1	1
Y11	遮光性能设计	1	1	1	1
Y12	耐久性能设计	1	1	1	1
Y13	气密性能设计	0	1	1	0
Y14	水密性能设计	0	1	1	0
Y15	耐撞击性能设计	1	1	1	1
Y16	制造与运输设计	1	1	1	1
Y17	外形设计	1	1	1	1
Y18	装配与组织设计	1	1	1	1
Y19	质量设计	1	1	1	1

注："1"代表影响强，"0"代表影响弱。

装配式整体剪力墙和装配式叠合剪力墙在设计时需考虑的共性因素比较接近，装配式外挂墙板和装配式多层墙板因干法连接，在设计上需考虑的共性因素比较接近。表2-18对四种墙板主要性能设计进行了对比。

四种装配式外墙主要性能设计对比 表2-18

序号	外墙设计	剪力墙外墙	外挂墙板	墙板结构外墙	叠合剪力墙外墙
1	防水	水平缝反坎构造结合密封胶防水,竖向缝现浇混凝土结合密封胶防水	水平缝反坎构造结合密封胶防水,竖向缝空腔构造防水结合密封胶防水	沿接缝铺贴自粘卷材防水	现浇混凝土防水

序号	外墙设计	剪力墙外墙	外挂墙板	墙板结构外墙	叠合剪力墙外墙
2	防火	复合夹心保温材料耐火极限和封闭防火处理满足规范要求	外墙板内侧与梁、柱及楼板间缝隙防火封堵满足规范要求	—	需注意复合夹心保温墙保温材料的耐火极限和保温材料的封闭处理
3	板缝	结合建筑立面装饰设计	需经计算,以适应接缝两侧墙板的相对变形	结合建筑立面装饰设计	—
4	热工	复合夹心保温	复合夹心保温	单板混凝土外墙或单侧复合保温外墙	复合夹心保温或单侧复合保温外墙
5	结构	参与主体结构受力验算,与主体结构形成完整抗震结构体系	不参与主体结构受力计算,仅起外围护作用	既要承受主要荷载计算,又要承担围护功能需求	参与主体结构受力验算,与主体结构形成完整抗震结构体系

针对四种不同外墙,性能设计的重点也不相同,比如装配式整体剪力墙防水重点是水平缝防水,装配式外挂墙板和装配式多层墙板防水重点是水平缝防水和竖向缝防水都有;装配式多层墙板保温多采用单侧保温,其他三种墙保温多采用复合夹心保温等等。表 2-19 对现浇外墙和装配式外墙设计复杂度进行了对比。

传统外墙与装配式外墙性能设计复杂度对比 表 2-19

外墙类型		结构受力	接缝	防水	保温	装饰	制造	装配	墙体组合
传统外墙	砌体和板材墙	0	1	1	0	0	0	0	0
	现浇剪力墙	1	0	0	1	0	0	0	1
装配外墙	装配整体剪力墙	1	1	1	1	1	1	1	1
	装配式外挂墙板	0	1	1	1	1	1	1	0
	装配式多层墙板	0	1	1	1	1	1	1	1
	装配叠合剪力墙	1	1	0	1	1	1	1	1

注:"1"代表复杂,"0"代表简单。

根据表 2-19 可见,外墙设计复杂度排序,从高到低依次是装配整体剪力墙＞装配叠合剪力墙＞装配式外挂墙板＞装配式多层墙板＞现浇剪力墙＞砌体和板材墙。其中,装配式整体剪力墙外墙通常由预制套筒灌浆剪力墙、预制含梁外隔墙、现浇剪力墙组合而成,设计复杂程度最高。

采用外墙仿真影响系数法,结合有效问卷调查 78 份以及专家知识,采用 Matlab、SPSS 和 Curve 软件对设计偏差影响因子模拟分析,获得设计偏差映射矩阵,见表 2-20;将结果绘制成装配式外墙设计偏差影响因子权重曲线,见图 2-52。

装配与组织对装配式外墙设计偏差影响分析 表 2-20

指标项	检测项	外观尺寸及表面平整度（Z1）	预埋件与及连接件（Z2）	预留孔洞及门窗框（Z3）	连接与装配（Z4）	外墙整体实体检验（Z5）
性能与系统设计（a）	抗风性能设计	0.84	0.53	0.27	0.21	0.83
	防水性能设计	0.18	0.47	0.63	0.82	0.76
	耐撞击性能设计	—	0.22	0.17	—	0.15
	防火性能设计	0.78	0.87	0.21	—	0.88
	结构性能设计	0.87	0.88	0.34	0.87	0.92
	耐久性能设计	0.21	0.14	—	—	0.18
	水密性设计	0.54	0.31	—	0.30	0.77
	气密性设计	0.32	—	0.25	0.28	0.57
	热工性能设计	0.78	0.91	0.42	—	0.81
	隔声性能设计	0.59	0.30	0.27	—	0.48
	采光性能设计	0.26	0.16	0.84	0.32	0.62
	遮光性能设计	0.65	0.24	0.18	0.32	0.31
	装饰性能设计	0.83	0.27	—	0.19	0.61
	通风性能设计	0.29	0.31	0.24	—	0.26
制造与运输设计（b）	制造与运输设计	0.91	0.85	0.82	0.31	0.90
	外形设计	0.93	0.19	0.85	0.56	0.84
	质量设计	0.89	0.65	0.28	0.62	0.87
装配与组织设计（c）	装配与组织设计	0.86	0.84	0.61	0.90	0.88
	外墙拼接缝设计	—	0.48	0.25	0.85	0.30

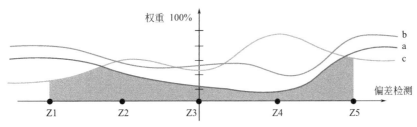

图 2-52 装配式外墙设计影响因子权重曲线图

a—性能与系统设计；b—制造与运输设计；c—装配与组织设计

Z1—外观尺寸及表面平整度偏差；Z2—预埋件与及连接件偏差；Z3—预留孔洞及门窗框偏差；

Z4—连接与装配偏差；Z5—外墙整体实体检验偏差

根据表 2-20 可知，外墙偏差检测项中，对外观尺寸及平整度（Z1）影响最大的设计偏差影响因子有外形设计（Y17）和制造与运输设计（Y16）。对预埋件及连接件检测项（Z2）影响最大的设计偏差影响因子有结构设计（Y10）和热工设计（Y8）。对预留孔洞及门窗框（Z3）影响最大的设计偏差因子有采光设计（Y4）和外形设计（Y17）。对连接与装配（Z4）影响最大的设计偏差因子有结构设计（Y10）和装配与组织设计（Y18）。对外墙实体检测（Z5）影响最大的设计偏差因子有结构设计（Y10）和制造与运输设计（Y16）。

根据图 2-52 可知，外墙性能与系统设计（a）对外观尺寸及表面平整度检测（Z1）和外墙整体实体检验（Z5）偏差影响最大；制造与运输设计（b）对外观尺寸及表面平整度检测（Z1）和外墙整体实体检验（Z5）偏差影响最大；装配与组织设计（c）对预埋件与及连接件检测（Z2）和连接与装配检测（Z4）偏差影响最大。

2.8　本章小结

本章基于贝叶斯思维，通过对装配式建筑外墙特征分析，将研究本体分为装配整体式结构剪力墙外墙等四种形式，采用贝叶斯方法，从装配式建筑外墙性能与性能设计、制造与运输设计、装配与组织设计三个角度对外墙偏差展开分析，利用外墙仿真影响系数法，结合问卷调查以及专家知识，采用 Matlab、SPSS 和 Curve 软件对设计偏差影响因子进行模拟分析，取得设计偏差映射矩阵和设计偏差影响曲线。

通过对设计标准与验收规范分析，结合工程经验；分析外观尺寸及表面平整度、预埋件与及连接件、预留孔洞及门窗框、连接与装配偏差、外墙整体实体检验五类主要偏差检测项，对应四种主要装配式建筑外墙，提炼外墙设计偏差检测 54～66 项。指出外墙防水性能设计、制造与运输设计、外形设计、装配与组织设计、质量设计等 19 项设计偏差影响因子。

第3章 贝叶斯思维下制造偏差分析

3.1 引言

制造阶段是装配式建筑外墙发生偏差问题的主要阶段。国内外研究人员主要进行设计与施工技术研究，现有文献研究成果较少[142]。本书重点从制造工艺、制造环境和制造后续影响三个方面展开制造偏差分析。

现阶段，建筑制造规范缺失、设计标准未统一、制造硬件匹配不同、运输条件差异较大，各种偏差因素对外墙制造偏差影响形式复杂。制造工艺对外墙产品偏差影响直接，如同一制造流水线上的不同偏差因素对产品偏差具有明显差异化影响，同一批次的不同制造平台的生产偏差，使得外墙偏差检测呈现双峰分布的复杂形态，这些因素都会极大增加偏差诊断难度。由于外墙材料特性，每批次外墙产品制造都需进行混凝土配合比调试，从混凝土试制、搅拌、浇筑、振捣到外墙初凝、养护、起吊、运输都受到制造、运输、吊装等设备及工人操作等多因素影响[143]；在制造各工艺阶段都可能产生偏差，导致最终产品偏差。同时，制造环境对偏差影响程度差异较大，本章重点分析固定式、移动式和游牧式等主要工厂和固定台模、成组立模、水平流水生产线等主要制造平台，以及铝合金、型钢、木模、硅胶等主要制造模具在制造环境中引起外墙产品制造偏差的影响因子。结合外墙成品在强度验算、起吊运输、存放保护等后续流程中的偏差影响因子，指出装配式建筑外墙制造偏差影响因子。研究分析流程如图3-1所示。

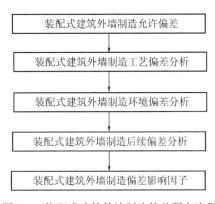

图 3-1 装配式建筑外墙制造偏差研究流程

3.2 贝叶斯思维下装配式建筑外墙制造

一般条件下，贝叶斯统计学从先验知识和总体信息以及样本数据推导出后验分布的具体解析表达式较为困难。根据 Schlaifer 与 Raiffa 提出的共轭先验分布理论可简化相关计算，理论是先验密度函数与由它决定的后验密度函数属于同一函数类型。设 β 是总体分布中的参数，$\pi(\beta)$ 是 β 的先验密度函数，假设由总体信息和样本信息计算得到的后验密度函数与 $\pi(\beta)$ 有相同的函数形式，则称 $\pi(\beta)$ 是 β 的共轭先验分布。共轭先验分布是对某一分布中正态均值、正态方差、泊松均值等参数提出的概念。因此，相对于非共轭先验分布，从先验共轭分布计算后验分布时，只需要采用先验分布做乘法计算，运算简单、高效。由于先验共轭分布要求先验分布与后验分布同属一类，即经验知识与偏差样本具有同一性。若将历史经验与偏差样本形成历史数据，即可将后验分布作为后续统计的先验分布，依次重复；新的后验分布仍属同一类型，便于将历史知识通过贝叶斯公式开展综合应用；为后续统计的后验计算提供合理先验知识，此为共轭先验分布的价值所在。

设 Y_1、Y_2、$\cdots$、Y_m 来自正态分布 $N(\beta,\alpha_1^2)$ 的一个样本，其中 α_1^2 已知，β 未知。求 β 的估计量 $\hat{\beta}$，取另一正态分布 $N(\delta_0,\alpha_0^2)$ 作为该正态均值 β 的先验分布表示为：

$$\pi(\beta)=N(\delta_0,\alpha_0^2) \tag{3-1}$$

通过贝叶斯定理计算后验分布仍为正态分布，见式（3-2）。

$$\pi(\beta\,|\,\overline{y_1})=N(\partial_1,f_1^2) \tag{3-2}$$

其中，

$$\overline{y_1}=\sum_{n=1}^{m}\frac{x_n}{m} \tag{3-3}$$

$$f_1^2=\frac{1}{\dfrac{1}{\alpha_0^2}+\dfrac{m}{\alpha_1^2}} \tag{3-4}$$

$$\partial_1=\frac{\dfrac{1}{\alpha_0^2}\delta_0+\dfrac{m}{\alpha_1^2}\overline{y_1}}{\dfrac{1}{\alpha_0^2}+\dfrac{m}{\alpha_1^2}} \tag{3-5}$$

用后验分布 $\pi(\beta|\overline{y_1})$ 的数学期望 ∂_1 作为 β 的估计值，得到式（3-6）：

$$\hat{\beta}=G(\beta\,|\,\overline{y_1})=f_1^2\left(\frac{1}{\alpha_0^2}\delta_0+\frac{m}{\alpha_1^2}\overline{y_1}\right) \tag{3-6}$$

由上可知，β 的估计值 $\hat{\beta}$ 是先验分布中的期望 δ_0 与样本均值 $\overline{y_1}$ 的加权平均。因为 α_0^2 是 $N(\delta_0,\alpha_0^2)$ 的方差，它的倒数 $\frac{1}{\alpha_0^2}$ 就是 δ_0 的精度。样本均值 $\overline{y_1}$ 的方差是 $\frac{\alpha_1^2}{m}$，它的倒数 $\frac{m}{\alpha_1^2}$ 就是样本均值 $\overline{y_1}$ 的精度。进一步分析，$\hat{\beta}$ 是将 δ_0 与 $\overline{y_1}$ 按其精度加权平均。方差越大，精度越低，在后验均值中所占比重也越小。当 m 相当大时，先验均值对后验均值的影响将相当小。分析表明，通过贝叶斯定理取得后验均值确实对先验知识和样本信息进行融合运算，结论比单一使用先验数据或者实测数据更加有效，验证了贝叶斯思维正确性。基于贝叶斯思维的装配式建筑外墙制造，按照精益目标，提取外墙制造偏差主要影响因子，依据共轭先验分布理论，为外墙偏差的最终诊断获取必备先验知识。

3.2.1 装配式建筑外墙精益制造目标

由日本制造企业率先提出的"丰田生产模式"（Toyota Production System，TPS），首倡自动、准时、精益生产理念[144]，引领日本汽车行业革命性发展，奠定其在全球领先地位，从而促使精益制造成为经典制造哲学。美国紧随其后，惠普、波音等众多企业均已实施精益制造理念，在飞机、设备等高端制造中取得了令人瞩目的成绩。

精益制造常采用细胞制造、一个流制造和柔性制造等模式。根据不同产品的产量变化，设置两类生产线：一类是满足固定产品类型的固定生产线；另一类是用来满足变动部分的变动生产线。通常，传统的生产设备被用作固定线，而柔性设备或细胞生产方式等被用作变动生产线。精益制造首先追求"精"，即高标准产品质量；其次在于"益"，即良好的制造成本。基于精益理念制造的高品质、低成本产品，为制造业快速发展提供思想和标准。精益制造延续精益设计思想，在装配式建筑外墙制造过程组织和运营开展品质提升和偏差预防相关措施。对四种装配式外墙类型进行单板生产和复合板生产分工，依据不同加工特征，选择合适的制造工艺和制造环境，以装配式精益制造为目标，通过对制造工厂、制造平台、制造模具的深入分析[145]，结合外墙制造后续影响因子开展制造全过程偏差分析，见图3-2。

图 3-2 装配式建筑外墙精益制造示意

3.2.2 装配式建筑外墙制造允许偏差

《混凝土结构工程施工质量验收规范》GB 50204—2015 对外墙模具尺寸、外墙实体上预埋件、预留孔洞、门窗框、焊接钢筋网或者钢筋骨架、绑扎钢筋网或者钢筋骨架、钢筋桁架、构造配钢筋、预留和预埋件总体允许偏差等，明确了具体要求[28]。

外墙偏差允许范围主要在外观尺寸、截面尺寸、对角线差、侧向弯曲、翘曲、表面平整度、预埋件中心线位置和外露长度、钢筋间距等指标；允许偏差值为2～4mm不等。为更好地分析国内外规范允许偏差控制值，将其对比见表3-1。

国内外装配式建筑规范中外墙制造偏差允许值对比一览表（mm）　　　　　表 3-1

检查项目			中国标准 GB/T 51231—2016	日本标准	美国 PCI 标准	欧盟标准 BS EN 13369：2013
外形	表面平整度	内表面	4	5	6(3m 内)	—
		外表面	3	—	—	
	扫掠曲面(Sweep)		—	—	3(6m 内)	
	扭翘		L/1000	5	1.5(300 内)	
	侧向弯曲		L/1000 且≤20	5	10	
	外叶板厚度		—	—	10	
规格尺寸	高度		±4	±10(WPC 工法内墙为±5，WPC 工法外墙为±3)	±6	±(10+L/1000) 且≤±40
	宽度		±4	—	±13	L≤150：+10/−5 L=400：+10/−10
	厚度		±3	±3	±6	L>2500：±30

续表

检查项目			中国标准 GB/T 51231—2016	日本标准	美国 PCI 标准	欧盟标准 BS EN 13369：2013
规格尺寸	对角线差		5	10(WPC工法内墙为±5，WPC工法外墙为±3)	6(300 内)	—
预埋部件	预埋钢板	中心线位置偏差	5	—	—	±25
		平面高差	0，−5	—	—	—
	预埋螺栓	中心线位置偏差	2	—	—	—
		外露长度	+10，−5	—	—	—
	预埋电盒、线盒	在构件平面的水平方向中心位置偏差	10	—	—	—
		与构件表面混凝土高差	0，−5	—	—	—
预留孔	中心线位置偏移		5	—	±6	±25
	孔长宽		±5	—	—	±10
预留洞	中心线偏差		5	—	—	±25
	洞口尺寸及进深		±5	—	—	±10
预留插筋	中心线偏差		3	—	±6	—
	外露长度		±5	—	—	—
吊环、木砖	中心线位置偏移		10	—	—	—
	留出高度		0，−10	—	—	—
键槽	中心线偏差		5	—	—	—
	长宽		±5	—	—	—
	进深		±5	—	—	—
灌浆套筒及连接钢筋	套筒中心线偏差		2	—	—	—
	钢筋中心线偏差		2	—	—	—
	连接钢筋外露长度		+10，0	—	—	—

注：L 为构件最长边的长度（mm）。

通过以上分析可知，中国标准允许偏差值小，控制指标较全，控制要求更加严格。但部分关键指标检测工具落后，保障不够；部分非关键指标控制偏于严格，部分指标未根据构件类型、用途、尺寸大小进行区分，重点不突出。

3.3 装配式建筑外墙制造工艺偏差分析

3.3.1 装配整体式结构剪力墙外墙

装配式建筑外墙按是否集成保温层，分为单板（不含保温层）和复合板外墙。装配整体式结构剪力墙外墙，充分利用建筑工业化优势[146]，常按保温装饰一体化设计制造，常见复合夹心保温墙板生产工艺在单板基础上增加保温及连接件，制造工艺如图 3-3 所示。

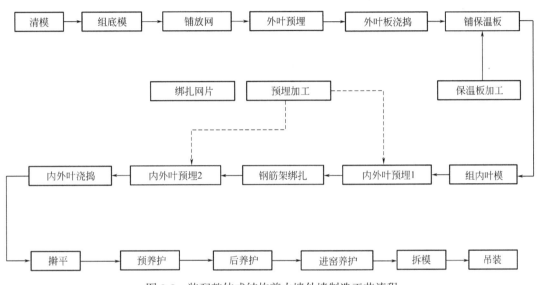

图 3-3 装配整体式结构剪力墙外墙制造工艺流程

因外墙制造属复杂加工输出过程，工序、工位、材料种类均较多，以下对制造工艺中易形成偏差的影响因子展开分析。

1. 混凝土配合比

装配式外墙所用混凝土中，水泥、砂、石、矿物掺合料、外加剂等原材料的进厂质量对外墙制造产品偏差有影响，如砂石中的含泥量会直接影响外墙观感、裂纹和平整度[28]。混凝土配合比对外墙产品偏差产生直接影响[147]。配合比不当，将导致结构性能、装饰面层外观、混凝土强度检验等检测项不合格。工厂自拌混凝土强度应考虑间续生产的不稳定因素，适当高于设计标准。特殊要求的清水混凝土、彩色混凝土等，因骨料变化或原料来源变化[28] 均需重新进行配合比试验，结果合格方可大规模生产。

2. 钢筋加工精度

（1）钢筋、预埋件和连接件等尺寸规格，直接对外墙厚度产生偏差影响。如钢筋加工尺寸偏大，为满足混凝土保护层厚度，必须将外墙厚度加大，造成外墙整体厚度偏差超标。

（2）加工形式。装配式制造工厂主要有全自动、半自动和手工三种钢筋加工形式，加工精度依次递减[148]。全自动设备见图 3-4。

（3）保护层厚度。常用钢筋间隔件有水泥、塑料和金属三种材质，混凝土外墙产品保

图 3-4　钢筋自动加工设备（网片/箍筋/桁架）

护层不宜用金属间隔件[28]。钢筋入模前应将钢筋保护层间隔件固定好。保护层间隔件间距与构件高度、钢筋重量有关，应按《混凝土结构设计规范》GB 50010—2010 有关规定布置，且不宜小于 300mm。

（4）出筋控制。从模具伸出的钢筋位置、数量、尺寸、长度等，要有专用的固定架来固定[149]。出筋偏差，将导致预留钢筋、连接钢筋、钢筋保护层厚度等检测项不合格。

（5）偏差检测。应采用精密设备重点检测主筋位置、尺寸偏差、焊接质量、箍筋数量等[148]。

3. 预埋件位移控制

制造阶段的预埋件位移控制，直接影响装配能否精准就位。固定要求牢固，固定方法应与模具一并设计[148]，增加辅助固定设施。套筒和连接钢筋应精确设计，避免因遗漏由制造工厂自行开孔造成严重偏差。预防混凝土浇筑和振捣过程中发生位移偏差。固定不当，将导致预埋钢板、预埋螺栓、预埋套筒、吊环木砖等检测项不合格。

4. 浇筑与振捣

（1）混凝土搅拌。制造工厂生产外墙产品，按制造业流水作业组织逐个浇筑，与现浇混凝土整体一次浇筑不同。因流水制造产品单个混凝土方量不同，前道工序完成节奏存有差异。预制混凝土搅拌作业必须控制节奏，搅拌混凝土时间与数量必须符合生产节拍[150]。既避免搅拌量过剩或搅拌后等待入模时间过长，又要保证混凝土质量，降低偏差概率。

（2）混凝土输送。常见运输方式有三种：自动鱼雷罐运输、起重机料斗运输和叉车加料斗运输[28]。其中，流水线上自动鱼雷罐用在搅拌站到生产线布料机之间运输，适合浇筑混凝土连续作业。自动鱼雷罐运输搅拌站与生产线布料位置距离不能过长，宜在 150m 以内且直线运输。确保连续浇筑，避免不同强度混凝土混杂。及时清洗，提升混凝土浇筑整体质量，能有效降低偏差概率（图 3-5）。

(a) 自动鱼雷罐　　　　　　　　　　(b) 墙板线自动布料机自动鱼雷罐

图 3-5　外墙智能浇筑设备

（3）混凝土浇筑。主要有喂料斗半自动入模、料斗人工入模、自动布料入模等形式。机器布料辅助工人[147]，是目前的主要形式。通过布料机设计自动关闭卸料口等装置，能有效防止误浇筑，降低制造偏差。

（4）浇筑与振捣。主要有固定模台插入式振动器振捣、固定模台附着式振动器振捣和自动流水线分体式振动台等形式。振捣方式对外墙钢筋、预埋件和连接件的位移偏差影响巨大。由于装配式外墙内预埋套管、预埋件较多，普通插入式振动器无法实现全面自由振捣，宜采用超细插入式振动器或手提式插入式振动器。不同的振捣方式对外墙制造偏差影响较大，见图3-6。

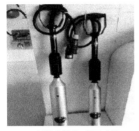  

(a) 手提式插入式振动器　　　　(b) 附着式振动器　　　　(c) 分体式振动台

图 3-6　外墙制造振捣设备

5. 养护工法

养护工法对外墙混凝土强度、结构性能等检测项影响明显。外墙主要养护媒介有：自然、热水、蒸汽和养护剂养护等。养护方式与时间对外墙偏差影响较大，温度应力易产生变形、裂纹和偏差。

外墙主要养护方式有：固定台模、立模工艺养护和流水线集中养护。固定模台与立模采用在工作台直接养护的方式。蒸汽通到模台下，将构件用苫布或移动式养护棚铺盖，在覆盖罩内通蒸汽进行养护，如图3-7所示。固定模台养护应设置全自动温度控制系统，通过调节供气量自动调节每个养护点的升温降温速度和保持温度。采用全自动温度控制系统，养护窑避免构件出入窑时窑内外温差过大，如图3-8所示。装配整体式结构剪力墙外墙制造工艺见表3-2。

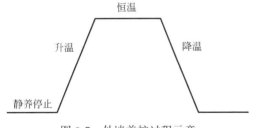 

图 3-7　外墙养护过程示意　　　　图 3-8　外墙智能养护系统

装配整体式结构剪力墙外墙制造工艺　　　　　　　　　　表 3-2

工序名称	生产图			操作内容
清模	清理	安装	固定	(a)清除模具和台模上的附着物 (b)参照图纸标记控制线,将配套模具和磁盒放置于台模上

工序名称	生产图	操作内容
组底模	固定侧顶模　磁盒安装　涂脱模剂	(a)根据图纸,核对控制线,开始组装模具,用螺栓、销钉、磁盒进行固定 (b)模具安装完成后,检查复核尺寸,包括对角线长度、模具是否翘曲、变形等 (c)喷涂脱模剂,工完场清,清理工作面
铺放网片1)	放置檩条　放置网片　预埋套管	(a)放置垫块,确保保护层厚度 (b)安装预埋件,做好保护工作 (c)清理废料,工完场清
外叶板浇筑	浇筑　辅助浇筑　振捣	(a)中途补料应及时,避免混凝土分层 (b)合理振捣,避免强度不够及蜂窝、麻面的出现 (c)保护预埋件,防止预埋件偏移
铺保温板	审图　备材　铺设	(a)按图纸进行保温裁剪、铺设 (b)保温板铺设平整、牢固,保温板与底板之间不能有间隙 (c)完工后避免践踏,造成保温板移位 (d)工完场清,清理废料
组内叶模	涂脱模剂　加固	(a)根据图纸核对控制线,开始组装模具,用螺栓、销钉、磁盒固定 (b)模具安装完成后,检查复核尺寸,包括对角线长度、模具是否翘曲、变形等 (c)喷涂脱模剂,工完场清,清理工作面
钢筋预埋2)	绑扎底面　吊钉预埋　固定出浆口,绑扎面筋	(a)放置垫块,确保保护层厚度 (b)安装预埋件,做好保护工作 (c)清理废料,工完场清
内叶浇捣	浇筑　辅助浇筑　振捣	(a)中途补料应及时,避免混凝土分层 (b)合理振捣,避免强度不够及蜂窝、麻面的出现 (c)保护预埋件,防止预埋件偏移
擀平	整体擀平　一次收面	(a)根据混凝土强度抹平收光,注意预埋件保护 (b)清理表面外渗水泥浆,避免蜂窝、麻面 (c)根据混凝土强度拉毛,保证拉毛深度符合规范要求

续表

工序名称	生产图			操作内容
抹平/细拉毛	抹光	细拉毛	清理外渗水泥	同上
养护	构件运输		进养护窑	(a)强度达到一定程度后,使用码垛机将构件放入养护窑进行养护 (b)养护窑温度均衡提升,避免温度提升过快,导致构件出现裂缝
拆模	松磁铁盒	拆模具	清理槽口	(a)避免暴力拆模,导致成品损坏 (b)选取专用工具拆除薄弱处的模具 (c)检查、清理预埋套筒及预埋孔洞,保证无混凝土或其他材料堵塞

3.3.2 装配式外挂墙板外墙

装配式外墙挂板外墙制造工艺同装配整体式结构剪力墙外墙。装配式外挂墙板结构外墙制作工艺在预埋件固定方面和装配整体式剪力墙不同,整体剪力墙预埋灌浆套筒,外挂墙板预埋和主体之间的连接螺栓孔[149]。因外挂承重构件为金属连接件,为减轻外挂质量,以混凝土单板为主,类似外挂石材工艺。单板制造相对简单,预埋件与连接件大幅较少,偏差控制难度降低。偏差影响因子同装配整体式结构剪力墙外墙,见图3-9。

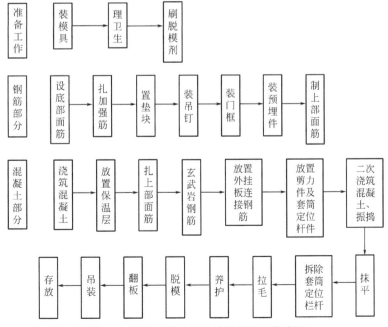

图 3-9 装配式外挂墙板外墙制造工艺流程

3.3.3 装配式干法连接墙板结构外墙

装配式干法连接墙板外墙制造工艺同装配整体式结构剪力墙外墙。预埋件固定方面和装配整体式剪力墙不同，整体剪力墙预埋灌浆套筒，干法连接墙板结构外墙预埋水平连接件和竖向连接件。如纯干法施工的低多层墙板结构外墙和灌浆套筒连接的外挂式墙板，前者的伸出端是螺栓，后者的伸出端是套筒钢筋[149]。偏差影响因子同装配整体式结构剪力墙外墙，见图3-10。

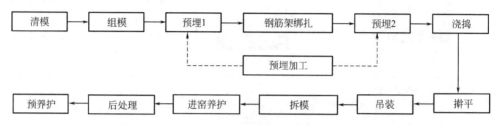

图 3-10 装配式干法连接墙板结构外墙制造工艺流程

3.3.4 装配式叠合剪力墙外墙

装配式双面叠合剪力墙外墙制造工艺同装配整体式结构剪力墙外墙。区别在于，双面叠合剪力墙外墙，外叶墙板混凝土达到强度后翻转，在内叶混凝土初凝前进行叠合。因内部为空腔[151]，需重点控制内外叶板厚度、整体厚度、钢筋加工精度、墙板平整度和垂直度等偏差指标。叠合预制的两块墙板既能承重，又可为结构受力连接墙体中间设成空腔后浇混凝土侧模。偏差影响因子同装配整体式结构剪力墙外墙。流程如图3-11所示。

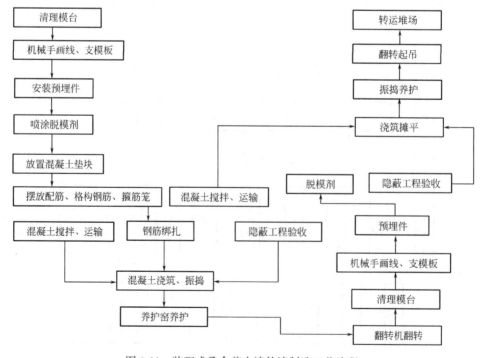

图 3-11 装配式叠合剪力墙外墙制造工艺流程

3.3.5 偏差分析

通过对外墙制造工艺深入研究，分析各个工位中偏差影响因素，对其总结分析见表3-3。

制造工艺对装配式外墙产品影响分析 表 3-3

工序	实景图	偏差因子分析
清模		(a)清模不干净,影响表面平整度 (b)模具管理不当,变形、翘曲,影响外观尺寸
组底模		(a)模具安装不牢固,构件变形,影响外观尺寸规格 (b)模具与台模间隙过大,板厚超标,影响保护层厚度
铺放网片		(a)钢筋网片绑扎不牢或定位不准,影响构件的强度和整体稳定性 (b)垫块不标准,影响构件保护层
外叶板浇筑		(a)振捣不标准,导致混凝土离析、墙板分层、蜂窝、麻面、漏浆等 (b)振捣位置不合理,造成预埋件跑偏、位移 (c)振捣用力过大或时间过长,发生模具跑偏、局部强度不够等
铺保温板		(a)保温板与模具四周预留2cm间隙,影响整体强度和感官 (b)保温板与底板之间有缝隙,板过厚或保护层不够 (c)保温板尺寸不标准,挤压预埋件
组内叶模		(a)模具安装不牢固,构件变形,影响外观尺寸规格 (b)模具与台模间隙过大,板厚超标,影响保护层厚度 (c)内模跑偏,影响外观和尺寸
钢筋预埋		(a)线盒、预埋吊钉、连接件、预埋安装套筒固定不牢,浇捣后位置偏移 (b)线盒、预埋吊钉、连接件、预埋安装套筒尺寸过大或过小 (c)线盒、预埋吊钉、连接件、预埋安装套筒定位不准确[152]

工序	实景图	偏差因子分析
内叶浇捣		(a)混凝土等待入模时间过长 (b)其余同外叶浇捣
擀平		(a)成品保护不到位,导致预埋件偏移、掩埋等 (b)工序间隔过长,混凝土渗水 (c)外渗水泥没有及时清理 (d)混凝土离析,外观尺寸、强度不达标
抹平/ 细拉毛		(a)成品保护不到位,导致预埋件偏移、掩埋等 (b)收光过早,表面渗析、起砂 (c)拉毛过晚,深度不符合规范要求,后期影响结构整体性
养护		(a)养护时间过短,强度不达标,表面开裂 (b)码垛机操作不当,造成构件入窑时损坏 (c)养护窑温度提升过快、不均衡,导致构件开裂
拆模		(a)剪力槽、出筋孔、预埋套筒保护不当,拆模后有混凝土进入 (b)拆模造成的局部破坏,如棱角缺口、长边缺块等 (c)养护强度不够,拆模时造成的开裂

装配式外墙制作工艺中制造模具、混凝土配合比、钢筋加工精度、预埋件位移控制、浇筑与振捣、养护工法方面对外墙偏差影响较大,将导致预埋门窗框、外形尺寸、表面平整度预埋件、预留孔洞、键槽粗糙面、外观质量、结构性能等检测项不合格。

采用外墙仿真影响系数法,结合专家知识和有效问卷调查 91 份,利用 Matlab 和 SPSS 软件对制造偏差影响因子模拟统计定量分析,见表 3-4。

装配式建筑外墙制造工艺偏差影响因子 表 3-4

检测项	Z1	Z2	Z3	Z4	Z5
制造模具	0.91	0.61	0.81	0.42	0.86
混凝土配合比	0.71	0.32	0.22	—	0.65
钢筋加工精度	0.21	0.64	0.51	0.82	0.22
预埋件位移控制	0.51	0.91	0.88	0.91	0.12

续表

检测项	Z1	Z2	Z3	Z4	Z5
浇筑与振捣	0.52	0.83	0.53	0.11	0.42
养护工法	0.12	0.41	—	—	0.75

　　注：Z1—外观尺寸及平整度，Z2—预埋件及连接件，Z3—预留孔洞及门窗框，Z4—连接与装配，Z5—外墙整体实体检测；Y20 至 Y30 制造影响因子见附录 B。下同。

　　从表 3-4 可知，在装配式外墙制造工艺下：外墙偏差检测项中，对外观尺寸及平整度（Z1）影响最大的制造偏差影响因子有制造模具（Y20）和混凝土配合比（Y22）。对预埋件及连接件检测项（Z2）影响最大的制造偏差影响因子有预埋件位移控制（Y24）和浇筑与振捣（Y26）。对预留孔洞及门窗框（Z3）影响最大的制造偏差因子有制造模具（Y20）和预埋件位移控制（Y24）。对连接与装配（Z4）影响最大的制造偏差因子有钢筋加工精度（Y13）和预埋件位移控制（Y24）。对外墙实体检测（Z5）影响最大的制造偏差因子有制造模具（Y20）和养护工法（Y27）。

3.4　装配式建筑外墙制造环境偏差分析

3.4.1　制造工厂

1. 固定工厂

　　固定工厂指一定时间内不搬迁，可均衡持续生产的工厂。固定工厂可选择配套水平流水线、成组立模生产线、固定模台生产线。工厂配置主要包括混凝土搅拌站、钢筋加工车间、构件制作车间、构件堆码场地、材料仓库、试验室、养护窑、锅炉房、模具车间、办公室、样板展示区等[28]，见图 3-12。

图 3-12　固定工厂

　　外墙的生产可根据不同类型，选用固定式和流动式制造工艺，可生产装配整体式结构剪力墙外墙、干法连接墙板结构外墙、外挂式墙板、装配叠合剪力墙外墙。

　　结合问卷调查以及专家知识，采用主观概率打分法，对四种装配式外墙在固定工厂制造偏差影响因子对比分析见表 3-5。

固定工厂在装配式外墙制造偏差中影响因子分析　　表 3-5

序号	影响因子	装配整体剪力墙	装配式外挂墙板	装配式多层墙板	装配叠合剪力墙
1	制造模具	0.7	0.7	0.7	0.7
2	制造平台	0.7	0.7	0.7	0.7
3	固定工厂	0.3	0.3	0.3	0.3

注：数值的大小代表制造要素对检测项影响大小，分值越大，偏差影响程度越强。

2. 移动工厂

因项目临时需要，可租赁混凝土预制厂、混搅拌站或大型临时堆场作为临时工厂，被称为移动工厂。其特征为非长期固定持续生产[153]，以固定台模生产线配置为主，基本配置有钢筋加工场、构件制作场地、构件堆码场地、材料仓库、试验室、简易养护设备、模具组装场地、办公室等，见图 3-13。

图 3-13　移动工厂

结合问卷调查以及专家知识，采用主观概率打分法，对四种装配式外墙在移动工厂制造偏差影响因子对比分析见表 3-6。

移动工厂在装配式外墙制造偏差中影响因子分析　　表 3-6

序号	影响因子	装配整体剪力墙	装配式外挂墙板	装配式多层墙板	装配叠合剪力墙
1	制造模具	0.7	0.7	0.7	0.7
2	制造平台	0.7	0.7	0.7	0.7
3	移动工厂	0.3	0.5	0.3	0.7

注：数值的大小代表制造要素对检测项影响大小，分值越大，偏差影响程度越强。

3. 游牧式工厂

游牧式工厂指在项目周边搭建简易工厂，配置生产设备，满足项目制造需求；或者将制造设备集成在移动车辆上，根据不同项目要求生产标准化产品[154]；达到灵活生产，缩短运距要求。制造以固定台模生产线为主，基本配置有钢筋加工场、构件制作场地、构件堆码场地、材料仓库、试验室、简易养护设备、模具组装场地等，见图 3-14。

结合问卷调查以及专家知识，采用主观概率打分法，对四种装配式外墙在游牧式工厂制造偏差影响因子对比分析见表 3-7。

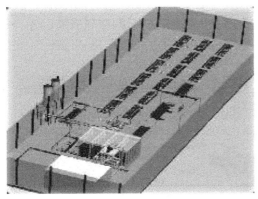

图 3-14　游牧式工厂

游牧式工厂在装配式外墙制造偏差中影响因子分析　　　　表 3-7

序号	影响因子	装配整体剪力墙	装配式外挂墙板	装配式多层墙板	装配叠合剪力墙
1	制造模具	0.7	0.7	0.7	0.7
2	制造平台	0.7	0.7	0.7	0.7
3	游牧式工厂	0.5	0.5	0.5	0.5

注：数值的大小代表制造要素对检测项影响大小，分值越大，偏差影响程度越强。

4. 偏差分析

工厂制造阶段是装配式外墙质量控制的关键点，工厂的选择、生产的方式、模具种类、起吊等因素均对构件的偏差影响较大，选取自动化较高、先进设备、高精度模具[148]、科技含量高的检测工具的固定工厂，对外墙的质量有较大的把控和提升。受限于当前社会、环境、经济、技术、政策等方面的影响[59]，客观上造成偏差源非常多，造成偏差的原因也非常多。包括构件模具、预埋门窗框、构件规格尺寸、构件表面平整度、预埋钢板、预埋螺栓、预埋套筒、预留洞、预留插筋、保护层厚度、钢筋制作安装等的误差。

结合有效问卷调查 91 份以及专家知识，采用主观概率打分法，三种典型工厂四种装配式外墙制造偏差影响因子对比分析见表 3-8。

三种典型工厂对装配式外墙制造的影响分析　　　　表 3-8

序号	影响因子	装配整体剪力墙	装配式外挂墙板	装配式多层墙板	装配叠合剪力墙
1	固定工厂	0.7	0.5	0.3	0.3
2	移动工厂	0.7	0.5	0.5	0.5
3	游牧式工厂	0.7	0.5	0.7	0.5

注：数值的大小代表制造要素对检测项影响大小，分值越大，偏差影响程度越强。

3.4.2　制造平台

1. 固定台模生产线

固定模台生产线，其面板由整块钢板制成，是无拼焊缺陷的钢结构平台，刚性、强度满足长期振捣不变形的要求，可以生产异形构件及工艺流程比较复杂的构件[155]。以固定模台作为外墙生产底模，组装不同形状侧模，搭配典型模具组模。从钢筋制作安装、预埋件安装、混凝土浇筑及振捣、铺设保温材料、构件养护、拆模、转运贮存到清模，为一个完整的外墙制造工艺。见图3-15。

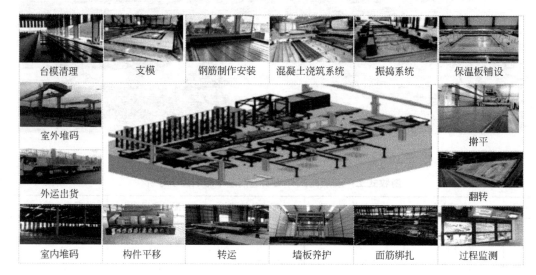

图3-15　固定台模生产线的工艺流程

固定台模生产工艺偏差影响因子见表3-9。

固定台模生产线的工艺流程在装配式外墙制造中重点考虑因素　　　　表 3-9

序号	影响因子	清模	组模	钢筋制作安装	预埋件安装	混凝土浇筑及振捣	铺设保温材料	构件养护	拆模	转运贮存
1	制造模具	1	1	0	0	0	1	0	1	0
2	混凝土配合比	0	0	0	0	1	0	1	0	1
3	钢筋加工精度	0	1	1	1	0	0	0	0	0
4	预埋件位移控制	0	1	0	1	0	0	0	1	0
5	制造工厂	1	1	0	0	0	1	1	0	0
6	浇筑与振捣	1	1	1	1	1	1	0	0	0
7	养护工法	0	0	0	0	0	0	1	0	1

注："1"代表要重点考虑，"0"代表不用考虑因素。

结合有效问卷调查91份以及专家知识，采用主观概率打分法，对四种装配式外墙进行偏差影响分析，见表3-10。

固定台模生产线与典型外墙匹配制造的影响分析　　　　表 3-10

序号	影响因子	装配整体剪力墙	装配式外挂墙板	装配式多层墙板	装配叠合剪力墙
1	制造模具	0.7	0.7	0.7	0.7
2	混凝土配合比	0.7	0.7	0.7	0.7
3	钢筋加工精度	0.3	0.3	0.3	0.3

续表

序号	影响因子	装配整体剪力墙	装配式外挂墙板	装配式多层墙板	装配叠合剪力墙
4	预埋件位移控制	0.7	0.7	0.7	0.7
5	制造工厂	0.7	0.7	0.7	0.7
6	浇筑与振捣	0.5	0.7	0.7	0.7
7	养护工法	0.7	0.7	0.7	0.7

注：数值的大小代表制造要素对检测项影响大小，分值越大，偏差影响程度越强。

2. 成组立模生产线

成组立模由底模和可移动侧模板组成，通过液压或手摇式开合模具，在移动侧模内壁之间形成用来制造装配式叠合剪力外墙的空间。如图 3-16 所示。主要生产设备技术生产线包括[148]：成型主（母）模（不漏浆、大刚度技术，每模成型 4 块）；T 形集成架（子模）（每个 T 形架设置两块墙板）；布料机（可控布料）；上成型系统（实现墙板上面成型）；推板机构（集出板、清模技术）；接板机（接入成型后 T 形架）。成组立模具有成型精度高、对材料适应性强、工艺稳定性高、占地面积少等优点。见表 3-11。

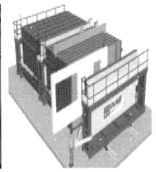

图 3-16　成组立模

成组立模生产线工艺流程　　　　　　　　　　　　　　　　　　表 3-11

序号	流程	工艺
1	原材料选拌	水泥、粉煤灰不得有受潮、结块现象；砂和细石需严格控制含泥量且粒径≤5mm；砂和细砂必须经过筛选方可使用
2	清模	成型模面板平整、光滑，推板机在推板过程中自动将面板上的残渣清除，但两端模和上、下边模结构复杂且阴角较多，每生产一次需人工清理干净
3	涂隔离剂	成型模面板可自动涂隔离剂，两端模和上、下边模则需人工涂隔离剂
4	钢网植入	钢网按标准制作，经检验合格后在出板机处植入模腔
5	合模	先抬起下架，再合侧模，然后合两端模，最后完成端模锁销
6	穿芯	植入钢丝网并合模后进到抽芯机位置，先定位，后穿入垂直芯管，确认垂直芯管穿芯到位后，再穿入水平芯管，最后解除垂直锁销和水平锁销
7	泵送注料	首先每模腔注料 80%，所有模腔依次完成后退出注料口；放平模车微微振动，静停排气，约 40min（夏季可缩短）再开始注料，将每模腔剩余 20% 空间注满；注料时如果有某一模腔未从出料口出料，等其他模腔均注满后，停留 20min，手动补料直至注满为止；注料结束后，放平模车并将成型模后部清理干净

序号	流程	工艺
8	初养护	在环境温度不低于25℃的环境中初次养护
9	抽芯	初次养护2h后,检查混凝土达到抽芯强度时即可抽芯
10	再养护	立模推送至养护窑养护,养护时间为5h
11	开模	产品达到70%强度时即可开模出产品,将成型模开至出板机位,打开端模锁销后再开端模,接着拉开侧模,最后落下下架
12	推板	成型模完全打开后,先操作翻板机放下前托架,再开动推板机推出墙板,到位后先脱钩,推板机小幅退后,翻板自动合板并自动翻板到拉板小车上
13	编码	每块板喷好构件编码信息,运送至堆场

成组立模生产线采用模块化设计,实现了外墙大板工业化生产。采用大立模加T形架的子母模技术,极大地提升了生产效率,解决现阶段平模生产线只能生产单一平面外墙的不足,可生产双皮墙、复合保温夹芯板、墙板板壳、不出筋剪力内墙板、轻质混凝土空心墙板楼梯等立体产品[151]。

成组立模生产线工艺偏差影响因子见表3-12。

成组立模生产线的工艺流程在装配式外墙制造中重点考虑因素　　　　表3-12

序号	影响因子	原材料选拌	清模	涂隔离剂	钢网植入	合模	穿芯	泵送注料	初养护	抽芯	再养护	开模	编码贮存
1	制造模具	0	1	1	0	1	1	0	0	1	0	1	0
2	混凝土配合比	1	0	0	0	0	0	1	0	0	0	1	0
3	钢筋加工精度	1	0	0	1	0	0	0	0	0	0	0	0
4	预埋件位移控制	1	0	0	1	1	0	0	1	1	0	0	0
5	制造工厂	0	1	1	1	1	1	1	1	1	1	1	0
6	浇筑与振捣	1	0	0	0	0	0	0	0	0	0	0	0
7	养护工法	0	0	0	0	0	0	1	1	1	1	1	0

外墙匹配制造偏差分析。结合有效问卷调查91份以及专家知识,采用主观概率打分法,对成组立模生产线与四种装配式外墙制造偏差影响因子见表3-13。

成组立模生产线与四种装配式外墙制造偏差影响因子分析　　　　表3-13

序号	影响因子	装配整体剪力墙	装配式外挂墙板	装配式多层墙板	装配叠合剪力墙
1	制造模具	0.3	0.3	0.3	0.3
2	混凝土配合比	0.3	0.3	0.3	0.3
3	钢筋加工精度	0.5	0.5	0.5	0.5
4	预埋件位移控制	0.7	0.7	0.7	0.7
5	制造工厂	0.3	0.3	0.3	0.3

序号	影响因子	装配整体剪力墙	装配式外挂墙板	装配式多层墙板	装配叠合剪力墙
6	浇筑与振捣	0.3	0.3	0.3	0.3
7	养护工法	0.3	0.3	0.3	0.3

注：数值的大小代表制造要素对检测项影响大小，分值越大，偏差影响程度越强。

3. 水平流水生产线

水平流水线，指通过自动化设备控制标准固定台模，进行大规模、均衡性生产的制造方式[156]。外墙生产工艺流程有：清模、组模、喷涂脱模剂、钢筋制作安装、混凝土浇筑并振捣、拉毛或抹平、养护、脱模、检查、起吊贮存等。工艺流程见图 3-18。移动式台模见图 3-17。

图 3-17　移动式台模

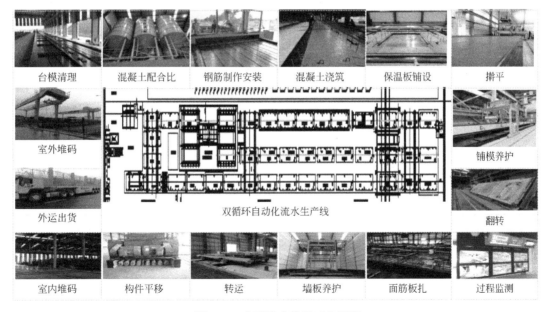

图 3-18　水平流水线的工艺流程

水平流水生产线工艺流程偏差影响因子见表 3-14。

水平流水生产线的工艺流程在装配式外墙制造中重点考虑因素　　　　表 3-14

序号	影响因子	清模	组模	涂脱模剂	钢筋制作安装	混凝土浇捣	拉毛、抹平	养护	脱模	检查	起吊	贮存
1	制造模具	1	1	1	0	0	0	0	1	0	0	0
2	混凝土配合比	0	0	0	0	1	1	1	0	0	0	0
3	钢筋加工精度	0	0	0	1	1	1	0	0	1	0	0
4	预埋件位移控制	1	0	0	1	1	1	0	0	1	0	0
5	制造工厂	0	0	1	1	1	1	1	1	1	1	1
6	浇筑与振捣	0	0	0	0	1	0	1	1	0	0	0
7	养护工法	0	0	0	0	0	0	1	1	1	1	1
8	验算与起吊	0	0	0	0	0	0	0	1	0	1	0
9	存放与保护	0	0	0	0	0	0	0	0	1	1	1
10	制造检测	1	1	1	1	1	1	1	1	1	1	0

结合有效问卷调查 91 份以及专家知识，采用主观概率打分法，水平流水生产线与四种装配式外墙偏差影响因子分析。见表 3-15。

水平流水线与典型外墙匹配制造的影响分析　　　　表 3-15

序号	影响因子	装配整体剪力墙	装配式外挂墙板	装配式多层墙板	装配叠合剪力墙
1	制造模具	0.5	0.5	0.5	0.5
2	混凝土配合比	0.3	0.3	0.3	0.3
3	钢筋加工精度	0.3	0.3	0.3	0.3
4	预埋件位移控制	0.7	0.7	0.7	0.7
5	制造工厂	0.3	0.3	0.3	0.3
6	浇筑与振捣	0.3	0.3	0.3	0.3
7	养护工法	0.3	0.3	0.3	0.3

注：数值的大小代表制造要素对检测项影响大小，分值越大，偏差影响程度越强。

4. 偏差分析

结合有效问卷调查 91 份以及专家知识，采用主观概率打分法，对（Y20～Y30）影响因子与三种生产线之间的影响关系进行分析。见表 3-16。

外墙制造时制造平台重点考虑因素　　　　表 3-16

序号	影响因子	固定台模	成组立模	水平流水线
1	制造模具	0.3	0.7	0.3
2	混凝土配合比	0.5	0.5	0.5
3	钢筋加工精度	0.5	0.5	0.5
4	预埋件位移控制	0.5	0.5	0.5
5	制造工厂	0.3	0.5	0.5
6	浇筑与振捣	0.5	0.5	0.5

续表

序号	影响因子	固定台模	成组立模	水平流水线
7	养护工法	0.3	0.5	0.5
8	验算与起吊	0.5	0.3	0.5
9	存放与保护	0.3	0.3	0.3
10	制造检测	0.3	0.3	0.3

注：数值的大小代表制造要素对检测项影响大小，分值越大，偏差影响程度越强。

3.4.3　制造模具

制造模具直接影响外墙偏差。常见的模具类型有钢模、铝合金模具、木模、钛合金模具、塑料模具、硅胶模具以及不同材质模具的组合，如钢木组合模具、钢硅组合模具、合金硅组合模具。

1. 铝合金模具

铝合金模具有精度高、均匀性好、质轻、价格相对便宜等优点，劣势是加工周期长、刚度差、易损坏。铝合金模具设计和加工要确保外墙质量、加工便利、成本可控。见图3-19、图3-20。

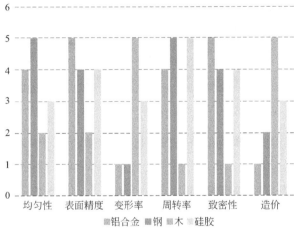

图 3-19　铝合金模具的性能优势

图 3-20　铝合金模具示意图

对铝合金模具主要性能指标与四种装配式外墙模具偏差观测控制指标分析见表3-17。

铝合金模具性能与装配式外墙制造偏差控制指标分析　　　　表 3-17

序号	检测部位	强度	刚度	整体稳固性	安拆便利性	表面精度	连接可靠性
1	边长	1	1	1	0	0	1
2	板厚	0	1	1	0	0	0
3	扭曲	1	1	0	0	0	0
4	翘曲	1	1	0	0	0	0
5	表面凹凸	0	0	0	0	1	0
6	弯曲	1	1	0	0	0	0

序号	检测部位	强度	刚度	整体稳固性	安拆便利性	表面精度	连接可靠性
7	对角线误差	0	0	1	0	0	1
8	预埋件位置中心线	0	0	1	1	0	1
9	侧向扭度	1	1	0	0	0	1

2. 型钢模具

型钢模具制作工序为设计开料、制成零件、拼装成模，型钢模具的部件与部件之间应连接牢固；型钢模具有较高的均匀性、变形率较低。

图 3-21　钢模示意图

型钢模具主要性能指标与四种装配式建筑外墙模具偏差观测控制之间的影响关系，见表 3-18。

型钢模具性能与装配式外墙制造偏差控制指标分析　　　　表 3-18

序号	检测部位	强度	刚度	整体稳固性	安拆便利性	表面精度	连接可靠性
1	边长	1	1	1	0	0	1
2	板厚	0	1	1	0	0	0
3	扭曲	1	1	0	0	0	0
4	翘曲	1	1	0	0	0	0
5	表面凹凸	0	0	0	0	1	0
6	弯曲	1	1	0	1	0	0
7	对角线误差	0	0	0	0	0	1
8	预埋件位置中心线	0	0	1	0	0	1
9	侧向扭度	1	1	0	0	0	1

3. 木制模具

木制模具价格便宜、质轻、安装快速、容易脱模，但强度不足、精度不高、容易跑模、变形系数大、周转率低、易拆模即废。见图 3-22。

图 3-22　木模示意图

木模具主要性能指标与模具质量控制之间影响关系见表 3-19。

木模具性能与装配式外墙制造偏差控制指标分析　　表 3-19

序号	检测部位	强度	刚度	整体稳固性	安拆便利性	表面精度	连接可靠性
1	边长	1	1	1	0	0	1
2	板厚	0	1	1	0	0	0
3	扭曲	1	1	0	0	0	0
4	翘曲	1	1	0	0	0	0
5	表面凹凸	0	0	0	0	1	0
6	弯曲	1	1	0	1	0	0
7	对角线误差	0	0	1	0	0	1
8	预埋件位置中心线	0	0	1	1	0	1
9	侧向扭度	1	1	0	0	0	1

4. 硅胶模具

硅胶模具一般与其他模具组合使用，用于封堵或造型复杂的一次性小型构件的配合使用。硅胶模具主要性能与四种装配式外墙模具偏差控制影响关系见表 3-20。

硅胶模具性能与装配式外墙制造偏差控制指标分析　　表 3-20

序号	检测部位	强度	刚度	整体稳固性	安拆便利性	表面精度	连接可靠性
1	边长	1	1	0	0	0	1
2	板厚	0	1	1	0	0	0
3	扭曲	1	1	0	0	0	0
4	翘曲	1	1	0	0	0	0
5	表面凹凸	0	0	0	0	1	0

序号	检测部位	强度	刚度	整体稳固性	安拆便利性	表面精度	连接可靠性
6	弯曲	1	1	0	1	0	0
7	对角线误差	0	0	1	0	0	1
8	预埋件位置中心线	0	0	1	1	0	1
9	侧向扭度	1	1	0	0	0	1

5. 偏差性能对比

不同模具的性能，对外墙偏差影响不一。标准化模具是当前主流[148]，不同材质模具的深化设计与组合使用，是控制外墙偏差的发展方向。见表 3-21。

四种典型模具对装配式建筑外墙制造的影响分析　　　　表 3-21

序号	性能	铝合金模具	型钢模具	木模具	硅胶模具
1	强度	0.7	0.7	0.5	0.3
2	刚度	0.5	0.7	0.3	0.3
3	整体稳固性	0.7	0.7	0.5	0.3
4	安拆便利性	0.7	0.7	0.5	0.7
5	表面精度	0.7	0.7	0.3	0.7
6	连接可靠性	0.7	0.7	0.5	0.3

注：数值的大小代表制造要素对检测项影响大小，分值越大，偏差影响程度越强。

3.4.4　偏差分析

制造工厂选择，对外墙偏差影响较大。选取自动化较高、先进设备，高精度模具，科技含量高检测工具的固定工厂，对外墙偏差控制有利。不同的制造平台，匹配不同装配式外墙形式，偏差影响因子通过外墙观测获得。模具选择，直接影响外墙偏差。铝合金模具和型钢模具广泛运用于四种类型外墙制造。铝合金和型钢模具均匀性、变形量、周转率均高于木制和硅胶模具。四种装配式建筑外墙模具指标，如长度、截面尺寸、对角线差、弯曲翘曲、表面平整度、组装缝隙、端模与侧模高低差[157]等均与模具选型直接相关。采用外墙仿真影响系数法，结合专家知识和有效问卷调查 91 份，利用 Matlab 和 SPSS 软件对制造偏差影响因子模拟统计定量分析，见表 3-22。

制造平台对装配式建筑外墙偏差影响　　　　表 3-22

检测项	Z1	Z2	Z3	Z4	Z5
制造模具	0.91	0.22	0.83	0.41	0.86
制造平台	0.61	0.62	0.53	0.41	—
制造工厂	0.33	0.32	0.41	0.31	—

根据表 3-22 可知，在装配式外墙制造环境下，外墙偏差检测项中，对外观尺寸及平整度（Z1）影响最大的制造偏差影响因子有制造模具（Y20）。对预留孔洞及门窗框（Z3）影响最大的制造偏差因子有制造模具（Y20）。对外墙实体检测（Z5）影响最大的制造偏

差因子有制造模具（Y20）。

3.5　装配式建筑外墙制造后续影响偏差分析

3.5.1　验算与起吊

外墙在工厂制造过程中起吊、运输、存放均可能产生偏差。外墙脱模采用专用吊具，脱模吸附力不宜大于 300Pa[158]，混凝土强度须达到设计强度 80％以上方可脱模起吊（图 3-23）；构件起吊前，应确认所有连接点已经断开，尤其是预埋件处理到位。检查吊车、吊耳及起吊用的工装是否存在安全隐患（尤其是焊接位置是否存在裂缝）。吊耳工装上的螺栓要拧紧（特别是门形 YQB1 系列墙板使用的加固）。对重型构件（比如双 T 板、大型墙板）起吊时，要保证两台桁吊同步起吊。起吊后的构件放到指定区域，下方垫300mm×300mm 木方[158]，保证构件平稳，不允许磕碰。加工专用的构件翻身架便于构件的翻身，在构件翻转前，应在转轴边构件下垫有弹性的软垫（例如：20mm 以上的橡胶垫、轮胎等）；翻转时，吊车的提升速度与电葫芦（或大车）的行走速度相匹配，避免构件被拖拉或产生很大的颤动。

图 3-23　水平起吊脱模

外墙厂内起吊装方案应专项做好偏差设计，起吊装分为平吊、直吊和翻转等形式。竖向起吊安装如图 3-24 所示。外墙平吊指外墙轴线或中面在起吊过程中保持水平状态[159]，如图 3-25 所示。

图 3-24　竖向起吊安装

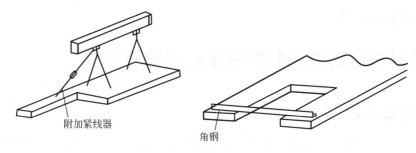

图 3-25　构件加强示意图

外墙翻转及直吊对偏差影响较大，根据外墙尺寸、形状等进行计算。外墙翻转直吊较为复杂，需验算设计[159]。外墙起吊示意如图 3-26 所示。

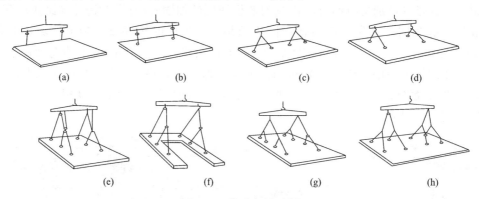

图 3-26　外墙起吊示意
（a）端部两点吊；（b）单排两点吊；（c）单排 4 点吊；（d）双排 4 点吊；
（e）三排 6 点等索力吊；（f）三排两列 6 点吊；（g）四排两列 8 点吊；（h）双排四列 8 点吊

3.5.2　存放与保护

1. 不同的存放与保护措施对外墙偏差有影响

墙板采用立放专用存放架，墙板上、下端吊点、垫点部位偏差校正。见表 3-23。

预制构件存放的技术准备　　　　　　　　　　　　　　　　　表 3-23

技术准备	根据构件重量和外形尺寸，设计并制作好成品存放架。
	对存放场地占地面积进行计算，编制存放场地平面布置图。
	根据已确认的专项方案的相关要求，组织实施预制构件成品的存放。
	混凝土预制构件存放区应按构件型号[160]、类型区分，集中存放
作业条件	预制应考虑按项目、构件类型、施工现场施工进度等因素分开存放。
	存放场地应平整，排水设施良好，道路畅通。
	预制件分类型集中摆放，成品之间应有足够的空间或木垫，防止产品相互碰撞造成损坏
成品存放	将修补合格后的成品吊运至翻转架上进行翻转，翻转前检查有无漏拆螺钉，两侧旁折板及顶梁盒子是否固定牢固，工作台附近是否有人作业及其他不安全因素。
	成品起吊前检查钢线及滑轮位置是否正确，吊钩是否全部勾好。
	吊运产品时吊臂上要加帆布带（保险带）。
	成品起吊和摆放时，需轻起慢放，避免损坏成品。
	将翻转后的成品吊运至指定的存放区域。
	预制楼板存放数量每堆不超过 10 件

续表

偏差检测	非破坏性强度测试:每个预制件均需进行回弹仪测试,测试在生产后 7d 进行,若测试结果不满足要求,则该预制件还需在生产后 14d、21d、28d 进行跟踪测试。属于这类方法的有回弹法、超声脉冲法、射线吸收与散射法、成熟度法等

2. 场内外运输

运输设计对外墙偏差有影响。车辆的载重量、车体的尺寸要满足外墙要求,超大型产品(如双 T 板及超大外墙板)运输主要采用载重汽车和拖车。装卸构件保证车体平稳。用钢绳扣、捆链拉牢,使支撑稳固,在底部设木垫板(木板上加设柔性衬垫)或用汽车废外胎垫牢,防止行驶时滑动。考虑运输道路转弯半径,道路桥梁限载、限高、限宽和交通管理要求。外墙运送达到现场时,要按规格、种类、使用部位、吊装顺序分别堆放。堆放场地应平整、坚实,堆场区设置在起吊设备工作幅度内,堆垛之间留设一定间距。垫木或垫块在构件下的位置宜与脱模吊装时位置一致[158]。见图 3-27。

图 3-27　预制构件的运输实景图

3.5.3　制造检测

制造阶段检测项目应包括外观尺寸及表面平整度的高宽厚、对角线差、表面平整度、侧向弯曲、扭翘;预埋件的中心位置、高差或平整度、外露长度;预留插筋的中心线位置、外露长度;门窗、吊环的中心线位置、尺寸、高差平整度等。外墙构件表面混凝土的内部缺陷、变形,如孔洞、夹渣、蜂窝、疏松、裂缝。主要检测工具包括直尺、卷尺、游标卡尺、超声波探测仪等。见图 3-28。

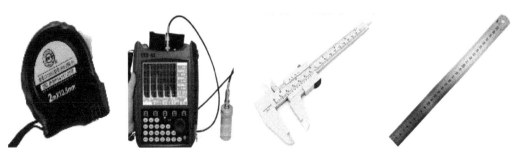

图 3-28　制造检测主要工具

3.5.4　偏差分析

装配式外墙起吊转运、存放保护、检测工具使用不当等，将导致预埋门窗框、外形尺寸、表面平整度预埋件、预留孔洞、外观质量、结构性能等检测项不合格。

采用外墙仿真影响系数法，结合专家知识和有效问卷调查 91 份，利用 Matlab 和 SPSS 软件对制造偏差影响因子模拟统计定量分析，见表 3-24。

制造后续对装配式建筑外墙制造的影响分析　　　　　　　　　表 3-24

检测项	Z1	Z2	Z3	Z4	Z5
验算与起吊	0.31	0.42	0.71	—	0.11
存放与保护	0.21	0.42	0.13	0.11	0.13
制造检测	0.41	0.5	0.82	0.33	—

根据表 3-24 可知，在装配式制造后续下，外墙偏差检测项中：验算与起吊对外观尺寸及平整度（Z1）、预埋件及连接件检测项（Z2）、连接与装配（Z4）、外墙实体检测（Z5）的影响相对其他两项较小，而对预留孔洞及门窗框（Z3）影响最大，其制造偏差因子有制造检测（Y30）和验算与起吊（Y28）。

3.6　装配式建筑外墙制造偏差影响因子

从以上分析，制造阶段偏差影响因子有：制造模具、制造平台、混凝土配合比、钢筋加工精度、预埋件位移控制、制造工厂、浇筑与振捣、养护工法、验算与起吊、存放与保护、制造检测共 11 项。

为满足外墙整体性能目标，将外墙四种装配式外墙检测项分成外墙制造检测、连接与装配检测、外墙整体实体检测三个大类。其中，外墙制造又可分成外墙外观尺寸及表面平整度、预埋件与连接件、预留孔洞及门窗框和其他检测项。将检测指标分成定量和定性两大类，对四种结构形式墙板检测项系统归类分析见附录。

采用外墙仿真影响系数法，结合有效问卷调查 88 份以及专家知识[161]，采用 Matlab、SPSS 和 Curve 软件对制造偏差影响因子模拟统计定量分析，得到表 3-25，将结果绘制成装配式外墙制造偏差影响因子权重曲线如图 3-29 所示。

制造偏差影响因子与偏差检测映射矩阵　　　　　　　　　表 3-25

检测项	Z1	Z2	Z3	Z4	Z5
Y20	0.91	0.61	0.81	0.42	0.86
Y21	0.61	0.62	0.53	0.41	—
Y22	0.71	0.32	0.22	—	0.65
Y23	0.21	0.64	0.51	0.82	0.22
Y24	0.51	0.91	0.88	0.91	0.12
Y25	0.33	0.32	0.41	0.31	—
Y26	0.52	0.83	0.53	0.11	0.42

检测项	Z1	Z2	Z3	Z4	Z5
Y27	0.12	0.41	—	—	0.75
Y28	0.31	0.42	0.71	—	0.11
Y29	0.21	0.42	0.13	0.11	0.13
Y30	0.41	0.5	0.82	0.33	—

注：Z1—外观尺寸及平整度，Z2—预埋件及连接件，Z3—预留孔洞及门窗框，Z4—连接与装配，Z5—外墙整体实体检测；Y20~Y30 制造影响因子见附录 B。

根据表 3-25 可知，外墙偏差检测项中，对外观尺寸及平整度（Z1）影响最大的制造偏差影响因子有制造模具（Y20）和混凝土配合比（Y22）。对预埋件及连接件检测项（Z2）影响最大的制造偏差影响因子有预埋件位移控制（Y24）和浇筑与振捣（Y26）。对预留孔洞及门窗框（Z3）影响最大的制造偏差因子有制造模具（Y20）和验算与起吊（Y28）。对连接与装配（Z4）影响最大的制造偏差因子有预埋件位移控制（Y24）和钢筋加工精度（Y13）。对外墙实体检测（Z5）影响最大的制造偏差因子有制造模具（Y20）和养护工法（Y27）。

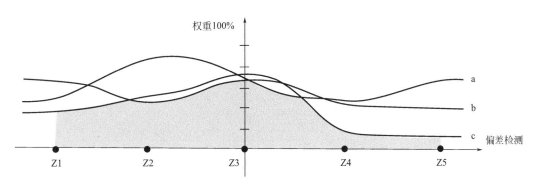

图 3-29　装配式外墙制造影响因子权重曲线图

Z1—外观尺寸及表面平整度；Z2—预埋件及连接件；Z3—预留孔洞及门窗框；

Z4—连接与装配；Z5—外墙整体实体检验；a—制造工艺；b—制造环境；c—制造后续

根据图 3-29 可知，制造工艺（a）对预埋件与连接件检测（Z2）偏差影响最大。制造环境（b）对外观尺寸及表面平整度（Z1）偏差影响最大。制造后续（c）对预留孔洞及门窗框（Z3）偏差影响最大。

3.7　本章小结

本章基于贝叶斯思维，通过对装配式建筑外墙制造偏差定量分析，对比国内外标准，指出外墙制造偏差控制要求。采用贝叶斯方法，从装配式建筑外墙制造工艺、制造环境、制造后续影响三个角度对外墙偏差展开分析，利用外墙仿真影响系数法，结合专家知识和问卷调查，采用 Matlab、SPSS 和 Curve 软件对制造偏差影响因子进行模拟分析，取得制造偏差映射矩阵和制造偏差影响曲线。

对四种装配式外墙重点从固定式、移动式和游牧式等不同类型的工厂，水平流水生产模式、成组立模生产方式和固定台模生产模式等不同的生产线；铝合金、型钢、木模、硅胶等不同材质的模具对外墙产品从制造环境展开偏差分析。结合四种装配式建筑外墙不同制造工艺和后续影响，指出装配式建筑外墙制造偏差影响因子主要有制造模具、制造平台、混凝土配合比、钢筋加工精度、预埋件固定、制造工厂、浇筑与振捣、养护工法、验算与起吊、存放与保护、制造检测，共 11 项。

第4章 贝叶斯思维下装配偏差分析

4.1 引言

装配阶段是将外墙制造产品"化零为整"的过程，将设计成果和制造产品组装成完整建筑外墙，是偏差诊断最重要阶段。装配偏差是外墙经生产、运输、安装后建筑总偏差，是各外墙产品在制造、运输、装配过程中多重偏差因素不断传递耦合累积结果[162]。外墙装配过程涵盖工装吊具选型、工厂试拼装配、现场样板试拼、正式装配、偏差校核、成品交付等多个流程，产品精度和偏差控制是实现外墙整体交付的关键。装配式建筑外墙，应基于精益装配的全面质量管理目标，强化质量是装配而非检验出来的，由装配过程质量管理保证最终质量，装配过程中对质量的检验与控制落实在每道工法。延续装配式并行工程（Concurrent Engineering）理念，在装配式建筑外墙产品设计阶段，将建筑概念设计、立面设计、制造设计、装配设计等相结合，采用信息化平台和集成化技术，各专业协同推进，对各阶段偏差和累计偏差进行预防设计，保证精益装配目标的达成[163]。

本章采用贝叶斯方法分析装配标准允许偏差值，从四种装配式建筑外墙装配工法、装配环境和后续影响三个方面展开研究，对四种外墙的定位精度、连接方式、预埋精度、偏差校核等进行偏差分析。重点研究工法组织、起吊机具、安装机具、防护机具、后续工法和装配检测等因素，深入分析装配式建筑外墙装配阶段偏差特征。研究流程如图 4-1 所示。

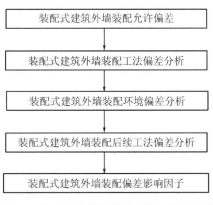

图 4-1 装配式建筑外墙装配偏差研究流程

4.2 贝叶斯思维下装配式建筑外墙装配

将装配式建筑外墙制造偏差分析中计算得到的后验分布 $\pi(\beta|\overline{y_1}) = N(\partial_1, f_1^2)$ 作为

新一轮贝叶斯偏差分析的先验分布。设新样本 Y_1、Y_2、$\cdots$、Y_m 来自正态分布 $N(\beta,\alpha_2^2)$，其中 α_2^2 已知，β 待更新。则新的后验分布表示为：

$$\pi(\beta\,|\,\overline{y_2}) = N(\partial_2, f_2^2) \tag{4-1}$$

同理，
$$\overline{y_2} = \sum_{n=1}^{m} \frac{x_n}{m} \tag{4-2}$$

$$\partial_2 = \frac{\dfrac{1}{f_1^2}\partial_1 + \dfrac{m}{\alpha_2^2}\overline{y_2}}{\dfrac{1}{f_1^2} + \dfrac{m}{\alpha_2^2}} \tag{4-3}$$

$$f_2^2 = \frac{1}{\dfrac{1}{f_1^2} + \dfrac{m}{\alpha_1^2}} \tag{4-4}$$

用后验分布 $\pi(\beta\,|\,\overline{y_2})$ 的数学期望 ∂_2 作为 β 的估计值，由式（4-5）：

$$\partial_1 = f_1^2\left(\frac{1}{\alpha_0^2}\delta_0 + \frac{m}{\alpha_1^2}\overline{y_1}\right) \tag{4-5}$$

$$= f_2^2\left(\frac{1}{\alpha_0^2}\delta_0 + \frac{m}{\alpha_1^2}\overline{y_1} + \frac{m}{\alpha_2^2}\overline{y_2}\right)$$

$$= f_2^2\left(\frac{1}{\alpha_0^2}\delta_0 + \frac{m}{\alpha_1^2}\overline{y_1}\right) + \frac{m}{\alpha_2^2}\overline{y_2}f_2^2 \tag{4-6}$$

又因 $\dfrac{m}{\alpha_2^2} > 0$，得 $\partial_2 = f_2^2\left(\dfrac{1}{f_1^2}\partial_1 + \dfrac{m}{\alpha_2^2}\overline{y_2}\right)$ \quad\quad (4-7)

$$f_2^2 = \frac{1}{\dfrac{1}{f_1^2} + \dfrac{m}{\alpha_2^2}} = \frac{1}{\dfrac{1}{\alpha_0^2} + \dfrac{m}{\alpha_1^2} + \dfrac{m}{\alpha_2^2}} < f_1^2 = \frac{1}{\dfrac{1}{\alpha_0^2} + \dfrac{m}{\alpha_1^2}} \tag{4-8}$$

可知，在 ∂_2 中有 $f_2^2 = \left(\dfrac{1}{\alpha_0^2}\delta_0 + \dfrac{m}{\alpha_1^2}\overline{y_1}\right) < \partial_1$ \quad\quad (4-9)

由于新样本的加入，先验和旧样本所占的比重降低。从式（4-6）可知，当新样本继续增加，则有：

$$\partial_t = f_t^2\left(\frac{1}{\alpha_0^2}\delta_0 + \frac{m}{\alpha_1^2}\overline{y_1} + \frac{m}{\alpha_2^2}\overline{y_2} + \cdots + \frac{m}{\alpha_t^2}\overline{y_t}\right) = f_t^2\left(\frac{1}{\alpha_0^2}\delta_0 + \sum_{l=1}^{t}\frac{m}{\alpha_l^2}\overline{y_l}\right) \tag{4-10}$$

从式（4-10）可知，若所有新样本的方差相同，则等于一个容量为 $n \times m$ 的样本。将上述过程先验信息和各样本均值按各自精度加权平均，精度越高者，其权值越大。由此可见，如果能正确估计先验分布密度，可使用少量样本数据进行少量计算，便可得出理想结果。先验分布总结了研究者试验前对未知参数可能取值的有关知识或看法，在获得样本后即可取得后验分布。贝叶斯方法综合先验和后验信息，既可以避免只使用先验信息可能带来的主观偏见及缺乏样本信息时的盲目搜索计算，也可以避免只使用后验信息所带来的噪声影响，适合具有概率统计特征的数据分析。合理、准确选取先验分布，是贝叶斯方法进行有效学习的关键。

4.2.1　装配式建筑外墙精益装配目标

从 20 世纪开始，现代工业制造的主要特征是大规模流水线制造，以标准化、规模化降低制造成本，提高效率。第二次世界大战后，为应对产品多样化要求，精益理念顺应制造向多品种、小批量发展要求，立足高质量、低消耗制造模式，在电子、计算机、制造业等广泛使用，对装配式建筑的发展产生了重要影响。通过装配式外墙装配全过程优化，改进技术，提升精度，减少偏差，降低成本，改善质量，达到装配效率高、成本低的目标。

目前，国内行业通用偏差检测是依据规范、根据经验，利用钢尺等简单工具来校核装配式建筑外墙构件生产尺寸和安装偏差，均是事后检验，缺乏过程偏差分析。对偏差原因诊断主要靠工程师经验进行定性分析，缺乏偏差分析研究过程。而解决装配式建筑外墙装配过程偏差诊断问题的一个关键内容是如何正确找出外墙偏差影响因子。本章通过对装配允许偏差值进行分析，将造成外墙装配偏差的影响因子，从装配工法、装配环境和后续影响等角度对四种外墙展开偏差分析。基于精益设计与精益制造前提下，装配式建筑外墙精益装配追求项目整体价值目标最大化[164]。将基于精益装配目标的装配式建筑外墙与传统施工对比，如表 4-1 所示。

建筑外墙精益装配与传统施工对比简表　　　　　　　　　　　　　　表 4-1

对比项目	精益装配	传统施工
指导理论	精益思想	验收规范
建造方式	装配式组装	人工为主
技术标准	毫米级控制	厘米级控制
交付品质	一次交付	需后续修补

4.2.2　装配式建筑外墙装配允许偏差

装配阶段，国内规范主要在预制构件外观尺寸、对角线差、侧向弯曲、翘曲、表面平整度、预埋件中心线位置和外露长度、预埋孔洞尺寸和位置、灌浆套筒及连接钢筋的中心线位置等；对装配允许偏差要求表面平整度、接缝平直、接缝深度、接缝宽度、外墙产品中心线与轴线偏差、外墙垂直度偏差、外墙倾斜度偏差、相邻外墙连接错台、外墙拼接缝公差等指标进行检测，允许偏差值为 1～10mm 不等；同样，针对国内外装配式建筑规范外墙装配允许偏差对比见表 4-2。

国内外装配式建筑规范外墙装配偏差允许值对比一览表（mm）　　　　表 4-2

检查项目		我国标准《装配式混凝土建筑技术标准》GB/T 51231—2016	日本标准	美国 PCI 标准	欧盟标准 BS EN 13369:2013
构件垂直度	柱墙 <5m	5	5	—	3(1m 内)且各层<20，整栋<40
	≥5m 且<10m	10	—	—	
	>10m	20	—	—	
构件倾斜度	梁、桁架	5	5	—	±10
构件中心线对轴线位置	基础	15	—	12	±10
	竖向构件(柱、墙、桁架)	10	±5	2(1m 内)且<12	
	水平构件(梁、板)	5	±5		

续表

检查项目			我国标准《装配式混凝土建筑技术标准》GB/T 51231—2016	日本标准	美国 PCI 标准	欧盟标准 BS EN 13369:2013
构件标高	梁、柱、墙、板地面或顶面		±5	±5	12	—
相邻构件平整度	板端面		5	—	12	—
	梁板底面	抹灰	5	—		—
		不抹灰	3	—		—
	柱、墙侧面	外露	5	外挂墙板 4		—
		不外露	10			—
墙板接缝	宽度		±5	±5（外挂墙板）	—	—
	中心线位置			3（外挂墙板）	—	—
构件搁置长度	梁、板		±10	—	—	—
支座支垫中心位置	板、梁、柱、墙、桁架		10	—	12	—

通过上述分析比较可知，国内外装配式建筑外墙装配偏差允许值差距不大，我国标准更细化，要求更明确。借鉴国外成熟经验，重点应针对关键环节的过程控制[165]。项目应用需根据不同建筑类型、不同用途外墙构件的实际需求，合理选择和细化装配偏差允许范围。对直接作为建筑围护和装饰功能的预制外墙（包括预制外挂墙板、预制剪力墙外墙板或其外叶墙板等），应分类结合装配工艺系统梳理偏差允许范围。

在此，对国内标准现浇混凝土结构与装配式建筑外墙的允许偏差进行分析对比，见表 4-3。

国标现浇外墙与装配式外墙偏差允许值对比一览表（mm） 表 4-3

内容	检查项目	装配式	现浇式
预埋钢板	中心线位置偏差	5	10
	平面高差	0，−5	—
预埋螺栓	定位中心线位移偏差	2	5
	外露长度	+10，−5	—
预留孔	定位中心线位移偏差	5	15
	孔尺寸	±5	—
预埋洞	定位中心线位移偏差	5	15
	洞口宽度、高度、深度	±5	—
表面平整度	内表面	4	8
	外表面	3	8

续表

内容	检查项目	装配式	现浇式
侧向弯曲	—	$L/1000$ 且≤20	—
扭翘	—	$L/1000$	—
构件中心线对轴线位置	墙	8	8
构件标高	墙底面	±5	±10
	墙顶面	±5	±10
构件垂直度	墙(≤6m)	5	8
	墙(>6m)	10	10

通过对比分析清晰可知，装配式建筑外墙允许偏差值远远小于现浇混凝土建筑允许值，部分指标仅为其 1/2；由此可见，标准规范不是偏差产生的主要原因，设计对偏差进行了严格规定，但是偏差依然客观存在[166]。

4.3　装配式建筑外墙装配工法偏差分析

四种装配式建筑外墙装配工法不一。装配整体式结构剪力墙外墙竖向主要通过灌浆套筒连接，水平方向通过后浇混凝土连接。装配式外挂板通过连接件与主体连接，装配式多层墙板外墙通过螺栓干法连接，装配式叠合剪力墙通过空腔后浇混凝土连接。

4.3.1　装配整体式结构剪力墙外墙

1. 定位精度

定位精度直接决定外墙装配偏差。外墙吊装就位前，通过高精度设备测量放线，标记定位轴和外墙轮廓线。外墙起吊就位前，通过专业工具辅助调整钢筋与套筒或螺栓和螺栓孔，逐一对齐，实现及时偏差控制。如图 4-2、图 4-3 所示。

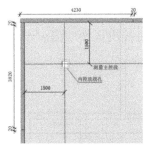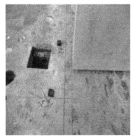

图 4-2　外墙装配控制线与垫块定位校核　　　图 4-3　外墙装配平面定位与垂直校核

2. 预埋精度

装配式建筑外墙与结构主体连接件的预埋精度，直接决定装配偏差。可设计定位钢板对竖向钢筋定位，定位钢板包括定位板、出筋孔和振捣孔，如图 4-4 所示。已预埋完成外伸钢筋与构件套筒或其他连接件偏差超出允许值时，对外墙整体偏差影响较大。

图 4-4　外墙装配预埋钢筋定位钢板偏差控制

3. 工法组织

（1）装配策划

装配策划对装配式建筑外墙装配偏差有影响。策划内容包含装配现场总平面布置、外墙产品施工场地内外运输路线规划、地面加固及临时保障方案、外墙产品临时堆放、起重设备选型、预制装配施工与现浇施工协同等[169]。不同类型的装配式建筑外墙装配工法，对外墙构件装配工序要求不一；对起重设备布置数量、位置、吊重计算要求不一，直接影响外墙拆分、构件设计、工厂排产和装配施工组织。装配策划对现场装配质量影响较大，直接决定外墙装配偏差。比如，因装配策划忽略现浇剪力墙保温层工艺及厚度，会造成外墙冷热桥集中，后补保温层造成外墙厚度偏差超标[170]。此外，针对外墙装配所需竖向斜支撑、水平支撑、现浇模板支撑体系以及防护体系等，都需要在装配策划阶段确定。

装配式建筑外墙装配策划在深化设计阶段展开，协同建筑、结构、机电、装修各专业，围绕最终装配偏差控制，对项目实施装配式的可行性进行分析。这是项目施工组织设计的依据，也是保证项目装配实施、偏差可控的前提[171]。

（2）装配组织

装配式建筑外墙装配组织重点围绕装配有序实施展开各种资源整合[172]。装配式外墙具有连接工序多，各工种相互配合度要求高、装配精度高，外墙构件质量大、体积大，受风荷载干扰大，高空吊装偏差控制难，尤其是构件连接处节点构造复杂，对装配工人素质要求高，现浇施工与预制构件吊装交叉作业等特点[173]。装配组织直接决定外墙偏差，如图 4-5 所示。

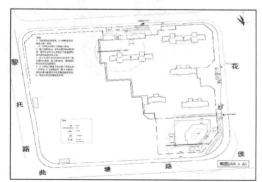

主要预制墙板产品质量统计			
序号	墙板产品	质量(t)	5510(55m)对应最大吊装半径(m)
1	剪力墙板	3～5	48
2	含梁隔墙板	1～4	28

图 4-5　外墙装配策划与组织

（3）装配工艺

装配整体式结构剪力墙外墙装配工序流程：基层清理→核对设计图纸编号→测量放线→铺设坐浆料→吊具安装→预制墙板吊装落位→位置校正→临时固定→后浇混凝土支模浇筑→钢筋套筒灌浆连接→外墙拼缝防水处理→支撑拆除，如图4-6所示。

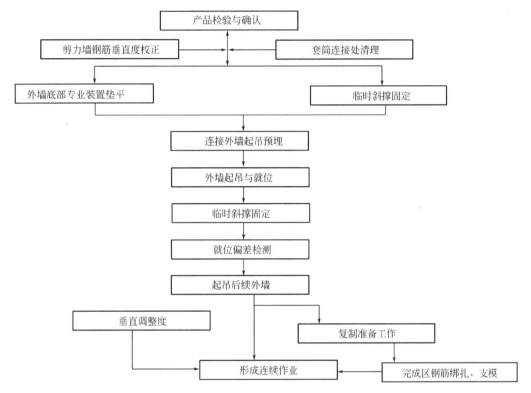

图 4-6 装配式剪力墙外墙起吊装配流程图

外墙装配采用斜支撑，通过调节支撑限位装置确保墙体安装垂直度和平整度、控制偏差，如图4-7～图4-9所示。

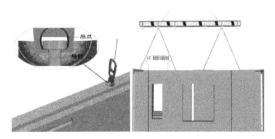

图 4-7 吊具与缆风绳安装示意　　　　　图 4-8 外墙起吊、安装与就位

外墙竖向连接通过套筒灌浆，将预埋套筒与插筋连接，外墙底部采用无收缩砂浆灌浆施工。外墙水平连接通过两侧预制钢筋与现场钢筋连成整体，通过后浇混凝土形成完整外墙围护体系，如图4-10～图4-12所示。

图 4-9　外墙就位临时支撑偏差调整　　　　图 4-10　外墙基层坐浆与起吊

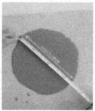

图 4-11　外墙临时支撑与套筒灌浆连接　　　图 4-12　外墙连接灌浆料施工、检测及试块

　　外墙拼接缝设计两道防水构造，形成空腔，经密封胶物理封闭，形成完整防水体系，如图 4-13 所示。其中，橡胶密封条通常在外墙出厂时预嵌或粘贴在混凝土板侧，在装配就位后相邻外墙橡胶密封条通过挤压实现防水。密封防水胶封堵前，侧壁应清理干净，保持干燥，确保嵌缝材料的性能质量。嵌缝材料应与墙板粘结牢固，不得漏嵌和虚粘。外墙水平缝宜在装配前放置填充棒，竖直缝在外墙偏差校正后嵌塞填充棒。

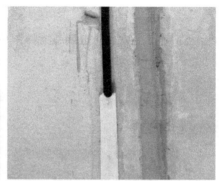

(a) 外墙拼接缝填充泡沫棒　　　　　　　(b) 安装止水条和密封胶

图 4-13　外墙装配拼接缝处理

　　外墙板侧粘贴橡胶密封条采用专用胶粘剂，橡胶密封条与相邻的外墙压紧、密实；检查外墙气泡缺陷是否在允许偏差范围内，粘结面干燥；混凝土和橡胶密封条两面均匀涂刷胶粘剂；橡胶密封条安装后，用小木槌边敲打边粘结。外墙封闭后在对外墙面上做淋水、喷水试验，并在外墙内侧观察墙体偏差，有无侧漏[167]。

4.3.2　装配式外挂墙板外墙

装配式外挂墙板外墙装配工序：基层清理→核对设计图纸编号→测量放线→预埋件复测→吊具安装→外挂墙板吊装落位→位置校核→安装临时支撑→吊钩松绑→焊接或螺栓连接固定→连接件外露部分防腐→外挂墙拼缝防水处理→支撑拆除，如图 4-14 所示。

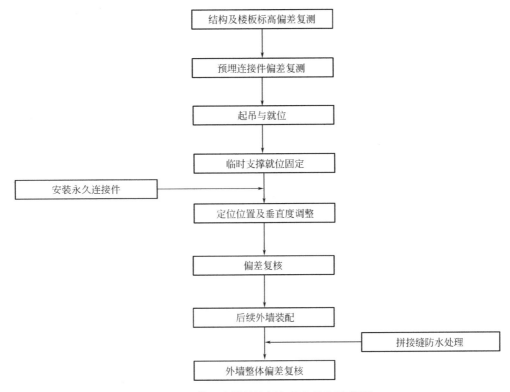

图 4-14　装配式外挂墙板起吊与装配流程图

斜撑两端分别固定在楼面板表面和墙构件侧面，墙板斜撑用于调整墙板垂直度，如图 4-15～图 4-17 所示。外墙通过预埋连接件与主体结构形成可靠连接，连接形式有焊接和螺栓连接[168]，如图 4-18 所示。

图 4-15　某学院采用先装法外挂墙板体系　　图 4-16　某公租房采用先装法进行外墙装配

图 4-17　后装法案例

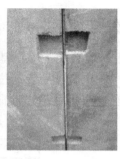
图 4-18　外挂墙板后装法采用预埋钢板与螺栓连接固定

4.3.3　低多层装配式干法连接墙板结构外墙

装配式干法连接墙板结构外墙装配施工安装流程为：基层清理→核对设计图纸编号→测量放线→预埋件复测→吊具安装→外墙板吊装落位→安装临时支撑→位置校核→螺栓连接固定→吊钩松绑→连接件外露部分防腐→外墙拼缝防水处理→支撑拆除，如图 4-19 所示。

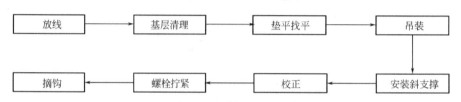
图 4-19　装配式干法连接墙板结构外墙装配流程

通过预埋连接件将相邻外墙连接形成完整围护体系，连接形式为高强度螺栓连接，如图 4-20～图 4-22 所示。

图 4-20　干法连接墙板结构外墙起吊就位

图 4-21　外墙放线定位、临时固定与偏差调整

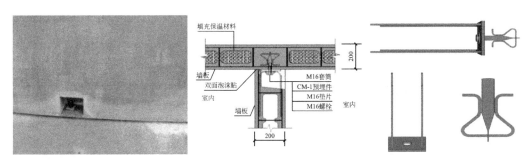

图 4-22　干法连接墙板结构外墙连接节点与预埋件

4.3.4　装配式叠合剪力墙外墙

双面叠合板式剪力墙安装操作流程：弹出轮廓线→放置高度控制垫块→预制叠合墙吊装就位→安装临时支撑→位置校核→墙体节点及墙板与底板间连接钢筋绑扎→后浇混凝土支模浇筑→支撑拆除。双面叠合剪力墙外墙装配工艺如图 4-23 所示。

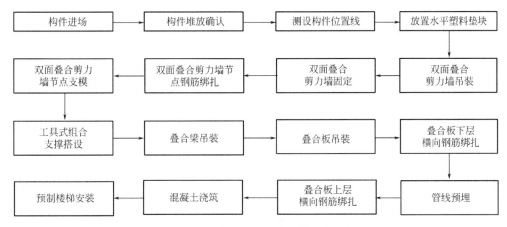

图 4-23　双面叠合板式剪力墙结构施工工艺流程

叠合墙板装配采用两点起吊，吊钩采用弹簧防开钩；吊点同水平墙夹角不宜小于 60°；外墙下落应平稳；墙体未固定前不能下吊钩；墙板间缝隙控制在 2cm 内。双面叠合外墙通过临时支撑垂直度满足 ±5mm 后，在墙板上部 2/3 高度处，用斜支撑通过连接对预制外墙进行固定，斜支撑底部与楼面用螺栓锚固，其水平夹角为 40°～50°，墙体构件用不少于两根斜支撑固定；垂直度按照高度 1∶1000 向内倾斜；垂直度细部调整通过两个斜支撑上螺纹套管调整来实现。如图 4-24 所示。

4.3.5　偏差分析

采用外墙仿真影响系数法，结合有效问卷调查 87 份以及专家知识，采用 Matlab 和 SPSS 软件对装配工法偏差影响因子模拟分析，获得装配工法偏差映射矩阵，见表 4-4。

图 4-24 装配式叠合剪力墙外墙板现场装配

装配工法偏差影响因子与偏差检测映射矩阵 表 4-4

影响因子指标项 检测项	Z1	Z2	Z3	Z4	Z5
定位精度	0.41	0.67	0.53	0.62	0.91
预埋精度	0.22	0.52	0.48	0.89	0.64
工法组织	0.11	0.59	0.48	0.95	0.67

注：Z1—外观尺寸及平整度，Z2—预埋件及连接件，Z3—预留孔洞及门窗框，Z4—连接与装配，Z5—外墙整体实体检测。

根据表 4-4 可知，外墙偏差检测项中，对连接与装配（Z4）影响最大的装配工法偏差因子有预埋精度、工法组织。对外墙整体实体检测（Z5）影响最大的装配工法偏差因子有定位精度。装配工法偏差因子对外墙外观尺寸及平整度（Z1）、预埋件及连接件（Z2）和预留孔洞及门窗框（Z3）检测偏差映射强度不大。

4.4 装配式建筑外墙装配环境偏差分析

四种装配式建筑外墙在装配阶段，装配工装机具、自然环境条件、施工现场环境等装配环境均会对装配式外墙偏差产生影响，自然环境条件、施工现场环境作为不可控因素，本节不做赘述，着重分析装配工装机具对装配式建筑外墙装配偏差的影响。

4.4.1 吊装工装机具

1. 吊装设备

装配式外墙尺寸大、质量大，通常需要大型机械设备完成外墙构件吊运和安装。吊装设备有汽车式起重机、履带式起重机和塔式起重机。对于低多层墙板建筑，选用汽车式起重机、履带式起重机；对于高层剪力墙和高层挂板外墙，优先选用塔式起重机。不同的起重设备见表 4-5。

主要外墙产品起重设备一览表　　　　　　　　　　　　　　表 4-5

工具名称	汽车式起重机	塔式起重机	履带式起重机
工具图片	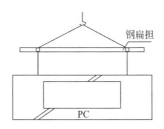		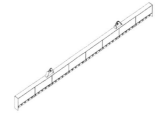
主要用途	低层装配式建筑构件的起重、吊装和转向	高层装配式建筑构件的起重、吊装和转向	低层装配式建筑构件的起重、吊装和转向

2. 吊具、索具

装配式建筑外墙吊点设计按结构受力计算，外墙构件尺寸、规格与质量直接影响吊点的位置和数量，吊点设计直接在起吊转运时决定外墙偏差。根据外墙质量、形状、吊点数量和安装位置，选定起吊设备及吊具。装配式外墙形状较大，至少设计两个吊点。

吊装现场准备的工具不限于钢横梁（吊装扁担）、吊爪、吊钩、钢丝绳、防坠器、卸扣、撬棍、靠尺、垫块等。钢横梁（钢扁担）的尺寸、规格选择应根据所吊装构件的尺寸、质量、吊点设置、吊点反力等确定，并经过受力分析满足强度和稳定性要求后方可使用。荷载按最重构件的质量取值，并按最大构件尺寸确定分配梁长度。吊装工具由吊装连接件和吊绳、吊钩等组成，如图 4-25 所示。合适的吊具、索具对外墙起吊安装偏差控制有利。

图 4-25　常见外墙装配吊装工具及附件

4.4.2　安装工装机具

　　装配式外墙起吊就位后，标高、轴线偏差复核完成，安装临时固定斜撑；每块墙板设置不少于两排斜支撑。上排斜撑位置设置于墙体 2/3 处，支撑与水平线夹角为 45°～60°，下排斜支撑与水平线夹角为 30°～45°[174]。斜撑两端分别与墙体和楼板采用螺栓固定。固定螺栓长度小于 90mm，电动扳手拧入楼板和墙板预埋的螺栓（套筒）内，保证螺栓拧入或至套筒内大于 30mm。为控制偏差，设计装配式建筑外墙斜撑支撑固定点分布图，在现浇楼板强度达到安装要求时才进行临时支撑安装，如图 4-26 所示。

图 4-26　外墙装配临时支撑与偏差调整

　　装配式建筑外墙安装工装机具起到固定、保障安全的同时，重点对外墙偏差进行有效控制，调整外墙垂直度和水平定位偏差，通过垂直支撑调控外墙水平定位偏差，通过上排斜撑微调功能调节墙体垂直度。

4.4.3　防护工装机具

　　装配式建筑外墙装配工法不同，带来外防护体系创新，可采用爬架、轻钢三角悬挑脚手架、外墙临边防护架等；装配式外墙常用外防护体系对装配式建筑外墙装配偏差影响程度总结，见表 4-6。

常用装配式外墙外防护体系　　　　　　　　　　　　　　　　　　表 4-6

序号	工具名称	工具图片	偏差影响程度
1	爬架		主要应用于高层剪力墙。能沿着建筑物往上攀升或下降，且不受建筑物高度的限制，对装配式外墙偏差影响较小

续表

序号	工具名称	工具图片	偏差影响程度
2	三角悬挑脚手架		由外防护网、水平桁架及扶手架组成,主要外围护形成封闭空间,使工人操作更加安全,对装配式外墙偏差影响适中
3	外墙临边防护架		临边防护采用钢管搭设,采用护栏形式,下道护栏离地高度 0.5m,上道护栏离地高度 1.1m,对装配式外墙偏差影响较大

4.4.4　偏差分析

采用外墙仿真影响系数法,结合有效问卷调查 87 份以及专家知识[175],采用 Matlab 和 SPSS 软件对装配环境偏差影响因子模拟分析,获得装配环境偏差映射矩阵,见表 4-7。

装配环境偏差影响因子与偏差检测映射矩阵　　　　　　　　　　表 4-7

检测项 ＼ 影响因子指标项	Z1	Z2	Z3	Z4	Z5
吊装工装机具	0.41	0.52	0.19	0.27	0.08
安装工装机具	0.11	0.16	0.35	0.42	0.28
防护工装机具	0.15	0.53	0.21	0.33	0.14

注：Z1—外观尺寸及平整度，Z2—预埋件及连接件，Z3—预留孔洞及门窗框，Z4—连接与装配，Z5—外墙整体实体检测。

根据表 4-7 可知,外墙偏差检测项中,装配环境对外墙外观尺寸及平整度 (Z1)、预埋件及连接件 (Z2)、预留孔洞及门窗框 (Z3)、连接与装配 (Z4)、外墙整体实体检测 (Z5) 偏差映射强度不大。

4.5 装配式建筑外墙装配后续影响偏差分析

4.5.1 后续工法

1. 高层装配整体式结构剪力墙外墙

在装配整体式剪力墙结构体系中，存在相邻构件吊装对已安装构件和支撑的扰动或触碰，对原外墙装配偏差造成的影响属于可修复风险；当外墙预制端间现浇接头的二次钢筋绑扎、支模和混凝土浇筑、振捣，楼层叠合板安装、管线预埋、绑筋、混凝土浇筑、振捣等，对墙板之间的垂直度、板缝尺寸造成影响，属于不可修复风险，重点加强对后续现浇工法、因混凝土振捣导致已装配外墙临时支撑体系振动引起的外墙偏差分析。

2. 装配式外挂墙板外墙

外挂墙板属于不参与结构受力的外围护体系，按装配工艺不同，分为先装法和后装法。先装法因后续有现浇工序，外墙偏差的影响因素主要表现在测量定位放线精准度，后续外墙吊装对已装配成品触碰，外墙板间接头钢筋绑扎、支模及混凝土浇筑对已装配构件扰动，临时支撑自身质量和支撑稳定牢固程度，坐浆料质量和坐浆层厚度及终凝时间、抗压强度等。后装法外挂墙板后续工法对其偏差影响因素主要在干法连接，偏差集中在螺栓质量、预埋螺母或套筒牢固程度，预埋螺母、套筒位移、滑丝、松脱或强拧紧导致丝扣损坏等。

3. 低多层装配式干法连接墙板结构外墙

装配式低多层墙板结构体系主要通过干法螺栓连接，属于柔性连接。偏差控制重点在后续工法对成品监测和保护，发现偏差及时停止后续作业，通过调整螺栓和临时支撑进行纠偏。后续工序造成已安装外墙出现移位或垂直度偏差时，及时通过实时红外监测报警方式，通过连接螺栓最大限度地调整外墙整体偏差值。

4. 装配式叠合剪力墙外墙

装配式叠合剪力墙外墙偏差的影响因素，主要表现在叠合层混凝土的二次浇筑，后续外墙吊装对安装成品的触碰，墙板接头部位的钢筋绑扎、支模及混凝土浇筑时倾倒、振捣对安装外墙造成扰动，临时支撑质量和支撑稳定牢固程度。重点因素是现浇混凝土振捣对叠合剪力墙外墙位移偏差的影响。

4.5.2 装配检测

装配式建筑外墙装配要求精度高，过程不可逆，容错性差；客观要求装配检测及时、精准，对外墙偏差敏感度高[176]，如图 4-27 所示。

4.5.3 偏差分析

四种装配式建筑外墙后续影响，均可能对外墙成品产生扰动，存在外墙偏差潜在风险源。采用外墙仿真影响系数法，结合有效问卷调查 87 份以及专家知识，利用 Matlab 和 SPSS 软件对后续影响偏差影响因子模拟分析，获得后续影响偏差映射矩阵见表 4-8。

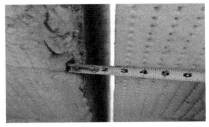 

(a) 外墙装配连接偏差测量　　　　　　　　　　(b) 外墙底面标高偏差测量

图 4-27　外墙装配尺寸检测

装配后续影响偏差影响因子与偏差检测映射矩阵　　　　　表 4-8

影响因子 指标项 检测项	Z1	Z2	Z3	Z4	Z5
后续工法	0.11	0.52	0.15	0.48	0.87
装配检测	0.43	0.32	0.45	0.33	0.12

注：Z1—外观尺寸及平整度，Z2—预埋件及连接件，Z3—预留孔洞及门窗框，Z4—连接与装配，Z5—外墙整体实体检测。

根据表 4-8 可知，外墙偏差检测项中，装配后续影响偏差因子对外墙整体实体检测（Z5）影响最大，对外墙观尺寸及平整度（Z1）、预埋件及连接件（Z2）、预留孔洞及门窗框（Z3）、连接与装配（Z4）检测偏差映射强度不大。

4.6　装配式建筑外墙装配偏差影响因子

外墙装配阶段偏差主要影响因子有预埋精度等 8 项。结合有效问卷调查 87 份以及专家知识，采用主观概率打分法，针对 8 项偏差影响因子对四种结构形式墙板装配阶段的影响进行了分析，见表 4-9。从表 4-9 分析得出，预埋精度、定位精度、安装工装机具、后续工法、防护工装机具、装配检测对装配整体剪力墙检测项偏差影响大；预埋精度、定位精度对外挂板检测项偏差影响大；预埋精度、定位精度对多层墙板检测项偏差影响大；定位精度、安装工装机具、后续工法、防护工装机具、装配检测对叠合剪力墙检测项偏差影响大[177]。表 4-9 针对 8 项装配偏差影响因子，对四种外墙 54~66 项不同的检测项进行影响分析。

四种装配式建筑外墙装配偏差影响　　　　　　表 4-9

序号	影响因子	装配整体剪力墙	装配式外挂墙板	装配式多层墙板	装配叠合剪力墙
1	预埋精度	0.7	0.7	0.7	0.5
2	吊装工装机具	0.5	0.3	0.3	0.5
3	定位精度	0.7	0.7	0.7	0.7
4	安装工装机具	0.7	0.5	0.5	0.7
5	工法组织	0.5	0.3	0.3	0.5

续表

序号	影响因子	装配整体剪力墙	装配式外挂墙板	装配式多层墙板	装配叠合剪力墙
6	后续工法	0.7	0.5	0.5	0.7
7	防护工装机具	0.7	0.3	0.3	0.7
8	装配检测	0.7	0.5	0.5	0.7

注：数值的大小代表装配要素对检测项影响大小，分值越大，偏差影响程度越强。

采用外墙仿真影响系数法，结合有效问卷调查 87 份以及专家知识，采用 Matlab、SPSS 和 Curve 软件对装配偏差影响因子模拟分析，获得装配偏差映射矩阵见表 4-10，结果绘制成装配式外墙装配偏差影响因子权重曲线，如图 4-28 所示。

装配偏差影响因子与偏差检测映射矩阵 表 4-10

检测项 ＼ 影响因子指标项	Z1	Z2	Z3	Z4	Z5
Y31	0.22	0.52	0.48	0.89	0.64
Y32	0.41	0.67	0.53	0.62	0.91
Y33	0.11	0.59	0.48	0.95	0.67
Y34	0.11	0.16	0.35	0.42	0.28
Y35	0.41	0.52	0.19	0.27	0.08
Y36	0.15	0.53	0.21	0.33	0.14
Y37	0.11	0.52	0.15	0.48	0.87
Y38	0.43	0.32	0.45	0.33	0.12

注：Z1—外观尺寸及平整度，Z2—预埋件及连接件，Z3—预留孔洞及门窗框，Z4—连接与装配，Z5—外墙整体实体检测；Y31 至 Y38 装配影响因子见附录 B。

根据表 4-10 可知，外墙偏差检测项中，对连接与装配（Z4）影响最大的装配偏差因子有预埋精度（Y31）和工法组织（Y33）。对外墙整体实体检测（Z5）影响最大的装配偏差因子有定位精度（Y32）和后续工法（Y37）。装配偏差因子对外墙观尺寸及平整度（Z1）、预埋件及连接件（Z2）、预留孔洞及门窗框（Z3）检测偏差映射强度不大。

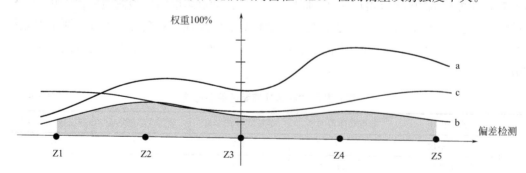

图 4-28 装配式外墙装配影响因子权重曲线图

Z1—外观尺寸及表面平整度；Z2—预埋件及连接件；Z3—预留孔洞及门窗框；Z4—连接与装配；

Z5—外墙整体实体检验；a—装配工法；b—装配环境；c—后续影响

据图 4-28 可知，装配工法对连接与装配检测（Z4）、外墙整体实体检测（Z5）偏差影响最大。

4.7　本章小结

本章基于贝叶斯思维，通过对装配式建筑外墙装配偏差定量分析，对比国内外标准和国标规范中现浇与装配式质量验收标准，指出外墙装配允许偏差目标。采用贝叶斯方法，从装配式建筑外墙装配工法、装配环境和后续影响三个角度对外墙装配偏差分析，利用外墙仿真影响系数法，结合专家经验，采用 Matlab、SPSS 和 Curve 软件对装配偏差影响因子进行模拟分析，取得装配偏差映射矩阵和装配偏差影响曲线。

重点以装配整体式结构剪力墙外墙为例，对四种装配式建筑外墙装配工法展开偏差分析。从吊装设备、临时支撑等现场装配环境因素，结合钢筋绑扎潜在扰动、混凝土浇筑振捣等后续工法角度，展开全流程装配偏差分析。指出装配式建筑外墙装配偏差影响因子主要有预埋精度、定位精度、工法组织、安装工装机具、吊装工装机具、防护工装机具、后续工法、装配检测 8 项。

第 5 章　装配式建筑外墙偏差模型及诊断体系

5.1　引言

本章引入贝叶斯网络理论方法，采用带有概率注释的有向无环图模型来表达装配式建筑外墙偏差逻辑关系[178]。研究在典型小样本和非完备信息条件下，如何利用不确定理论表达装配式建筑外墙设计、制造和装配偏差影响逻辑，并通过对第 2～4 章偏差分析获得的先验知识进行模型节点定义，结合正常生产和安装过程中实测信息，解决模型建立、数据导入和偏差原因诊断等问题。主要内容有装配式建筑外墙偏差贝叶斯网络节点定义、建立偏差诊断模型、检测节点优化、偏差诊断推理等。

研究路线如下：

第一，建立装配式建筑外墙偏差贝叶斯网络模型。定义外墙偏差原因节点和偏差检测节点，根据专家意见法确定模型结构，基于贝叶斯估计方法取得模型先验参数，建立外墙偏差贝叶斯初始模型。

第二，外墙偏差检测节点优化设计。基于偏差原因节点有效独立性准则，根据外墙偏差检测节点对偏差原因节点的敏感度分析，建立起实测节点到偏差原因节点的诊断信息矩阵。通过对检测节点映射偏差原因节点敏感度由大到小排序，依次删除敏感度最小偏差节点，删减非关键有向边和非关键节点，获得最佳检测设计方案。

第三，外墙偏差模型诊断分析。采用贝叶斯估计方法满足模型节点参数的先验概率与实测数据的统一。利用模型结构实测节点的独立性检验算法，对模型的偏差原因节点后验概率进行贝叶斯推理，取得偏差源定位和偏差原因概率排序，实现外墙偏差贝叶斯网络模型推理诊断。

第四，采用有限元模拟方法对装配式建筑外墙开展偏差分析，进行偏差原因节点与偏差检测节点敏感度映射，获得装配式建筑外墙偏差影响关系和先验参数，建立装配式建筑外墙偏差映射矩阵。通过偏差检测节点的实时证据变量更新，实现算法持续学习，诊断模型迭代更新，取得外墙主要偏差原因及偏差检测节点分布，建立装配式建筑外墙偏差诊断体系。研究流程如图 5-1 所示。

5.2　装配式建筑外墙偏差贝叶斯网络建模

传统建筑质量偏差问题，主要依靠工程师进行现场抽检和巡检，主观性强，缺乏解决偏差问题的理论方法。装配式建筑属于建筑制造业，既有建筑业特征又有典型的制造业属性。基于不确定性推理的贝叶斯网络理论，是由表示变量随机性的概率论与描述概率关系的有向无环图模型组合而成；是描述随机变量之间概率关系的图形模型学，用来描述随机变量所遵守的联合概率分布；而且通过条件概率来表达某些因素给定条件下外墙偏差的概

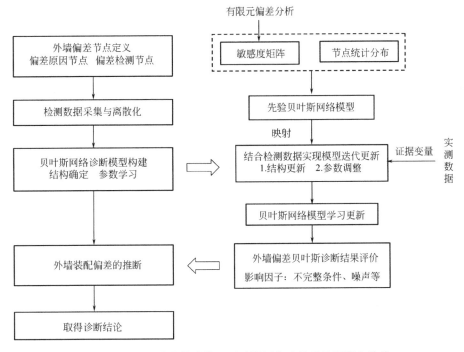

图 5-1　装配式建筑外墙偏差贝叶斯网络建模及诊断研究路线

率。它为多个随机变量之间复杂的物理逻辑关系表达提供统一的格式，具有简明直接、逻辑严密、先验信息与后验更新相结合等特征。

贝叶斯网络能通过关键因素分析法[179] 对装配式建筑外墙设计、制造和装配全过程中偏差原因的关键因素进行识别，寻找各环节主要偏差原因节点和关键偏差检测节点。通过建模计算对偏差源进行定量分析，随着实测数据的丰富，及时更新偏差诊断结果。

5.2.1　装配式建筑外墙偏差节点定义

对装配式建筑外墙偏差的预估进行定义如下：

$$bias(\hat{\beta}_n)=E(\hat{\beta}_n)-\beta \tag{5-1}$$

其中，期望作用在所有随机变量数据上，β 指用于定义数据生成分布的真实值。如果 $bias(\hat{\beta}_n)=0$，那么估计量 $\hat{\beta}_n$ 被称为是无偏（unbiased），这意味着 $E(\hat{\beta}_n)=\beta$。如果 $\lim_{n\to\infty}bias(\hat{\beta}_n)=0$，那么估计量 $\hat{\beta}_n$ 被称为是渐近无偏（asymptotically unbiased），这意味着 $\lim_{n\to\infty}E(\hat{\beta}_n)=\beta$。

基于贝叶斯网络的装配式建筑外墙偏差诊断，属于多因素影响的不确定性问题推理，在假设偏差变量与实测数据因素变量的取值，计算偏差原因节点后验分布，用 $B \leqslant \langle G, \Theta \rangle$ 表示，其中，G 代表有向无环图，Θ 代表条件概率分布的集合[185]。贝叶斯网络诊断是典型的不确定性逻辑关系模型，与不确定偏差诊断具有本质一致性，适用于装配式建筑外墙偏差诊断。

完整表达装配式建筑外墙偏差症状节点与偏差原因节点间不确定性逻辑关系是解决装配式建筑外墙偏差的首要问题[180]。通过前文分析，装配式建筑外墙在精确装配前，从装配式深化设计、制造运输到装配安装，前置条件多、流程长、工艺复杂，引起偏差的过程因素众多。本节通过分析前3章装配式建筑外墙设计、制造和装配各阶段偏差因素节点特征，依据贝叶斯网络理论，研究模型节点的定义。图5-2表示外墙偏差节点定义示意。

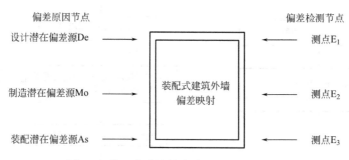

图 5-2　装配式建筑外墙偏差节点映射示意

1. 装配式建筑外墙偏差原因节点

装配式建筑外墙装配是一个多流程、层次化设计、制造和装配过程，每个具体项目都必须经过深化设计、定制加工和现场装配三个必要环节。在进行最后工地总体装配前，每个外墙构件均需要设计、出图，在制造阶段每个外墙产品生产均由多个工位的若干材料经过以流水作业为主的各种生产组织，形成外墙构件或部品部件，然后运输到工地，经过不同的装配工艺流程组成建筑物完整外墙。

定义装配式建筑外墙贝叶斯网络偏差诊断模型，有设计阶段外形、质量、制造与运输和装配与组织设计等19项偏差原因节点；制造阶段有模具、生产平台、预埋件和连接件位移控制等11项偏差原因节点；装配阶段有预埋精度、装配工法和装配组织等8项偏差原因节点，共38项偏差原因节点。见表5-1。

装配式建筑外墙偏差原因节点　　　　　　　　　　　　　　表 5-1

设计阶段			制造阶段	装配阶段
性能设计	制造设计	装配设计		
防水性能设计(Y1)、防火性能设计(Y2)、通风性能设计(Y3)、采光性能设计(Y4)、隔声性能设计(Y6)、抗风性能设计(Y7)、热工性能设计(Y8)、装饰性能设计(Y9)、结构性能设计(Y10)、遮光性能设计(Y11)、耐久性能设计(Y12)、气密性能设计(Y13)、水密性能设计(Y14)、耐撞击性能设计(Y15)	制造与运输设计(Y16)、外形设计(Y17)、重量设计(Y19)	装配与组织设计(Y18)、外墙拼缝设计(Y5)	制造模具(Y20)、制造平台(Y21)、混凝土配合比(Y22)、钢筋加工精度(Y23)、预埋件位移控制(Y24)、制造工厂(Y25)、浇筑与振捣(Y26)、养护工法(Y27)、验算与起吊(Y28)、存放与保护(Y29)、制造检测(Y30)	预埋精度(Y31)、定位精度(Y32)、工法组织(Y33)、安装工装机具(Y34)、工吊装工装机具(Y35)、防护工装机具(Y36)、后续工法(Y37)、装配检测(Y38)

2. 装配式建筑外墙偏差检测节点

通过前3章研究，为确保四种主要装配式建筑外墙整体性能目标，本书从制造模具检测、产品出厂检测、装配过程检测与外墙成品检测四项选取关键性能检测指标，定义装配式建筑外墙偏差检测节点，如表 5-2 所示。

装配式建筑外墙偏差检测节点　　　　　　　　表 5-2

	制造过程检测		装配过程检测	外墙成品检测
	制造模具检测	产品出厂检测		
定量检测项	模具的长度(X1)、模具截面尺寸(X2)、模具对角线差(X3)、模具弯曲翘曲(X4)、模具表面平整度(X5)、门窗框平整度(X12)、门窗框位置(X9)、模具组装缝隙(X6)、端模与侧模高低差(X7)、预埋门窗框锚固脚片中心线位置(X8)、门窗框高和宽(X10)、门窗框对角线(X11)	构件规格尺寸高度(X13)、构件宽度(X14)、构件规格尺寸厚度(X15)、构件对角线差(X16)、预埋钢板中心线位置偏差(X21)、预留孔中心线位置偏移(X27)、预留洞中心线位置偏移(X29)、键槽中心线位置偏移(X35)、构件内表面平整度(X17)、构件外表面平整度(X18)、预留插筋中心线位置偏移(X31)、侧向弯曲(X19)、扭翘(X20)、预埋钢板平面高差(X22)、预埋套筒和螺母的平面高差(X26)、预埋螺栓中心线位置偏移(X23)、预埋套筒和螺母的中心线位置偏移(X25)、灌浆套筒中心线位置(X38)、连接钢筋中心线位置(X39)、预埋螺栓外露长度(X24)、孔尺寸(X28)、预留洞口尺寸和深度(X30)、预留插筋外露长度(X32)、键槽长度与宽度(X36)、键槽深度(X37)、吊环和木砖中心线位置偏移(X33)、吊环和木砖与构件表面混凝土高差(X34)、连接钢筋外露长度(X40)、墙端粗糙面(X41)	外墙构件中心线对轴线位置(X48)、墙侧面(不外露)的相邻构件平整度(X54)、墙底面标高(X49)、墙顶面标高(X50)、墙板接缝宽度(X56)、墙板接缝中心线位置(X57)、墙(≤6m)垂直度(X51)、墙侧面(外露)的相邻构件平整度(X53)、墙(>6m)垂直度(X52)、墙的支座和支垫中心位置(X55)	外墙钢筋保护层厚度(X64)、结构位置与尺寸偏差(X65)、墙厚(X66)
定性检测项	—	构件外观质量缺陷(X42)、结构性能(X43)、构件标识(X44)、装饰面层外观(X45)、内外页墙拉结件(X46)、预埋件预留孔洞(X47)	外墙板接缝防水(X58)、临时固定施工方案(X59)、外墙整体外观质量缺陷(X62)、钢筋套筒灌浆等连接(X60)、连接处后浇混凝土强度(X61)	外墙整体混凝土强度(X63)

5.2.2　装配式建筑外墙偏差模型建立

贝叶斯网络具有强大的数学推理能力，能够描述变量间的逻辑关系，充分利用先验经验和样本数据[181]，将随机变量间的条件独立关系转换为联合概率计算，有利于系统解决装配式建筑外墙设计、制造和装配阶段的偏差问题。借助计算机技术对外墙偏差进行模拟仿真，可以反映偏差原因对偏差结果的影响程度。而专家意见和历史数据是反映外墙偏差先验分布的重要信息，有助于建立装配式建筑外墙偏差贝叶斯网络诊断模型。根据上述贝叶斯网络学习的不同状态，结合外墙偏差先验知识，在不完备数据和网络结构已知的状态下，可以采用蒙特卡洛方法（Geman et al，1984）[182]、梯度下降方法（Binder et al，1997）[89]、高斯近似方法（Kass et al，1995）[183] 和 EM 方法（Lauritzen et al，1988）[184]

等进行建模，具体分为有向边确定和条件概率表学习。以图 5-3 为例，对装配式建筑外墙偏差进行建模。

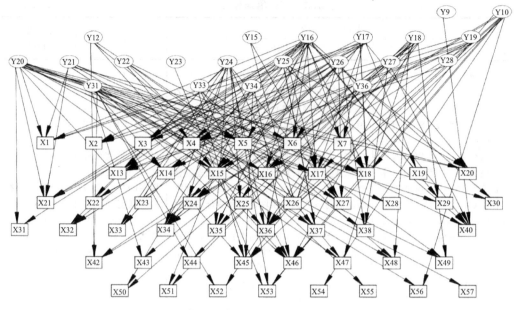

图 5-3　装配式建筑外墙偏差贝叶斯网络建模

先根据专家知识确定模型结构，从中选取代表性偏差原因节点 Y16、Y17 和 Y18，分别代表制造与运输设计、外形设计、装配与组织设计；选取代表性偏差检测节点 X4、X16、X20，分别代表模具弯曲翘曲、构件对角线差、外墙翘曲；通过有向边表达逻辑关系，反映节点间的相互依赖关系。模型输入层为偏差原因节点，模型输出层为偏差检测节点。通过网络节点参数，反映单个节点条件概率或组合概率下偏差是否超标的量化指标。

1. 外墙偏差模型结构

模型结构主要有通过专家先验知识或历史数据或对数据分析相对似然性等方法来构建[185]。装配式建筑外墙偏差贝叶斯网络建模主要是模型结构及参数确定，节点依赖关系可以由多种方法确定。根据装配式建筑特性，直接根据专家经验确定。结构学习是指从 m 个节点组成的所有网络结构中，搜索、选择与训练样本数据潜在的概率分布结构，拟合最优有向无环图。可采用遗传算法、蚁群算法、人工免疫算法、粒子群算法等，对装配式建筑外墙偏差模型进行优化。

在已知完备数据条件下，可采用最小描述长度法（Minimum Description Length，MDL）、贝叶斯计分法（Bayesian Dirichlet equivalent，BDe）、基于 Kullback-Leibler 熵的方法和贝叶斯信息标准法（Bayesian Information Criterions，BIC）等计分函数方法，来评价外墙偏差贝叶斯网络结构。通过定义一个评分函数来评价模型结构与实测数据的匹配程度，并选择适当的搜索算法搜索计分函数值最优网络结构。三种方法均具有一致性和渐近有效性，都将收敛于同一个常数，并且都是分值等价，即等价的网络结构其计分函数值相同。

根据贝叶斯计分法（BDe）对装配式建筑外墙偏差建模方案，可设变量集合 Y 的联合

概率分布网络结构可更新，从全部网络结构中某个先验开始，对全部结构用贝叶斯定理计算给定网络结构下数据集的概率，计算其后验概率，选取后验概率值最高的模型结构为最优结构。依据贝叶斯方法，定义一个装配式建筑外墙偏差随机变量表示网络结构的不确定性，其状态对应的网络结构设为 Y^r，其先验概率分布 $P(Y^r)$。给定实测数据集 E，E 来自 Z 的联合概率分布。计算后验概率分布 $P(Y^r|E)$ 和 $P(\beta_y|E，Y^r)$，其中 β_y 是参数向量，根据贝叶斯公式可得

$$P(Y^r|E)=\frac{P(Y^r，E)}{P(E)}=\frac{P(E|Y^r)P(Y^r)}{P(E)} \tag{5-2}$$

式中，$P(E)$ 指与结构无关的正则化常数，$P(E|Y^r)$ 表示边界似然函数。故装配式建筑外墙偏差贝叶斯网络模型结构的后验分布，只需要为每个可能的结构计算实测数据的边界似然。而且，在无约束多项分布、参数独立、采用 Dirichlet 先验和数据完备前提下，参数向量 β_{bc} 可以独立更新。实测数据的边界似然等于每个 $b-c$ 对的边界似然的乘积，如式（5-3）所示。

$$P(E|Y^r)=\prod_{b=1}^{n}\prod_{c=1}^{q_b}\frac{\Gamma(a_{bc})}{\Gamma(a_{bc}+N_{bc})}\prod_{d=1}^{r_b}\frac{\Gamma(a_{bcd}+N_{bcd})}{\Gamma(a_{bcd})} \tag{5-3}$$

通过概率模型中多流程偏差波动对比，取得装配式建筑外墙偏差原因的具体流程；再将外墙偏差诊断模型结构设计为两层，将偏差原因节点定义为输入层，第 t 个偏差原因为 Y_t；输出层为确保装配式外墙整体目标达成的偏差检测节点，用 X_u 表示。通过外墙偏差检测节点对偏差原因节点映射，采用有限元分析取得偏差敏感度矩阵 $[K]$，矩阵含偏差原因节点 m 个，含偏差检测节点 n 个。矩阵中任意检测节点 X_t，存在 n 个偏差原因可能，那么 Y_t 对 X_t 的敏感度因子为：

$$\delta_{mn}=\frac{s_{mn}^2\cdot\sigma_{Fm}^2}{\sigma_{sn}^2}\times100\% \tag{5-4}$$

式中，σ_{Fm} 指外墙偏差原因的均方差。由偏差敏感度因子组成敏感度矩阵 $[K]$。将矩阵中敏感度因子由大到小进行排序，δ_0 为敏感度因子阈值，若 b 个敏感度因子之和 $\sum_{c=1}^{b}\delta_{m(c)}\geqslant\delta_0$，那么偏差检测节点 X_m 初始父节点是偏差原因节点 Y_b，通过设计从 Y_b 到 X_m 的有向边，将偏差检测节点 X_m 所有父节点组合定义为 $\langle\pi_m^m\rangle$。其余所有偏差检测节点的初始父节点，均可参照定义。然后，根据相互逻辑关系，把有向边在外墙偏差模型中增加，从而建立装配式建筑外墙偏差诊断贝叶斯网络初始结构。

上述建模步骤因装配式外墙偏差模拟的有限元分析中，偏差原因不能穷尽，还得依据专家知识指定其他偏差原因对检测节点的影响关系。同时，基于贝叶斯网络理论，假设初始模型中假定各偏差原因对偏差检测节点影响互相独立[186]。

2. 外墙偏差模型参数

装配式建筑外墙偏差模型参数是指贝叶斯网络中每个节点的条件概率表或条件概率分布，是外墙偏差节点之间因果影响关系的定量表达，通过结合专家先验知识和节点训练样本数据统计分析确定；在离散数据基础上实现网络参数学习[187]。在装配式建筑外墙偏差模型中，参数估计可采用贝叶斯估计方法和最大似然估计方法。常用直方图法对模型的参数进行先验分布取值，采用直方图法利用先验信息确定先验分布[188]。采用贝叶斯估计方

法进行装配式建筑外墙偏差参数学习，先利用先验知识估计先验概率，再应用偏差实测数据将先验概率更新为后验概率。本质是利用序贯估计来更新随机变量的后验概率。具体可采用两种估计取值方法：其一是最大似然估计方法，根据数据样本与模型参数 θ 似然程度来判断贝叶斯网络模型与数据样本的拟合程度，似然程度通过似然函数来表达。找出似然函数最大时，参数 θ 的取值。其二是条件期望估计，采用后验分布的数学期望作为对参数的估计值。装配式建筑外墙偏差实测数据样本越大，两种估计方法计算结果越接近。

采用贝叶斯假设对外墙偏差模型参数先验分布进行选取，参数先验分布 $\beta(\theta)$ 在参数 θ 值范围内随机分布，将 θ 取值范围记为 Θ，则参数 θ 先验分布密度函数表示如下：

$$0 \leqslant \beta(\theta) \leqslant 1, \theta \in \Theta \tag{5-5}$$

设装配式外墙偏差贝叶斯网络有 g 项节点。其中，任意节点 Y_t 父节点 $\pi(Y_t)$ 有 S_t 个组合状态，其 Y_t 自身有 W_t 个状态，则 Y_t 的条件概率是：

$$\theta_{tuv} = P(Y_t = v \mid \pi(Y_t) = u) \tag{5-6}$$

则有 $t=1, 2 \cdots\cdots g$；$u=1, 2 \cdots\cdots S_t$；$v=1, 2 \cdots\cdots W_t$；θ_{tuv} 为节点 Y_u 在 v 状态时而其父节点在第 u 个状态下的条件概率。装配式建筑外墙偏差模型需对节点优化分类，采用贝叶斯估计方法进行参数设定。

当外墙偏差检测数据非常大时，利用极大似然估计方法计算条件概率表。假设有检测数据集 H，将节点参数 θ 的对数似然函数在 $\theta = P(S \mid \pi(S))$ 时，记作：

$$l(\theta H) = \log \prod_{l=1}^{m} P(H_l \mid \theta) = \sum_{l=1}^{m} \log(H_l \mid \theta) = \sum_{t=1}^{g} \sum_{u=1}^{st} \sum_{v=1}^{wt} y(t, u, v; H_l) \log \theta_{tuv} \tag{5-7}$$

对式（5-7）计算似然函数求导，取得节点条件概率：

$$\theta_{tuv}^{*} = \begin{cases} \dfrac{m_{tuv}}{\sum\limits_{k=1}^{w_u} m_{tuv}}, \sum\limits_{k=1}^{w_u} m_{tuv} > 0 \\ \dfrac{1}{w_u}, \sum\limits_{k=1}^{w_u} m_{tuv} = 0 \end{cases} \tag{5-8}$$

式中，m_{tuv} 指模型节点 t 具有第 u 项状态样本量；而此时，其父节点是 v 的组合状态。因此，采用极大似然方法的模型参数，即可转化为外墙偏差数据集的频次计算[189]。当 $m_{tuv} = 0$，则偏差集合中无此样本，模型节点参数中状态各异的条件概率，将被极大似然方法设为均匀分布。采用极大似然方法，要求外墙偏差数据量大，且模型节点参数具有多状态组合；方可满足模型节点参数概率准确估计。

根据贝叶斯理论，参数的后验分布反映了专家先验知识和节点训练样本数据统计分析的耦合结果，后验分布为先验分布与极大似然函数的乘积。结合式（5-5）和式（5-7），得到后验分布的计算，如式（5-9）所示。其中，θ' 为更新后的参数取值。

$$\beta(\theta') = \beta(\theta) \cdot l(\theta H) = \beta(\theta) \cdot \left[\sum_{t=1}^{g} \sum_{u=1}^{st} \sum_{v=1}^{wt} y(t, u, v; H_l) \log \theta_{tuv} \right] \tag{5-9}$$

5.3　基于贝叶斯网络的装配式建筑外墙测点优化

在装配式建筑外墙偏差贝叶斯网络模型检测节点设计方案中，不同偏差原因节点映射强度不一，诊断结果的合理性和科学性依赖于样本数据集大小。本研究的目标是在诊断结论科学的基础上，实现模型精度高、检测成本低。研究路线是：

（1）定义外墙偏差目标函数，采用有效独立性方法，达到外墙制造和装配检测方案设计优化。

（2）基于外墙偏差诊断评价体系，打造偏差初始测量对偏差原因诊断的评价矩阵，计算检测数量的最少个数[190]。

5.3.1　外墙偏差检测节点优化

装配式建筑外墙偏差贝叶斯网络的参数学习先对节点优化分类，节点映射的条件概率分布就是节点在不同状态组合中的概率表示[192]。因贝叶斯偏差模型中实测节点映射偏差原因变量的信息量越大，偏差原因随机变量自身的不确定性变动程度越高；而要实现低成本、高精准的装配式建筑外墙制造和装配偏差诊断优化目标，首先要提升外墙制造和装配过程中检测节点映射信息的精准度，核心是建立偏差检测节点对偏差原因节点的诊断评价体系，方能实现对测点设计的优化。故定义平均互信息为评价指标，反映实测数据对偏差原因变量的映射程度。互信息越大，实测数据集反映偏差原因变量数据量越大[193]。偏差检测节点 X_f 对偏差原因节点 Y_g 的诊断性能用 H_{fg} 表示。将所有偏差检测节点与偏差原因节点对应关系用互信息矩阵 H 表示，如式（5-10）所示。

$$H = \begin{bmatrix} H_{11} & H_{12} & . & . & . & H_{1c} \\ H_{21} & H_{22} & . & . & . & H_{2c} \\ . & & . & & & . \\ . & & & . & & . \\ . & & & & . & . \\ H_{b1} & H_{b2} & . & . & . & H_{bc} \end{bmatrix}_{b \times c} \tag{5-10}$$

随着实测数据的增加，检测节点变量状态不断改变，偏差原因节点的后验概率与之更新，且依据后验概率就能有效诊断偏差原因。即检测节点映射的偏差原因节点 Y_c 信息越独立，越易于有效诊断外墙偏差原因。计算表明，非完全诊断时需额外增加检测点，且确保偏差原因对新增检测节点的影响不同，方能达到偏差原因诊断目标。故反映偏差信息最全、检测数量最少的检测节点设计方案最优。故通过式（5-11），可得到满足偏差原因完全可诊断的最少实测数量，记作 λ_0。

$$\min\{\sum_{f=1}^{c}(H_{bc} - H_{qc})^2\} \geqslant \zeta, i, q = 1, 2 \cdots\cdots b; f = 1, 2 \cdots\cdots c \tag{5-11}$$

通常在经过研判合理的初始实测方案基础上，采用节点全覆盖检索运算，找出识别诊断概率最大的实测节点。若初始实测数量的运算量非常大时，可利用遗传算法的变异与交叉计算，在并行检索线程间交换数据，更快地取得检测布置优化结果[194]。

如初始检测点位设计中，出现两个及以上节点反映偏差原因数据接近时，目标函数若仍是互信息加权和。如出现检测数据对部分偏差原因映射程度强，而对其余偏差原因变量映射能力弱，则需提升检测节点对全部偏差原因识别性能的综合能力。既要考虑检测节点识别性能水平，又要综合对各偏差原因识别性能均衡化。

优化要求各偏差原因节点对检测节点概率影响相互独立，即偏差检测节点到偏差原因的互信息矩阵行向量互不相同；这样，就能确保偏差原因可诊断。定义 $n \times n$ 的满秩矩阵，称为矩阵 H。定义识别数据矩阵为矩阵 T，对偏差原因节点数据和实测节点数据进行全覆盖。实测节点优化路径可通过提取识别数据矩阵的特征值来实现，矩阵 T 所有特征值的和可以用识别数据矩阵的集合 A 来表示，即检测节点对全部偏差原因识别性能之和，偏差检测节点优化表示：

$$P_{xy}(\psi) = \max\{A(H)\} \tag{5-12}$$

上式中，ψ 指满足约束条件的候选实测方案，其约束条件指给定的实测节点数量 X_g 应大于最小实测节点数量 X_0。通过式（5-12）可得，在给定实测节点数量前提下，通过对实测节点的优选使识别数据矩阵的集合 A 的最大化运算，来实现实测节点数量最小化计算。

装配式外墙偏差检测节点优化设计还可基于误差识别最小准则，采用有效独立性方法[195]。有效独立性方法主要应用在道路、桥梁、隧道等结构安全检测与传感器优化等领域，主要目的是设计尽可能少的监测点，来获得尽可能多的独立模态数据[196]。在建筑外墙制造和装配全过程的实测节点优化中，既要检测节点信息能最大可能映射偏差原因节点状态，又要满足依据检测信息达到各个偏差原因的可识别性，即检测节点数据映射的偏差原因模态条件能独立。

在外墙制造和装配偏差检测过程中，外墙构件的部分预埋件和连接件的实测信息对偏差原因的映射性能较弱，且实测节点之间数据不能独立，故需对提供不完全偏差原因数据且非独立的实测节点开展优化工作。采用有效独立性方法，对检测方案中不能完全映射偏差原因的实测节点进行删除。把 $K = A(H)$ 设为目标函数，定义第 f 个实测节点对全部检测节点偏差识别的诊断能力表示如下：

$$R_{X_f} = (K - K_{X_f})/K \tag{5-13}$$

通过对检测节点映射偏差原因节点敏感度由大到小排序，依次删除敏感度最小偏差节点；获得最佳检测设计方案。装配式建筑外墙检测节点优化路线见图5-4。

5.3.2 装配式建筑外墙偏差检测

目前，国内标准单体高层装配整体式结构住宅建筑外墙构件均超1000个，各种规格近30个，参数不一的模具工装近30套。为确保高品质交付，需建立精准贝叶斯网络模型，同步更新需要大量实测数据；若外墙制造和装配偏差开展全覆盖检测，含外墙整体垂直度和平整度等建筑实体偏差检测，数量超10000个，检测布点数量巨大、成本高昂、无法大面积应用和推广。而实际样本数据获取，具有滞后性和小样本特征。为确保高品质交付，需建立精准贝叶斯网络模型，从而一定程度上减轻对于实测数据的需求。所以，针对装配式建筑外墙偏差贝叶斯模型实测节点优化，精炼训练样本信息和典型测点，意义重大。

因为第一批训练样本数据主要来自于样板试制和小批量试装；第二批数据来自于大规模生产和安装时，按规范和实际只能按批次抽样检测。通过分析可知，这些检测信息量有比较大的局限性，无法建立精确的贝叶斯网络模型及进行更新学习。

装配式建筑外墙偏差控制，取决于外墙生产和装配全过程的偏差检测、及时纠偏和精度控制。根据第2章分析，装配整体式结构剪力墙和装配式外挂墙板外墙在制造与装配全

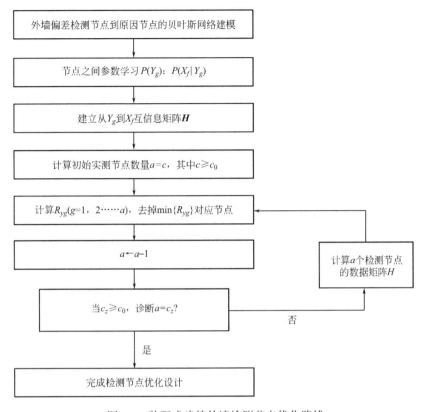

图 5-4 装配式建筑外墙检测节点优化路线

流程中，均有 66 项偏差检测，低多层装配式干法连接墙板结构外墙有 54 项偏差检测，装配式叠合剪力墙外墙有 58 项偏差检测。制造阶段重点偏差检测对象是模具、生产平台、混凝土配合比、钢筋加工精度、预埋件与连接件位移控制、外墙养护和起吊运输等，偏差检测点设计主要反映外墙典型特征和产品质量控制要点，内容含 X、Y、Z 三个方向的检测数据。装配阶段主要检测对象是外墙位移偏差和实体检测，包括外墙构件中心线对轴线位置偏差值、外墙标高与垂直度、相邻外墙平整度、墙板接缝宽度与平整度等，偏差检测点设计主要反映外墙装配工位上的安装精度和外墙整体质量控制要点。

为保证项目中每栋建筑的进度、成本和品质差异不大，需要在大面积开工、大规模制造、大范围吊装的现实基础上布置非常多的检测点。以 $10 \times 10^4 \, \mathrm{m}^2$ 的居住建筑项目为例，如果每个点都设置，监测点多达 10000 多个。如果同步测量每个测点在 X、Y、Z 三个方向的偏差值，那么检测特征的数据量是惊人的；而且不同原因会导致这些检测特征存在差异性非常大，也说明光凭测点观测数据精准找到偏差原因是非常困难的。由于检测所需耗费的成本巨大，只能采取基于标准层的关键工艺和关键控制点的贝叶斯网络来建模分析。而采用传统建筑的人工抽检方式，效率低、反应慢、不精确、不科学，只能事后修复，严重依赖人力素质，无法科学解决问题。而且，外墙检测工具主要使用靠尺和吊坠等缺乏精密的检测仪器，因此在目前的测量工具下，外墙装配的偏差检测信息存在典型的不完整和小样本特性。

当前，常用的传统外墙偏差检测存在以下问题：检测工具原始，缺乏高精度检测设备，检测涉及的流程长、数据多、工艺烦琐、关键控制点多、偏差源复杂，检测数据与检测精度要求差异明显，获得有效的检测信息集成分析较为困难；外墙制造和装配流程全覆盖检测点位数量巨大，现阶段的检测条件只能就外墙构件标准化程度最高的关键工艺和关键部位，进行有限测点的检测，数据信息存在不完整和小样本的特点；并且，偏差原因具有一定的随机性，例如地基下沉、突遇台风、极端气候等，外墙偏差检测数据呈现变量起伏剧烈、分布不均等形式。而且，大部分偏差数据是连续变量，例如按规范每批次构件出厂前的抽检不低于3%，那么工厂为了方便，肯定是集中一次检测，采集的信息数据肯定服从一定连续分布；但现阶段贝叶斯网络模型的偏差检测数据，需要离散化后再来实现参数学习[191]。

5.4 装配式建筑外墙偏差贝叶斯网络模型诊断

通过装配式外墙偏差建模后的结构优化和参数学习，将外墙偏差节点的更新状态作为模型学习的证据变量，可快速实现对装配式外墙偏差的诊断。贝叶斯网络从三个层次阐述外墙偏差各个方面：

首先，模型需要有明确的先验数据或贝叶斯假设。针对建模过程中专家意见等先验数据的主观性问题，贝叶斯网络并不是简单地限制或者排除，而是积极采纳并给予合理的假定区间，使其参与模型的建立；通过数据迭代，推动模型的不断完善。

其次，外墙偏差模型必须要有概率分布，必须用定量方法来描述数据的波动；从而科学计算，对数据和模型进行匹配度验算，分析假设和模型结论之间的逻辑关系。

最后，模型运算能给出所提问题唯一而清晰的解。通过其计算过程，演绎如何通过概率来比较不同模型，量化各种不确定性；它为目标建模定义必要规则，提取后验数据和相应期望，通过概率分布和数值估计规则来计算模型似然分布。

5.4.1 外墙偏差贝叶斯网络推理诊断

贝叶斯网络模型提供了一种假设性检验及置信区间估计的替换方法。贝叶斯推断更加直观的另一个原因在于，相对于经典推断，它更加接近研究过程本身[197]。研究问题通常始于对一个或多个参数的不确定性，然后我们收集数据来增加对参数的了解，基于新的信息，减少参数的不确定性。对研究的描述，同时也是对贝叶斯统计推断的描述。其始于参数的先验分布，基于给定的各种参数值计算数据似然概率；然后，根据贝叶斯定理将所得数据似然概率与先验分布结合，结果就等于参数的后验分布。贝叶斯定理利用概率的概念来表达我们对真实数值的不确定性。

本节的研究思路是采用贝叶斯估计方法对检测节点状态进行学习，取得偏差原因，识别证据变量。装配式建筑外墙是由外墙混凝土浇捣、钢筋加工、预埋件和连接件预埋、门窗框预埋、振捣养护等工厂制造，再按装配设计方案，将合格外墙产品分批次运到装配现场；按设计装配工序进行吊装、临时支撑、安全防护、后浇混凝土形成建筑外墙整体。目前，装配式建筑项目存在偏差检测只重视产品出厂检测和建筑实体检测，忽视制造与装配过程偏差检测和预警控制。例如，外墙在制造过程中混凝土配合比、钢筋加工精度、模具精度、振捣后的预埋件及连接件的位移偏差检测等关键检测节点，缺乏精准检测节点设计，质检工程师仅对外墙制造成品进行外形尺寸、墙面平整度等基础指标进行尺寸偏差复核；从而，导致装配式外墙偏差原因，无法及时精准确诊。因此，装配式建筑外墙偏差诊断就应是针对外墙制造与装配全过程进行偏差检测节点设计，通过导入偏差实测数据，依据贝叶斯模型对外墙进行偏差定位和对偏差原因进行概率推断。

对于装配式建筑外墙偏差模型中，因节点间逻辑关系复杂性，导致偏差检测节点与偏差原因节点之间的参数关系，呈现无明确规律的不确定性。贝叶斯网络以其节点间的逻辑关系明朗、表达清晰，具有对不确定性问题进行定量优点，能快速、高效地找出主要问题的原因。完善贝叶斯网络模型，随着偏差数据集的不断完善，实时对贝叶斯偏差网络的数据结构和概率参数进行不断更新。通过推理开展装配式建筑外墙偏差原因识别及流程定位，实现对偏差原因节点确定。通过偏差检测节点数据导入装配式外墙偏差贝叶斯模型，展开对偏差模型的诊断分析。

$$P(x|e)=P(e^C|x)P(x|e^F) \tag{5-14}$$

采用证据相关法对装配式建筑外墙偏差模型进行推理，对于外墙偏差贝叶斯网络模型中任一节点 x 的概率估计，必须考虑到 x 的父节点 F 和 x 的子节点 C。贝叶斯网络节点 x 具有变量值 $(x_1, x_2, x_3, \cdots)$，用"置信度"表示在给定模型全部剩余证据 e 的前提下，这些变量间的相关概率，即 $P(x|e)$，可以依赖于父节点置信度同子节点分离如下：

$$P(e^C|x)=P(e_1^C,e_2^C,e_{|C|}^C|x)=P(e_1^C|x)P(e_2^C|x)P(e_3^C|x)\cdots P(e_{|C|}^C|x)=\prod_{j=1}^{|C|}P(e_j^C|x) \tag{5-15}$$

式中，e 指所有证据，e^C 指子节点证据，e^F 表示父节点证据，计算结果将在 X 的整个状态空间上对概率进行归一化。由于子节点相互独立，可将对子节点的依赖性扩展成如下形式：

$$P(x|e^F)=\sum_{all,F_{mn}}P(x|F_{mn})\prod_{i=1}^{|F|}P(F_i|e_i^F) \tag{5-16}$$

式中，C_j 表示第 j 个节点，e_j^C 表示节点状态的概率值，$|C|$ 表示集合 C 的势（集合中的元素素个数）。假设非连接的父节点统计独立，对于来自父节点的证据处理如下：

$$P(x|e^F)=P(x|e_1^F,e_2^F,\cdots e_{|F|}^F)=\sum P(x|F_{1i},F_{2j},\cdots F_{|F|k}) \tag{5-17}$$

其中，F_{mn} 为父节点 F_m 处于状态 n 的值。若忽略除 X 的父节点和子节点以外其他节点的依赖性，公式如下：

$$P(F_{1i},F_{2j},\cdots F_{|F|k}|e_1^F,e_2^F,\cdots e_{|F|}^F)=\sum_{all,i,j,k}P(x|F_{1i},F_{2j},\cdots F_{|F|k})P(F_{1i},|e_1^F)\cdots$$
$$P(F_{|F|k}|e_{|F|}^F) \tag{5-18}$$

联立以上结论，对于有 $|F|$ 个父节点，$|C|$ 各子节点的一般情况有：

$$P(x|e)=P(e^C|x)P(x|e^F)=\underbrace{\prod_{j=1}^{|C|}P(e_j^C|x)}_{P(e^C|x)}\underbrace{\left[\sum_{all,p_{mn}}P(x|F_{mn})\prod_{i=1}^{|F|}P(F_i|e_i^F)\right]}_{P(x|e^F)} \tag{5-19}$$

117

上式表明，装配式建筑外墙偏差贝叶斯网络模型任意节点 X 取某个特定状态概率等于两个因子的乘积。第一个因子来自子节点，第二个因子来自父节点，是父节点先验概率在所有状态组合上的总和，以及给定父节点时的 x 变量的条件概率的总和；最后的值必须归一化来表示概率。

在装配式建筑外墙制造与装配全过程中，每个流程都存在潜在偏差，且每个潜在偏差又存在多个潜在偏差原因。因此，对外墙全流程偏差原因组合状态推理，可采用基于贝叶斯推断的最大期望算法（Expectation Maximization algorithm），简称 EM 算法[198]。E 过程就是基于贝叶斯模型计算每一个偏差特征的数学期望值；M 过程就是根据这些特征的数学期望值和实际观测值的比值，调整外墙诊断模型参数，使得模型获得最大的似然值。为解决装配式建筑外墙偏差原因识别及定位，可将问题分解成外墙制造和装配阶段各流程节点的后验概率计算和具体流程中各偏差原因节点后验概率计算，通过两者组合求解，取得各个阶段主要偏差原因后验概率值由大到小排序，及时进行全过程偏差识别和定位。依据 EM 算法，将各个流程的偏差概率大小排序，取得潜在偏差流程排序；按概率从大到小排列，对外墙偏差流程按序诊断。

在锁定偏差流程后，采用贝叶斯估计方法对具体流程内偏差原因展开诊断。

第一，将具体流程内偏差检测节点偏差状态定义为证据变量；

第二，展开具体流程内偏差原因节点后验概率计算；

第三，确定后验概率最大根节点即为主要偏差原因。分析表明，后验概率值越大，偏差原因发生的概率越大。从而，将流程内偏差原因诊断转成最大后验概率推断，就是 $\max P(G_x^p|R=r)$ 后验概率计算问题，依据贝叶斯网络可得：

$$P(G_x^p|R=r)=\frac{P(G_x^p,R=r)}{P(R=r)} \tag{5-20}$$

上式中，为了分步消除非证据变量 R 的其余变量，降低公式计算难度，考虑装配式建筑外墙制造与装配全过程偏差原因节点多、相互关系复杂、诊断识别困难；具体计算可采用马尔可夫蒙特卡罗算法（MCMC）等近似推理算法[199]。通过算法的收敛性，达到马尔科夫链的平稳状态。

装配式建筑外墙诊断结果是偏差原因节点的后验概率，其后验概率值与偏差原因正相关。对装配式外墙偏差模型诊断，可将偏差原因节点后验概率值较大的对应状态视为诊断结果，再对偏差原因节点的实际状态展开比较，确定诊断结果的有效性和准确性。对装配式建筑外墙制造和装配偏差诊断时，设偏差原因节点后验概率阈值为 δ，将偏差状态后验概率大于 0.8 取值，设为主要偏差检测节点。

5.4.2 外墙偏差模型诊断结果评价

通过以上分析，可知基于贝叶斯网络模型，可实现装配式建筑外墙偏差的正确诊断；本节将对模型诊断性能和影响因素进行研究。为克服装配式建筑外墙偏差贝叶斯网络建模中先验知识的主观性、不精确性，以及检测数据证据集中的小样本、不完整等可能会影响模型结论有效性和精确性的因素，重点阐述在条件概率不精确和不完整条件下的装配式建筑外墙偏差识别诊断性能。

影响装配式建筑外墙偏差识别诊断性能的主要因素有外墙偏差实测数据的完整性和贝

叶斯网络建模的精确性等。在装配式建筑外墙偏差原因识别诊断中，外墙检测数据的完整性主要依靠作为证据变量的实测节点数量，在全部检测节点偏差数据都能作为有效证据变量时，贝叶斯偏差诊断模型就能进行大部分有效诊断[200]。

装配式建筑外墙偏差贝叶斯网络诊断模型精确性，主要受到先验知识中专家经验主观性、历史数据适宜性、节点特征选择科学性等因素影响，装配环境、检测点突然失效、风荷载等因素均可能对模型先验和似然函数产生影响。后验知识受实测数据稳定性和有效性影响。因此，建模中在各节点的条件概率中引入噪声因素，合理评估误差范围。节点之间的有向边具有逻辑稳定性，通过以上分析可检测其设计、制造、装配之间的影响关系来明确。因此，节点参数对诊断模型精确性影响明显，设噪声影响用节点参数误差表示，将参数概率值转成对数形式，添加合适噪声值，得到带噪声因素的节点参数概率[201]。如式（5-21）所示。

$$E' = \frac{1}{1 + (E^{-1} - 1) \times 10^{-\delta}} \tag{5-21}$$

式中，E' 指带噪声概率，E 为不带噪声概率，δ 指噪声量。因条件概率表是双侧封闭区间取值，当初始概率趋于 1 或 0 时，如大于 0.9 或小于 0.1 时，噪声因素对概率数值的影响不大；当初始概率趋于中间时，如在 0.5 左右时，噪声因素对概率数值的影响不小。从而，获得噪声量与节点条件概率表之间的影响关系。

由上可见，装配式建筑外墙偏差贝叶斯网络识别诊断结论的精确性与样本数据集大小相关，实际项目中不可能做到实测数据全覆盖，故接下来采用现代马尔科夫链蒙特卡洛模拟方法来进行训练样本数据采样[90]。利用模型节点之间的概率分布来生成定量的训练样本，应用到诊断分析和结果评价。

常用贝叶斯模型诊断结果评价方法有 BIC、AIC、DIC 和 BPIC 准则，本书采用 BPIC（Bayesian Predictive Information Criterion）准则对装配式建筑外墙偏差贝叶斯诊断模型进行评价。考虑两个前提假设：（1）参数模型 $f(x|\theta)$ 包含真实模型 $g(x) = f(x; \theta_0)$，$\theta_0 \in \Theta$，且指定模型并不远离真实模型；（2）对数先验的阶为 $\ln\pi(\theta) = O_p(1)$，在上述两个假定和某些正则条件下评价外墙偏差如下：

$$BPIC = -2\int_{\Theta} \ln f(x_n|\theta)\pi(\theta|x_n)\mathrm{d}\theta + 2p \tag{5-22}$$

其中，p 为模型中参数数量，从而通过最小化 BPIC 取得最佳模型。在实际应用中，对数似然后验均值往往没有解析表达，可采用 MCMC 方法逼近：

$$\int_{\Theta} \ln f(x_n|\theta)\pi(\theta|x_n)\mathrm{d}\theta \approx \frac{1}{L}\sum_{j=1}^{L} \ln f(x_n|\theta^{(j)}) \tag{5-23}$$

其中，$\theta^{(1)}$，…，$\theta^{(L)}$ 为后验分布 $\pi(\theta|x_n)$ 中抽取的后验样本。该准则能适应装配式建筑外墙偏差先验知识较弱的情况。通过分析噪声因素，结合现代马尔科夫链蒙特卡洛模拟方法，从实测数据对装配式建筑外墙偏差贝叶斯网络诊断结论的准确性进行评价。同时，对上述模型诊断结果评价的影响因素，采用公式计算不同影响因素下贝叶斯外墙偏差诊断模型的性能水平。贝叶斯网络通过指定似然函数和所有未知量的先验分布，基于后验分布进行的后验推断的结果可以用来进行决策、预报、解释随机结构[202]。后验推断结果的质量依赖于指定的模型。因此，对模型的评价是不可忽略的

一个重要方面。

5.5 装配式建筑外墙偏差诊断体系

采用贝叶斯网络理论，对装配式建筑外墙进行偏差原因与偏差检测节点定义，确定主要偏差原因38项，根据四种不同类型的装配式外墙，定义偏差检测节点54～66项不等。对外墙偏差模型结构和参数进行建模，并根据装配式建筑外墙特性进行贝叶斯网络推理诊断。本节在此基础上，利用有限元模拟分析，结合Matlab程序和SPASS等商业软件建模分析；首先建立装配式建筑外墙偏差映射矩阵，再结合外墙偏差贝叶斯诊断模型学习，最终创建装配式建筑外墙偏差诊断体系。

5.5.1 建立装配式建筑外墙偏差映射矩阵

通过设计、制造和装配三个阶段对装配式外墙偏差影响因子研究，基于装配式建筑外墙偏差贝叶斯网络建模及诊断理论分析；采用敏感度映射方式，获得四种装配式外墙偏差原因与偏差检测节点之间诊断矩阵。分别见表5-3～表5-6。

装配整体式结构剪力墙外墙主要偏差映射矩阵 表5-3

检测项	X1	X2	X3	X4	X5	X6	X7	X13	X14	X15	X16
允许偏差 检测源	1, −2	1, −2	3	L/1500 且≤5mm	2	1	1	±4	±4	±3	5
Y10	0.11	0.12	0.18	0.22	0.15	0.22	0.23	0.21	0.22	0.21	0.21
Y16	0.88	0.92	0.89	0.95	0.95	0.96	0.89	0.83	0.81	0.85	0.88
Y17	0.86	0.85	0.83	0.92	0.91	0.85	0.82	0.87	0.85	0.86	0.92
Y18	0.13	0.17	0.15	0.012	0.16	0.19	0.17	0.73	0.67	0.55	0.58
Y19	0.87	0.85	0.83	0.88	0.67	0.58	0.65	0.81	0.82	0.84	0.82
Y20	10	10	10	10	10	10	10	0.91	0.92	0.91	0.93
Y24	—	—	—	—	—	—	—	—	—	—	—
Y25	0.55	0.53	0.48	0.64	0.56	0.71	0.66	0.76	0.53	0.63	0.83
Y26	0.11	0.12	0.09	0.11	0.12	0.59	0.56	0.19	0.15	0.12	0.15
Y30	0.61	0.68	0.69	0.71	0.72	0.63	0.71	0.28	0.28	0.32	0.36
Y31	0.11	0.18	0.09	0.12	0.11	0.15	0.16	0.48	0.48	0.42	0.16
Y33	0.07	0.05	0.05	0.11	0.12	0.15	0.11	0.28	0.28	0.22	0.28
Y34	0.03	0.04	0.04	0.08	0.09	0.13	0.13	0.16	0.16	0.12	0.16
Y38	—	—	—	—	—	—	—	0.05	0.09	0.08	0.09

续表

检测项	X19	X20	X21	X22	X25	X26	X29	X30	X31	X32
允许偏差 检测源	$L/1000$ 且≤20mm	$L/1000$	5	0,−5	2	0,−5	5	±5	3	±5
Y10	0.22	0.36	0.12	0.13	0.92	0.95	—	—	0.63	0.65
Y16	0.89	0.87	0.67	0.67	0.62	0.63	0.85	0.83	0.85	0.86
Y17	0.92	0.93	—	—	—	—	0.35	0.56	0.35	0.46
Y18	0.57	0.61	0.37	0.32	0.33	0.36	0.59	0.65	0.58	0.69
Y19	0.49	0.47	—	—	—	—	0.37	0.45	0.11	0.13
Y20	0.89	0.91	0.51	0.57	0.54	0.58	0.87	0.95	0.52	0.58
Y24	—	—	0.83	0.81	0.81	0.85	0.16	0.13	0.83	0.81
Y25	0.89	0.88	0.56	0.52	0.57	0.56	0.36	0.42	0.41	0.43
Y26	0.29	0.28	0.88	0.89	0.89	0.88	0.59	0.27	0.89	0.58
Y30	0.49	0.48	0.18	0.13	0.019	0.015	0.08	0.06	0.08	0.07
Y31	0.08	0.07	0.58	0.53	0.69	0.65	0.37	0.43	0.53	0.51
Y33	0.28	0.25	0.13	0.15	0.29	0.25	0.18	0.16	0.18	0.17
Y34	0.19	0.18	0.15	0.18	0.25	0.22	0.13	0.15	0.13	0.12
Y38	0.31	0.29	0.18	0.13	0.15	0.11	0.08	0.06	0.08	0.07

检测项	X38	X39	X40	X42	X51	X52	X53	X54	X55	X56	X57
允许偏差 检测源	2	2	+10,0	1—合格 0—不合格	5	10	5	8	10	±5	±5
Y10	0.95	0.92	0.91	—	0.82	0.88	0.43	0.41	0.52	0.15	0.18
Y16	0.64	0.061	0.69	0.22	—	—	—	—	—	0.15	0.18
Y17	—	—	—	0.39						0.26	0.29
Y18	0.45	0.42	0.53	0.25	0.86	0.89	0.87	0.86	0.88	0.87	0.89
Y19	—	—	—	0.26						—	—
Y20	0.49	0.53	0.54	0.59	0.19	0.23	0.18	0.19	—	0.11	0.12
Y24	0.83	0.81	0.85	0.11	—	—	—	—	—	0.19	0.09
Y25	0.31	0.35	0.42	0.88	—	—	—	—	—	0.19	0.09
Y26	0.59	0.56	0.69	0.72	—	—	—	—	—	0.19	0.08
Y30	0.16	0.18	0.27	0.23	—	—	—	—	—	0.32	0.07
Y31	0.77	0.78	0.83	0.19	0.85	0.82	0.85	0.87	0.91	0.51	0.53
Y33	0.35	0.38	0.35	0.22	0.87	0.88	0.89	0.88	0.65	0.52	0.49
Y34	0.32	0.39	0.31	0.18	0.85	0.87	0.76	0.75	0.91	0.87	0.88
Y38	0.09	0.08	0.19	0.11	0.28	0.35	0.33	0.31	0.32	0.29	0.26

由表 5-3 可知，装配整体式结构剪力墙外墙偏差原因节点，集中在设计阶段的结构性能设计（Y10）、外形设计（Y17）、重量设计（Y19）、制造与运输设计（Y16）、装配与组织设计（Y18）、制造模具（Y20）、预埋件位移控制（Y24）、制造工厂（Y25）、浇筑与振捣（Y26）和制造检测（Y30）。装配阶段的工法组织（Y33）、预埋精度（Y31）和装配检测（Y38）。

偏差检测节点重点在设计阶段的模具长度（X1）、模具截面尺寸（X2）、模具对角线差（X3）、模具弯曲翘曲（X4）、模具表面平整度（X5）、模具组装缝隙（X6）、端模与侧模高低差（X7）、构件规格尺寸高度（X13）、构件规格尺寸宽度（X14）、构件规格尺寸厚度（X15）、构件规格尺寸对角线差（X16）、偏差检测节点重点设计阶段的侧向弯曲（X19）、偏差检测节点扭翘（X20）、预埋钢板中心线位置偏差（X21）、预埋钢板平面高差（X22）、预埋套筒和螺母的中心线位置偏移（X25）、预埋套筒和螺母的平面高差（X26）、预留洞中心线位置偏移（X29）、洞口尺寸深度（X30）、预留插筋中心线位置偏移（X31）、预留插筋外露强度（X32）。

偏差检测节点主要在装配阶段的灌浆套筒中心线位置（X38）、连接钢筋中心线位置（X39）、连接钢筋外露长度（X40）、外墙构件外观质量缺陷（X42）、墙（≤6m）垂直度（X51）、墙（＞6m）垂直度（X52）、墙侧面（外露）的相邻构件平整度（X53）、墙侧面（不外露）的相邻构件平整度（X54）、墙的支座和支垫中心位置（X55）、墙板接缝宽度（X56）、墙板接缝中心线位置（X57）。

装配式外挂墙板外墙主要偏差映射矩阵 表 5-4

检测项	X1	X2	X3	X4	X5	X6	X7	X13	X14
允许偏差检测源	1, −2	1, −2	3	$L/1500$ 且≤5mm	2	1	1	±3	±3
Y10	0.11	0.12	0.18	0.22	0.15	0.22	0.23	0.65	0.61
Y16	0.88	0.92	0.89	0.95	0.95	0.96	0.89	0.81	0.62
Y17	0.86	0.85	0.83	0.93	0.91	0.81	0.82	0.91	0.88
Y18	0.11	0.15	0.14	0.12	0.16	0.19	0.17	0.83	0.78
Y19	0.87	0.85	0.83	0.88	0.67	0.58	0.65	0.88	0.85
Y20	10	10	10	10	10	10	10	0.94	0.85
Y24	—	—	—	—	—	—	—	—	—
Y25	0.55	0.53	0.48	0.64	0.56	0.71	0.66	0.68	0.62
Y26	0.11	0.12	0.09	0.11	0.12	0.59	0.56	0.55	0.52
Y30	0.61	0.68	0.69	0.71	0.72	0.63	0.71	0.28	0.25
Y31	0.11	0.12	0.18	0.12	0.11	0.15	0.16	0.16	0.13
Y33	0.07	0.05	0.05	0.11	0.12	0.15	0.11	0.32	0.29
Y34	0.03	0.04	0.04	0.08	0.09	0.13	0.13	0.51	0.48
Y38	—	—	—	—	—	—	—	0.24	0.22

续表

检测项	X15	X16	X19	X20	X26	X27	X32	X33	X34
允许偏差 检测源	±2	±4	$L/1500$且≤2	$L/1500$	2	+5.0	5	5	5
Y10	0.67	0.89	0.22	0.19	0.82	0.75	0.91	0.92	0.93
Y16	0.65	0.81	0.82	0.81	0.67	0.69	0.84	0.81	0.85
Y17	0.66	0.82	0.85	0.87	—	—	0.36	0.34	0.29
Y18	0.57	0.61	0.57	0.55	0.35	0.32	0.71	0.75	0.76
Y19	0.81	0.65	0.49	0.46	—	—	0.15	0.12	0.13
Y20	0.89	0.91	0.87	0.85	0.56	0.59	0.88	0.92	0.91
Y24	—	—	—	—	0.85	0.88	0.11	0.15	0.09
Y25	0.63	0.65	0.83	0.82	0.55	0.56	0.38	0.35	0.33
Y26	0.45	0.46	0.64	0.65	0.89	0.87	0.13	0.16	0.11
Y30	0.32	0.38	0.39	0.36	0.18	0.19	0.35	0.37	0.38
Y31	0.18	0.19	0.18	0.27	0.58	0.59	0.05	0.07	0.08
Y33	0.31	0.35	0.28	0.29	0.23	0.26	0.08	0.09	0.08
Y34	0.46	0.48	0.29	0.26	0.21	0.19	0.06	0.07	0.09
Y38	0.18	0.19	0.26	0.16	0.19	0.11	0.36	0.38	0.39

检测项	X40	X51	X52	X53	X58	X59	X60	X61	X62
允许 偏差 检测源	1—合格 0—不合格	2	5	$H/2000$ ≤15	1—合格 0—不合格	1—合格 0—不合格	1—合格 0—不合格	1—合格 0—不合格	1—合格 0—不合格
Y10	—	0.43	0.82	0.88	0.89	0.89	0.89	0.89	0.89
Y16	0.22	—	—	—	0.14	0.63	0.62	0.54	0.54
Y17	0.39	—	—	—	0.51	0.23	0.51	0.51	0.51
Y18	0.25	0.87	0.86	0.89	0.33	0.61	0.61	0.53	0.53
Y19	0.26	—	—	—	0.15	0.15	0.15	0.15	0.15
Y20	0.59	0.18	0.19	0.23	0.14	0.14	0.14	0.14	0.14
Y24	0.11	—	—	—	0.62	0.62	0.35	0.42	0.42
Y25	0.88	—	—	—	0.42	0.42	0.42	0.42	0.42
Y26	0.72	—	—	—	0.22	0.61	0.22	—	—
Y30	0.23	—	—	—	0.15	0.62	0.015	0.15	0.15
Y31	0.19	0.85	0.85	0.82	0.65	0.65	0.41	—	—
Y33	0.22	0.89	0.87	0.88	0.61	0.61	0.51	0.31	0.31
Y34	0.18	0.76	0.85	0.87	0.66	0.66	0.62	0.36	0.36
Y38	0.11	0.33	0.28	0.35	0.61	0.61	0.61	0.81	0.81

从表 5-4 分析，装配式外挂墙板外墙重点偏差原因节点有设计阶段的结构性能设计（Y10）、制造与运输设计（Y16）、外形设计（Y17）、装配与组织设计（Y18）、重量设计（Y19）、制造模具（Y20）、预埋件位移控制（Y24）、制造工厂（Y25）、浇筑与振捣（Y26）和制造检测（Y30）。装配阶段的预埋精度（Y31）、工法组织（Y33）和装配检测（Y38）。

重点偏差检测节点有设计阶段的模具长度（X1）、模具截面尺寸（X2）、模具对角线差（X3）、模具弯曲翘曲（X4）、模具表面平整度（X5）、模具组装缝隙（X6）、端模与侧模高低差（X7）、外墙板高（X13）、外墙板宽（X14）。

重点偏差检测制造节点外墙板厚（X15）、外墙肋宽（X16）、外墙正面对角线差（X17）、外墙正面翘曲（X18）、外墙侧面侧向翘曲（X19）、外墙正面弯曲（X20）、预埋螺栓（孔）中心位置偏移（X26）、预埋螺栓（孔）外露长度（X27）、键槽（线支承外挂墙板）中心位置偏移（X32）、键槽（线支承外挂墙板）长度、宽度（X33）、键槽（线支承外挂墙板）深度（X34）。

重点偏差检测装配节点构件外观质量缺陷（X40）、相邻墙板平整度（X51）、墙面垂直度层高（X52）、墙面垂直度全高（X53）、节点连接焊接质量（X58）、节点连接螺栓连接质量（X59）、节点连接线支承后浇混凝土强度（X60）、节点连接金属连接节点防腐涂装（X61）、节点连接金属连接节点防火涂装（X62）。

装配式干法连接墙板结构外墙主要偏差映射矩阵　　　　表 5-5

检测项	X1	X2	X3	X4	X5	X6	X7	X13	X14
允许偏差 检测源	1，−2	1，−2	3	$L/1500$ 且≤5mm	2	1	1	±4	±4
Y10	0.11	0.12	0.18	0.22	0.15	0.22	0.23	0.21	0.22
Y16	0.88	0.92	0.89	0.95	0.95	0.96	0.89	0.83	0.81
Y17	0.86	0.85	0.83	0.93	0.91	0.81	0.82	0.89	0.85
Y18	0.11	0.15	0.14	0.12	0.16	0.19	0.17	0.73	0.67
Y19	0.87	0.85	0.83	0.88	0.67	0.58	0.65	0.81	0.82
Y20	10	10	10	10	10	10	10	0.91	0.92
Y24	—	—	—	—	—	—	—	—	—
Y25	0.55	0.53	0.48	0.64	0.56	0.71	0.66	0.76	0.53
Y26	0.11	0.12	0.09	0.11	0.12	0.59	0.56	0.19	0.15
Y30	0.61	0.68	0.69	0.71	0.72	0.63	0.71	0.28	0.28
Y31	0.11	0.18	0.09	0.12	0.11	0.15	0.16	0.48	0.48
Y33	0.07	0.05	0.05	0.11	0.12	0.15	0.11	0.28	0.28
Y34	0.03	0.04	0.04	0.08	0.09	0.13	0.13	0.16	0.16
Y38	—	—	—	—	—	—	—	0.05	0.09

检测项	X15	X16	X19	X20	X21	X22	X25	X26	X29	X30
允许偏差 检测源	±3	5	$L/1000$ 且≤20mm	$L/1000$	5	0，−5	2	0，−5	5	±5
Y10	0.21	0.21	0.22	0.36	0.12	0.13	0.92	0.95	—	—
Y16	0.85	0.88	0.89	0.87	0.67	0.67	0.62	0.63	0.85	0.83
Y17	0.87	0.91	0.92	0.93	—	—	—	—	0.35	0.56
Y18	0.55	0.58	0.57	0.61	0.37	0.32	0.33	0.36	0.59	0.65
Y19	0.84	0.82	0.49	0.47	—	—	—	—	0.37	0.45
Y20	0.91	0.93	0.89	0.91	0.51	0.57	0.54	0.58	0.87	0.95
Y24	—	—	—	—	0.83	0.81	0.81	0.85	0.16	0.13
Y25	0.63	0.83	0.89	0.88	0.56	0.52	0.57	0.56	0.36	0.42
Y26	0.12	0.15	0.29	0.28	0.88	0.89	0.89	0.88	0.59	0.27
Y30	0.32	0.36	0.49	0.48	0.18	0.13	0.19	0.15	0.08	0.06
Y31	0.42	0.16	0.08	0.07	0.58	0.53	0.69	0.65	0.37	0.43
Y33	0.22	0.28	0.28	0.25	0.13	0.15	0.29	0.25	0.18	0.16
Y34	0.12	0.16	0.19	0.18	0.15	0.18	0.25	0.22	0.13	0.15
Y38	0.08	0.09	0.31	0.29	0.18	0.13	0.15	0.11	0.08	0.06

检测项	X31	X32	X37	X43	X44	X45	X46	X47	X48	X49
允许偏差 检测源	3	±5	1-合格、 0-不合格	1，−2	1，−2	3	$L/1500$ 且≤5mm	2	1	1
Y10	0.63	0.65	—	50	100	50	80	100	±50	±50
Y16	0.85	0.86	0.22	0.82	0.88	0.43	0.41	0.52	0.15	0.18
Y17	0.35	0.46	0.39	—	—	—	—	—	0.15	0.18
Y18	0.58	0.69	0.25	—	—	—	—	—	0.26	0.29
Y19	0.11	0.13	0.26	0.86	0.89	0.87	0.86	0.88	0.87	0.89
Y20	0.52	0.58	0.59	—	—	—	—	—	—	—
Y24	0.83	0.81	0.11	0.19	0.23	0.18	0.19		0.11	0.12
Y25	0.41	0.43	0.88	—	—	—	—	—	0.19	0.09
Y26	0.89	0.58	0.72	—	—	—	—	—	0.19	0.09
Y30	0.08	0.07	0.23	—	—	—	—	—	0.19	0.08
Y31	0.53	0.51	0.19	—	—	—	—	—	0.32	0.07
Y33	0.18	0.17	0.22	0.85	0.82	0.85	0.87	0.91	0.51	0.53
Y34	0.13	0.12	0.18	0.87	0.88	0.89	0.88	0.65	0.52	0.49
Y38	0.08	0.07	0.11	0.85	0.87	0.76	0.75	0.91	0.87	0.88

从表 5-5 分析，装配式外挂墙板外墙重点偏差原因节点有设计阶段的结构性能设计（Y10）、制造与运输设计（Y16）、外形设计（Y17）、装配与组织设计（Y18）、重量设计（Y19）、制造模具（Y20）、预埋件位移控制（Y24）、制造工厂（Y25）、浇筑与振捣（Y26）和制造检测（Y30）。装配阶段的预埋精度（Y31）、工法组织（Y33）和装配检测（Y38）。

重点偏差检测节点有设计阶段的模具长度（X1）、模具截面尺寸（X2）、模具对角线差（X3）、模具弯曲翘曲（X4）、模具表面平整度（X5）、模具组装缝隙（X6）、端模与侧模高低差（X7）、外墙板高（X13）、外墙板宽（X14）。

重点偏差检测设计节点构件规格尺寸厚度（X15）、构件规格尺寸对角线差（X16）、外墙侧向弯曲（X19）。重点偏差检测制造节点外墙扭曲（X20）、预埋钢板中心线位置偏差（X21）、预埋钢板平面高差（X22）、预埋套筒、螺母中心线位置偏移（X25）、预埋套筒、螺母平面高差（X26）、预留洞中心线位置偏移（X29）、预留洞洞口尺寸、深度（X30）。重点偏差装配节点检测预留插筋中心线位置偏移（X31）、预留插筋外露强度（X32）、构件外观质量缺陷（X37）、构件垂直度墙（≤6m）（X43）、构件垂直度墙（＞6m）（X44）、相邻构件平整度墙侧面（外露）（X45）、相邻构件平整度墙侧面（不外露）（X46）、支座和支垫中心位置墙（X47）、墙板接缝宽度（X48）、墙板接缝中心线位置（X49）。

装配式叠合剪力墙主要偏差映射矩阵　　　　　表 5-6

检测项 允许偏差 检测源	X1 1，−2	X2 1，−2	X3 3	X4 L/1500 且≤5mm	X5 2	X6 1	X7 1	X13 ±4	X14 ±4
Y10	0.11	0.12	0.18	0.22	0.15	0.22	0.23	0.21	0.22
Y16	0.88	0.92	0.89	0.95	0.95	0.96	0.89	0.83	0.81
Y17	0.86	0.85	0.83	0.93	0.91	0.81	0.82	0.89	0.85
Y18	0.11	0.15	0.14	0.12	0.16	0.19	0.17	0.73	0.67
Y19	0.87	0.85	0.83	0.88	0.67	0.58	0.65	0.81	0.82
Y20	10	10	10	10	10	10	10	0.91	0.92
Y24	—	—	—	—	—	—	—	—	—
Y25	0.55	0.53	0.48	0.64	0.56	0.71	0.66	0.76	0.53
Y26	0.11	0.12	0.09	0.11	0.12	0.59	0.56	0.19	0.15
Y30	0.61	0.68	0.69	0.71	0.72	0.63	0.71	0.28	0.28
Y31	0.11	0.18	0.09	0.12	0.11	0.15	0.16	0.48	0.48
Y33	0.07	0.05	0.05	0.11	0.12	0.15	0.11	0.28	0.28
Y34	0.03	0.04	0.04	0.08	0.09	0.13	0.13	0.16	0.16
Y38	—	—	—	—	—	—	—	0.05	0.09

续表

检测项	X15	X16	X17	X20	X21	X26	X27	X30	X31
允许偏差 检测源	±3	±3	5	$L/1000$ 且≤20mm	$L/1000$	2	0，−5	5	±5
Y10	0.21	0.61	0.21	0.22	0.36	0.92	0.95	—	—
Y16	0.85	0.86	0.88	0.89	0.87	0.62	0.63	0.85	0.83
Y17	0.87	0.41	0.91	0.92	0.93	—	—	0.35	0.56
Y18	0.55	0.88	0.58	0.57	0.61	0.33	0.36	0.59	0.65
Y19	0.84	0.82	0.82	0.49	0.47	—	—	0.37	0.45
Y20	0.91	0.91	0.93	0.89	0.91	0.54	0.58	0.87	0.95
Y24	—	0.36	—	—	—	0.81	0.85	0.16	0.13
Y25	0.63	0.63	0.83	0.89	0.88	0.57	0.56	0.36	0.42
Y26	0.12	0.65	0.15	0.29	0.28	0.89	0.88	0.59	0.27
Y30	0.32	0.61	0.36	0.49	0.48	0.19	0.15	0.08	0.06
Y31	0.42	0.65	0.16	0.08	0.07	0.69	0.65	0.37	0.43
Y33	0.22	0.61	0.28	0.28	0.25	0.29	0.25	0.18	0.16
Y34	0.12	0.63	0.16	0.19	0.18	0.25	0.22	0.13	0.15
Y38	0.08	0.62	0.09	0.31	0.29	0.15	0.11	0.08	0.06

检测项	X32	X33	X37	X45	X46	X47	X48	X49	X50	X51
允许偏差 检测源	3	±5	1-合格、 0-不合格	5	10	5	8	10	±5	±5
Y10	0.63	0.65		0.82	0.88	0.43	0.41	0.52	0.15	0.18
Y16	0.85	0.86	0.22	—	—	—	—	—	0.15	0.18
Y17	0.35	0.46	0.39	—	—	—	—	—	0.26	0.29
Y18	0.58	0.69	0.25	0.86	0.89	0.87	0.86	0.88	0.87	0.89
Y19	0.11	0.13	0.26	—	—	—	—	—	—	—
Y20	0.52	0.58	0.59	0.19	0.23	0.18	0.19	—	0.11	0.12
Y24	0.83	0.81	0.11	—	—	—	—	—	0.19	0.09
Y25	0.41	0.43	0.88	—	—	—	—	—	0.19	0.09
Y26	0.89	0.58	0.72	—	—	—	—	—	0.19	0.08
Y30	0.08	0.07	0.23	—	—	—	—	—	0.32	0.07
Y31	0.53	0.51	0.19	0.85	0.82	0.85	0.87	0.91	0.51	0.53
Y33	0.18	0.17	0.22	0.87	0.88	0.89	0.88	0.65	0.52	0.49
Y34	0.13	0.12	0.18	0.85	0.87	0.76	0.75	0.91	0.87	0.88
Y38	0.08	0.07	0.11	0.28	0.35	0.33	0.31	0.32	0.29	0.26

从表 5-6 分析，装配式外挂墙板外墙重点偏差原因节点有设计阶段的结构性能设计（Y10）、制造与运输设计（Y16）、外形设计（Y17）、装配与组织设计（Y18）、质量设计（Y19）、制造模具（Y20）、预埋件位移控制（Y24）、制造工厂（Y25）、浇筑与振捣

（Y26）和制造检测（Y30）。装配阶段的预埋精度（Y31）、工法组织（Y33）和装配检测（Y38）。

重点偏差检测节点有设计阶段的模具长度（X1）、模具截面尺寸（X2）、模具对角线差（X3）、模具弯曲翘曲（X4）、模具表面平整度（X5）、模具组装缝隙（X6）、端模与侧模高低差（X7）、构件规格尺寸高度（X13）、构件规格尺寸宽度（X14）。

重点偏差检测节点有设计阶段的构件规格尺寸的厚度（含空腔）（X15）、构件规格尺寸两侧板厚度（X16）、构件规格尺寸的对角线差（X17）、检测节点有制造阶段的外墙侧向弯曲（X20）、外墙扭曲（X21）、预埋套筒、螺母中心线位置偏移（X26）、预埋套筒、螺母平面高差（X27）、检测节点有装配阶段的预留洞中心线位置偏移（X30）、预留洞洞口尺寸、深度（X31）重点偏差检测节点有装配阶段的预留插筋中心线位置偏移（X32）、预留插筋外露长度（X33）、外观质量缺陷（X37）、构件垂直度墙（≤6m）（X45）、构件垂直度墙（＞6m）（X46）、相邻构件平整度墙侧面（外露）（X47）、相邻构件平整度墙侧面（不外露）（X48）、墙的支座和支垫中心位置（X49）、墙板接缝宽度（X50）、墙板接缝中心线位置（X51）。

5.5.2　外墙偏差诊断模型学习及迭代更新

通过上节分析，找出四种主要装配式建筑外墙重点偏差原因节点和重点偏差检测节点，根据两者偏差敏感度映射矩阵，在结合具体项目对专家经验、历史案例、设计数据、制造信息、装配实操的综合应用基础上，可确定贝叶斯诊断模型结构和先验参数，从而建立装配式建筑外墙偏差诊断初始模型。同步解决小样本、不完备条件下贝叶斯网络模型的精确性问题。代入外墙偏差检测节点数据，实现对偏差原因节点推断和计算，获得装配式建筑外墙偏差贝叶斯网络后验分布，从而实现对外墙制造和装配偏差分析诊断。

通过装配式建筑外墙偏差映射矩阵，模型结构因偏差原因节点与实测节点之间的影响关系较为明确，模型结构相对稳定；节点的条件概率表随着实测数据集的不断增加而不断波动；因此，参数学习是模型学习主要更新方向[204]。

根据装配式建筑外墙偏差映射矩阵，取得模型先验参数，通过贝叶斯估计方法或最大似然估计方法实现参数更新。最大似然估计方法根据数据样本与模型参数 θ 的似然程度来判断贝叶斯网络模型与数据样本的拟合程度，似然程度通过似然函数来表达。贝叶斯估计在最大似然估计的基础上考虑了先验信息。训练样本越大，两种估计方法的计算结果越接近。因为一致性和统计效率原因，最大似然通常是机器学习中的首选估计方法。当样本数目小到会发生过拟合时，正则化策略，如权重衰减，可用于获得训练数据有限时方差较小的最大似然有偏版本[205]。而贝叶斯估计方法，通过优化贝叶斯网络的参数，使得观察到的这些数据的概率 $P(D|\theta)$ 达到最大。更新后的诊断模型是满足给定条件的最大熵模型[206]。贝叶斯网络节点条件概率越精确，模型计算结果越准确。对于后续贝叶斯网络更新所需的先验概率分布，一般是在进行贝叶斯估计前指定，如贝塔分布，还需取得概率分布的超参数估计值。在偏差原因与结果关系映射后，获得实测偏差节点的参数先验概率分布。

依据不同项目模型网络结构已知还是未知和数据集的完备程度，将装配式建筑外墙偏差诊断模型的学习更新进行分析，主要有以下四种状况，根据不同类型外墙诊断模型状态不一[207]，对应算法见表 5-7。

装配式建筑外墙偏差诊断模型学习算法分析　　　　　　表 5-7

状态	模型结构不确定	模型结构确定
数据不完备	先求模型结构，再优化结构；利用先验知识确定模型先验参数，再计算最优参数。可采用贝叶斯联合建模方法、最大期望 EM 结构算法等	主要进行模型参数的最佳概率条件表计算，可采用 MCMC 方法、基于梯度算法、高斯算法、最大后验期望算法等
数据完备	寻找最佳网络结构(将网络结构看作离散变量)，方法包括启发式搜索、蚁群算法、MDL 与 BDe 等评估函数、遗传算法等	主要进行参数学习。方法有贝叶斯估计、最大似然估计、最大后验估计、最小方差估计、矩估计等

　　将上述四种装配式建筑外墙偏差映射矩阵，作为初始模型进行参数迭代计算演绎，设每次学习数据集的样本数为 100。如图 5-5 所示是模型参数迭代更新后外墙偏差映射分布，纵坐标指偏差原因每轮迭代更新后模型参数更新重点偏差，横坐标是偏差检测参数更新迭代数量。由图 5-5 可见，模型学习后的偏差曲线趋于平缓，表明在临近两次的迭代运算中条件概率波动不大，模型概率值逐步趋向平稳。因在每轮更新结果上加了样本信息融合运算的迭代更新方法，将前期数据加以运算，提高装配式外墙偏差贝叶斯诊断模型参数的工作效率和准确率。至此，本研究建立了完整的装配式建筑外墙偏差诊断体系。

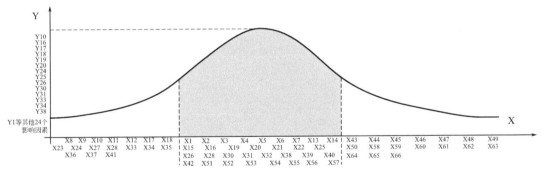

图 5-5　装配式建筑外墙偏差诊断映射分布

X—偏差检测节点；Y—偏差原因节点

5.6　本章小结

　　通过贝叶斯方法取得装配式建筑外墙设计、制造、装配偏差先验知识，基于贝叶斯网络理论对其进行偏差节点定义，分析装配式建筑外墙偏差模型结构确定方法。除贝叶斯计分法（BDe）外，采用有限元分析取得偏差敏感度矩阵，通过敏感度排序，结合专家知识获得贝叶斯模型初始结构。采用贝叶斯假设的条件期望估计方法确定模型先验参数，建立装配式建筑外墙偏差贝叶斯网络初始模型。通过贝叶斯估计，结合模型节点先验分布和实测小样本训练数据，展开对条件独立性的贝叶斯网络结构更新研究，优化模型结构有向边，对初始模型更新。通过网络模型实测节点信息熵评价，分析偏差原因节点诊断条件，采用有效独立法对外墙偏差检测节点进行优化研究。

在装配式建筑外墙偏差模型基础上,对外墙制造与装配全流程进行偏差诊断推理研究。

(1)采用贝叶斯方法对外墙检测节点偏差数据进行评估,计算偏差原因节点概率证据变量值。

(2)计算外墙偏差贝叶斯网络模型原因节点后验概率,采用贝叶斯估计方法进行结论推断,获得外墙制造与装配全过程中具体流程偏差原因识别与定位。

(3)研究外墙偏差贝叶斯网络诊断模型在小样本、不完整实测和噪声因素条件下的诊断有效率,对模型诊断结论有效性进行评价。

根据外墙偏差贝叶斯网络模型,采用有限元模拟方法对装配式建筑外墙开展偏差分析,进行偏差原因节点与偏差检测节点敏感度映射,建立装配式建筑外墙偏差映射矩阵。在贝叶斯网络学习框架下建立涵盖历史数据和专家经验等先验知识诊断体系,利用外墙实测数据更新外墙偏差检测节点实时证据变量,实现算法持续学习,诊断模型迭代更新,建立装配式建筑外墙偏差诊断体系。

第6章 装配式建筑外墙偏差诊断方法工程应用

6.1 引言

本章在前5章理论研究的基础上，将装配式建筑外墙偏差诊断具体流程分为模型建立、测点优化和诊断分析三个阶段。选取四种外墙代表性案例，根据装配式建筑外墙偏差诊断体系理论，依据设计、制造和装配偏差先验知识，采用有限元模拟方法对项目开展偏差分析，在贝叶斯网络学习框架下建立不同类型外墙的偏差诊断模型。通过装配式建筑外墙偏差映射矩阵和外墙主要偏差原因及偏差检测节点分布，对模型结构进行结构优化，利用外墙制造、装配中模具和实体检测数据，对模型参数进行不断更新，基于偏差原因节点有效独立性准则，根据外墙偏差检测节点对偏差原因节点的敏感度分析，开展实测节点设计优化，建立实测节点到偏差原因节点的诊断信息矩阵。定义平均互信息为评价指标，反映实测数据对偏差原因变量映射程度。通过对检测节点映射偏差原因节点敏感度由大到小排序，依次删除敏感度最小偏差节点，删减非关键有向边和非关键节点，获得最佳检测设计方案，对模型进行整体优化，通过贝叶斯网络节点计算实现模型诊断学习和更新，对外墙制造与装配过程中主要偏差进行推理诊断，对装配式建筑外墙偏差诊断理论解决具体问题的实用性和科学性进行论证。并且，从设计、制造和装配三个方面指出装配式建筑外墙偏差控制和优化措施[208]。流程见图6-1。

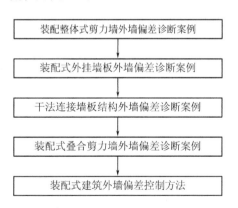

图 6-1 装配式建筑外墙偏差诊断方法工程应用研究流程

6.2 案例一：高层装配整体式结构剪力墙外墙

6.2.1 项目简介

本案例选取国内某超高层装配式混凝土结构建筑，项目位于长沙市。设计采用装配整体式剪力墙结构体系，抗震设防等级按 6 度区设防，抗震等级为三级，地面建筑层数超过 40 层，高度超 100m，装配率为 50.3％。项目采用装配整体式剪力墙技术、整体式外爬架、新型套筒灌浆技术、铝模井字支撑体系、铝模压槽技术、贝叶斯网络外墙偏差诊断技术和 BIM 智慧工地应用技术。现以 1 号楼为例进行阐述，见图 6-2。

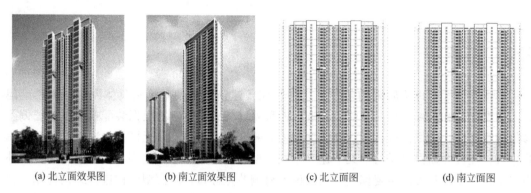

(a) 北立面效果图　　(b) 南立面效果图　　(c) 北立面图　　(d) 南立面图

图 6-2　某装配整体式结构剪力墙外墙案例立面效果

外墙设计有预制夹心混凝土剪力墙外墙和预制含梁外隔墙两种形式。其中，预制夹心混凝土剪力墙外墙，是在工厂生产的结构保温一体化集成剪力墙[209]。通过现场预留钢筋与主体结构通过套筒灌浆连接，作为建筑承重外墙。设计厚度 300mm；由 200mm 混凝土板、50mm 难燃型挤塑聚苯板、50mm 混凝土板外叶板组成；外饰面为真石漆，在外墙安装后喷涂。预制含梁外隔墙设计 50mm 混凝土板、100mm 难燃型挤塑聚苯板、50mm 混凝土板、50mm 难燃型挤塑聚苯板、50mm 混凝土板外叶板组成。外墙接缝及门窗洞口等防水薄弱部位设计采用材料防水和构造防水相结合[210]。外墙水平缝按高低缝设计，见图 6-3、图 6-4。

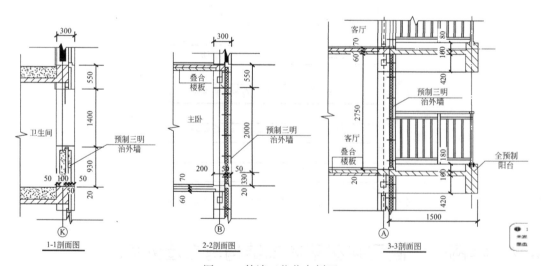

图 6-3　外墙工艺节点剖面

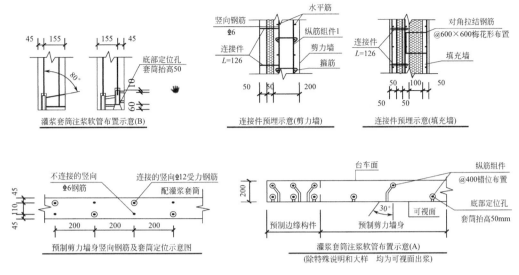

图 6-4　外墙连接节点设计

6.2.2　偏差模型建立

案例 1 栋共 43 层，其中 1～5 层是现浇混凝土转化层，6～42 层为装配式结构标准层，本研究选取 8 层和 9 层作为训练样本实测层，根据本书第 2～4 章分析，进行装配整体式剪力墙结构外墙深化设计，见图 6-5、图 6-6。

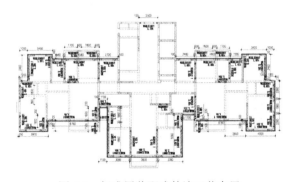

图 6-5　标准层装配式外墙工艺布置

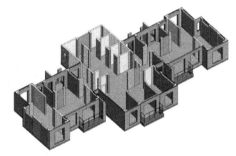

图 6-6　标准层装配式外墙 BIM 模型

根据外墙深化设计，标准层共设计 43 个构件，每个构件在制造阶段共有 47 项检测，在装配阶段 10 项检测，在装配方案及实体检测 9 项，共 66 项。累计 2838 个检测项。外墙构件拆分设计信息见表 6-1 和表 6-2。

标准层装配式外墙产品编码及信息　　　　　　　　表 6-1

序号	板板编号	尺寸 （mm×mm×mm）	质量(t)	灌浆套筒	门窗洞	夹心保温	复杂度
1	WGQLX102	2500×200×2720	3.2	0	1	1	B

续表

序号	板板编号	尺寸 (mm×mm×mm)	质量(t)	灌浆套筒	门窗洞	夹心保温	复杂度
2	WGQX206	600×200×2170	0.7	0	0	0	C
3	WGQLX303	3400×300×2930	2.0	0	1	1	A
4	GQX503	1200×100×2910	0.8	0	1	0	C
5	WGQLX803	6760×300×2930	4.0	0	1	1	A
6	WGQY1502	4660×300×2930	7.2	1	0	1	A
7	WGQLY1601	1780×300×2930	1.6	0	1	1	B

注：1—有；0—无；A—难；B—中；C—易。

标准层装配式外墙产品统计 表 6-2

标准层建筑面积	X 向装配式外墙个数	Y 向装配式外墙个数	标准层装配式外墙个数
393m^2	24	19	43

通过第 5 章装配式建筑外墙偏差诊断矩阵表 5-3，确定装配整体式剪力墙外墙偏差诊断模型结构和先验参数。采用模拟影响系数法，利用 Abaqus 等有限元分析软件和 SPSS 统计分析软件，结合 Netica 软件和 Matlab 程序综合应用来实现建模，见图 6-7。初始模型非常复杂，输入输出节点众多，计算量非常大。首先，必须对结构进行优化，根据偏差诊断矩阵计算重点偏差原因及偏差观测节点；对观测节点进行优化设计[217]，见图 6-8。

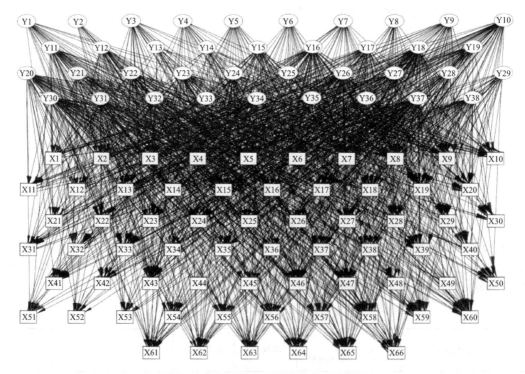

图 6-7 装配式剪力墙外墙偏差初始模型

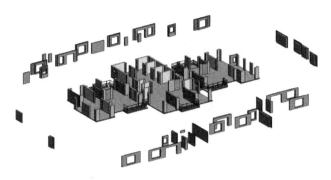

图 6-8　装配式剪力墙外墙拆分示意

6.2.3　偏差测点优化

为提高模型的运算效率，优化实测节点数据集后，可去掉多余测量节点和有向边，因其他测点都是偏差原因节点的叶节点，可以忽略其对其他变量联合概率分布的影响[218]。只需保存优化后实测节点集数据，保证优化后实测节点与模型的根节点的条件概率表不变。然后，可依据实测信息展开贝叶斯偏差模型结构和参数学习。有了节点之间的条件概率计算，结合实测数据和初始条件概率表进行融合运算，从而取得实测节点和偏差原因节点之间的条件互信息矩阵。依据独立性检验完成对有交互作用关联的非父节点到检测节点有向边的添加和初始模型结构里多余有向边的精简；从而，通过独立性检验算法实现模型的结构更新[219]。

1. 制造阶段偏差测点优化

本节对项目外墙产品的工厂生产过程进行数据监测，分析装配整体式剪力墙外墙在工厂制造阶段的主要观测节点，对制造工艺、生产平台、模具设施、起吊运输的关键节点进行数据采纳收集，通过贝叶斯网络模型理论对变量证据集进行数据分析，得到最佳观测节点优化，见图 6-9。

图 6-9　外墙制造过程偏差检测

根据验收规范要求，为满足图 6-10 制造阶段所需的 47 项检测节点要求，选取代表性外墙构件 WGQY103 进行模具和实体测点全覆盖设计，如图 6-11 所示。统计得出优化后的标准层模具测点数量共 4322 个，外墙产品测点数量 5271 个，共计 9593 个。

贝叶斯网络先验模型结合装配式剪力墙外墙偏差诊断矩阵见表 5-3，对图 6-11 中代表

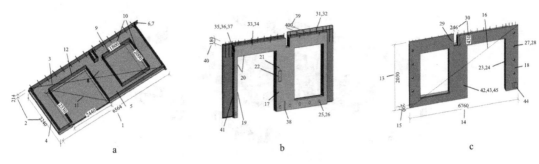

图 6-10　WGQY103 外墙偏差检测节点设计（编号详见附录 B）

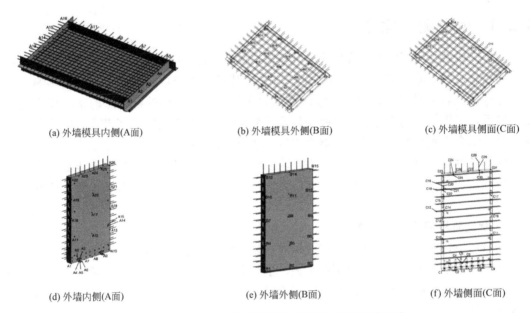

(a) 外墙模具内侧(A面)　　(b) 外墙模具外侧(B面)　　(c) 外墙模具侧面(C面)

(d) 外墙内侧(A面)　　(e) 外墙外侧(B面)　　(f) 外墙侧面(C面)

图 6-11　WGQY103 外墙模具及产品偏差检测初始设计

性外墙产品进行观测节点一次优化，优化结果见图 6-12。统计得出，优化后的标准层模具测点数量共 2196 个，外墙产品测点数量 3004 个，共计 5200 个。

根据偏差敏感度矩阵与实测信息进行融合应用，对贝叶斯网络模型再次进行更新学习，对图 6-12 中代表性外墙产品再次进行观测节点优化，优化结果见图 6-13。再次统计，得到最优标准层模具测点数量共 1170 个，外墙产品测点数量 1819 个，共计 2989 个。

通过代入实测信息在贝叶斯偏差初始模型基础上，更新各个节点的条件概率。通过外墙偏差原因和偏差实测节点间的信息熵，取得互信息数据矩阵 I，从而创立偏差诊断识别矩阵 T。根据规范给定的实测节点数量 m_g，根据有效独立法原则，从 T 中依次删除贡献度最小实测节点，得到更新后的优化结果[220]，见图 6-12 和图 6-13。选取代表性外墙构件WGQLX802 进行模具和实体测点全覆盖设计，如图 6-14～图 6-16 所示，外墙产品观测节点优化方法同外墙 WGQY103。

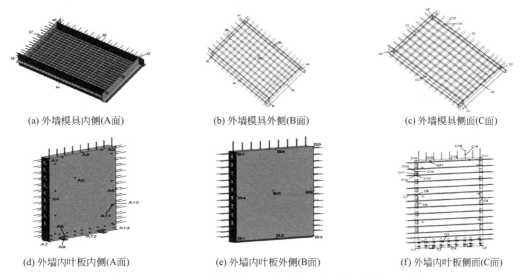

(a) 外墙模具内侧(A面)　　(b) 外墙模具外侧(B面)　　(c) 外墙模具侧面(C面)

(d) 外墙内叶板内侧(A面)　　(e) 外墙内叶板外侧(B面)　　(f) 外墙内叶板侧面(C面)

图 6-12　WGQY103 外墙模具及产品偏差检测第一轮优化设计

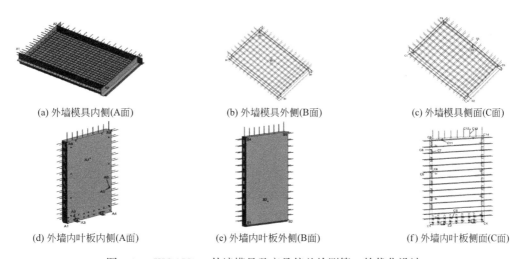

(a) 外墙模具内侧(A面)　　(b) 外墙模具外侧(B面)　　(c) 外墙模具侧面(C面)

(d) 外墙内叶板内侧(A面)　　(e) 外墙内叶板外侧(B面)　　(f) 外墙内叶板侧面(C面)

图 6-13　WGQY103 外墙模具及产品偏差检测第二轮优化设计

2. 装配阶段偏差测点优化

通过装配阶段观测节点方案的及时优化，实现对外墙安装的过程质量管控，根据施工图纸、吊装专项施工方案、《混凝土结构工程施工质量验收规范》GB 50204—2015、《装配式混凝土建筑施工规程》T/CCIAT 0001—2017 和《装配式混凝土建筑工程施工质量验收规程》T/CCIAT 0008—2019，对 1 号楼第 8～9 层装配式剪力墙板的水平位置、标高、垂直度、接缝偏差等各项参数进行检测复核，实现对所有剪力墙板安装检测进行全覆盖。经过对检测复核结果进行统计发现，无论是主控项目还是一般项目，定性检验的项目基本质量受控，问题基本都出在定量检验项目上。构件进场验收主要集中在构件的尺寸偏差、键槽的尺寸、预埋件的位置偏差，现场安装环节主要集中在墙体底面和顶面的标高控制、墙体中心线对轴线的尺寸偏差、墙板侧面的平整度、接缝尺寸的偏差，见图 6-17。

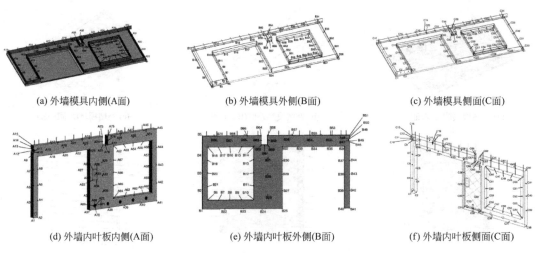

(a) 外墙模具内侧(A面)　　　　　(b) 外墙模具外侧(B面)　　　　　(c) 外墙模具侧面(C面)

(d) 外墙内叶板内侧(A面)　　　　　(e) 外墙内叶板外侧(B面)　　　　　(f) 外墙内叶板侧面(C面)

图 6-14　WGQLX802 外墙模具及产品偏差检测初始设计

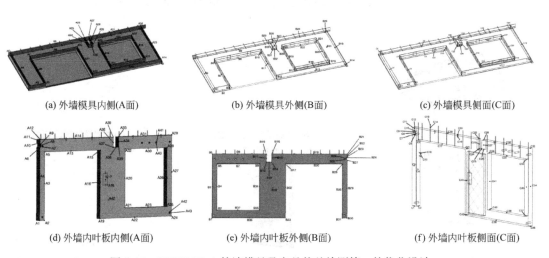

(a) 外墙模具内侧(A面)　　　　　(b) 外墙模具外侧(B面)　　　　　(c) 外墙模具侧面(C面)

(d) 外墙内叶板内侧(A面)　　　　　(e) 外墙内叶板外侧(B面)　　　　　(f) 外墙内叶板侧面(C面)

图 6-15　WGQLX802 外墙模具及产品偏差检测第一轮优化设计

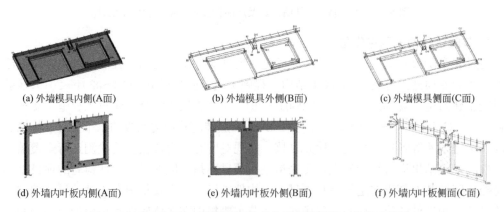

(a) 外墙模具内侧(A面)　　　　　(b) 外墙模具外侧(B面)　　　　　(c) 外墙模具侧面(C面)

(d) 外墙内叶板内侧(A面)　　　　　(e) 外墙内叶板外侧(B面)　　　　　(f) 外墙内叶板侧面(C面)

图 6-16　WGQLX802 外墙模具及产品偏差检测第二轮优化设计

图 6-17　外墙装配偏差现场检测

根据验收规范要求，为满足装配验收阶段所需的 19 项检测要求，特选取代表性外墙构件进行水平组合和上下层模型仿真测点全覆盖设计，如图 6-18 所示。统计得出，第 8 层与第 9 层两个标准层实体观测节点设计数量共 3817 个。

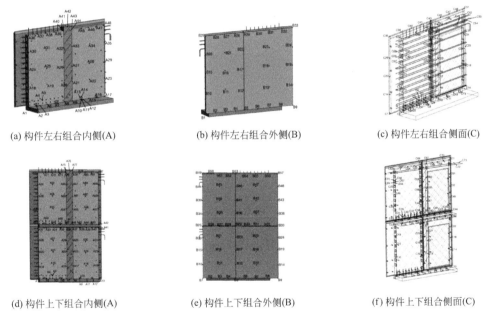

(a) 构件左右组合内侧(A)　　　(b) 构件左右组合外侧(B)　　　(c) 构件左右组合侧面(C)

(d) 构件上下组合内侧(A)　　　(e) 构件上下组合外侧(B)　　　(f) 构件上下组合侧面(C)

图 6-18　外墙装配偏差检测初始设计

根据贝叶斯网络先验模型，结合节点之间的贡献度矩阵优化结果表 5-3，对图 6-18 中第 8 层和第 9 层两个标准层外墙进行装配观测节点优化，优化结果见图 6-19。统计得出，优化后的测点数量共计 1041 个。

对模型再次进行更新学习，对图 6-19 中第 8 层和第 9 层两个标准层外墙再次进行观测节点优化，优化结果见图 6-20。再次统计，得到连续两个标准层最优观测节点数量共计 550 个。

通过贝叶斯网络模型，对制造和装配阶段的测点进行两轮优化后，可得制造阶段从全覆盖测点 9593 个优化到 2989，优化率达 69%；装配阶段从测点全覆盖 3817 个精简到 550 个，优化率达 86%。从而，极大地提升模型运算效率。

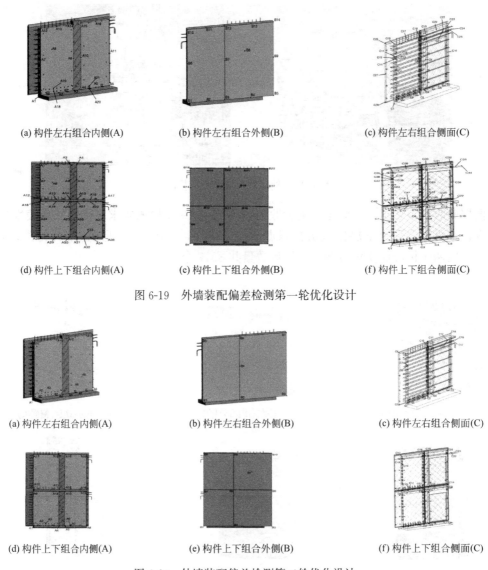

(a) 构件左右组合内侧(A)　　　　(b) 构件左右组合外侧(B)　　　　(c) 构件左右组合侧面(C)

(d) 构件上下组合内侧(A)　　　　(e) 构件上下组合外侧(B)　　　　(f) 构件上下组合侧面(C)

图 6-19　外墙装配偏差检测第一轮优化设计

(a) 构件左右组合内侧(A)　　　　(b) 构件左右组合外侧(B)　　　　(c) 构件左右组合侧面(C)

(d) 构件上下组合内侧(A)　　　　(e) 构件上下组合外侧(B)　　　　(f) 构件上下组合侧面(C)

图 6-20　外墙装配偏差检测第二轮优化设计

6.2.4　偏差诊断分析

　　根据偏差原因根节点的先验条件概率表，在取得实测数据后，依据贝叶斯定理推理出各偏差原因节点的后验概率表，成为偏差原因识别诊断的基础。通过有限元分析获得的外墙偏差的敏感度矩阵，表示偏差节点对偏差原因特征的相对敏感程度值[221]。结合第 3 章制造允许偏差和第 4 章允许偏差要求，得到贡献度矩阵，见表 6-3。根据第 5 章外墙偏差诊断评价体系建立项目初始诊断模型，见图 6-7。在建立贝叶斯诊断模型后，可汇集偏差的敏感度矩阵与实测信息进行融合应用，从而对模型进行第一轮更新，见图 6-21。

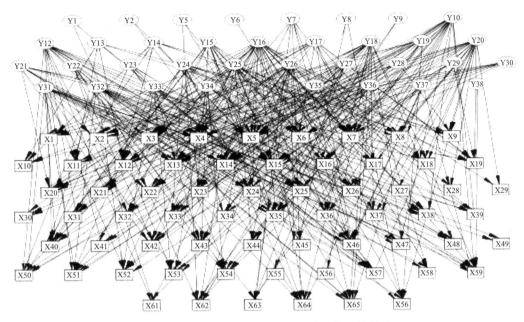

图 6-21　装配式剪力墙外墙偏差模型第一轮学习

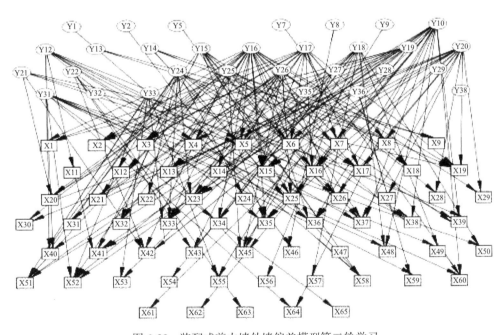

图 6-22　装配式剪力墙外墙偏差模型第二轮学习

　　暂先不考虑对实测节点偏差影响因子非常小的误差等偏差原因，设偏差原因节点对实测节点累积贡献度阈值是 95%，则通过映射取得贝叶斯偏差初始识别诊断模型结构。用 1 表示节点状态正常，用 0 表示节点状态异常，根据第 5 章理论确定外墙偏差原因节点，根据外墙偏差诊断评价体系建立诊断模型结构和参数的先验分布。通过实测数据采集，并离散化处理后，代入模型进行运算，根据诊断结果，将有异常状态记作 R1，合格状态记作 R2。模型诊断有效状态记作 T，无效状态记作 W。通过实测节点偏差敏感度矩阵和分布假设的映射运算可得实测节点的条件概率表[222]。在第一轮模型更新基础上，结合优化后测点数据，对模型进行第二轮更新，见图 6-22。根据外墙构件实测数据节点证据变量对贝叶斯网络进行推理，获得各偏差源节点的后验概率，导入模型进行计算，诊断结果如表 6-3 所示。

装配式剪力墙外墙偏差诊断结果 表 6-3

| 偏差检测节点 | 代表性外墙构件 | | | | | | | 识别诊断 | | 状态 |
	WGQLX102	WGQX206	WGQLX303	WGQLY1502	WGQLX803	WGQLY1601	GQX503	偏差原因	概率	
X1~X7	R1	R2	R1	R2	R2	R2	R2	Y20	96%	T
X13~X16	R2	R2	R2	R1	R1	R2	R2	Y16/Y17/Y20	95%	T
X19~X20	R2	R2	R2	R2	R1	R2	R2	Y20/Y21	93%	T
X21~X26	R2	R2	R2	R2	R2	R2	R2	Y24/Y26	86%	T
X27~X30	R2	—	R1	—	R1	R2	R2	Y16/Y20	88%	T
X38~X40	—	—	R2	R1	—	—	—	Y24/Y26/Y31	90%	T
X43	R2	R2	R2	R2	R2	R2	R2	Y10/Y22/Y26	98%	T
X46	R2	—	R2	R2	R2	R2	R2	Y2/Y8	83%	T
X48~X57	R1	R2	R2	R1	R1	R2	R2	Y18/Y31/Y33/Y34	93%	T
X58	R2	R2	R2	R2	R1	R2	R2	Y1	95%	T
X59	R2	R2	R2	R2	R2	R2	R2	Y18/Y33/Y34/Y36	91%	T
X60	—	—	R2	R2	—	—	—	Y33/Y34	100%	T
X61	R2	R2	R2	R2	R2	R2	R2	Y33/Y34	100%	T
X63~X66	R2	R2	R2	R2	R2	R2	R2	Y22/Y25/Y34/Y20	100%	T

实践证明，设计阶段主要偏差源集中在结构、外形、质量、制造与运输、装配与组织设计；制造阶段主要偏差源集中在模具、预埋件固定、制造流程和振捣工艺；装配阶段主要偏差源集中在装配工法、预埋精度和装配组织；其中，制造和装配的现场检测对偏差定位有一定影响。外墙偏差重点检测节点集中在制造阶段的模具、预埋钢板、灌浆套筒及连接钢筋的检测，装配阶段的构件垂直度、相邻构件平整度和墙板接缝的检测。非敏感偏差源对检测项的影响波动较小，根据证据变量值进行概率推理后，基于贝叶斯网络的诊断方法同样能给出正确的诊断结果[223]。通过有限元分析及 SPSS 软件，进一步分析在多偏差源同时作用下，外墙贝叶斯网络实测节点的证据变量组合值。表 6-4 为后验阈值设为 70% 时，多偏差因子影响下模型诊断结果，结果表明模型对多影响因子偏差识别能有效诊断。与第 5 章装配式建筑外墙偏差诊断体系理论分析一致；验证理论方法的有效性。

装配式剪力墙外墙多影响因子偏差诊断结果　　　表 6-4

已知多偏差因子组合作用	代表性外墙构件							组合概率			状态
	WG QLX 102	WG QX 206	WG QLX 303	WG QLY 1502	WG QLX 803	WG QLY 1601	GQX 503	K_{1c}	K_{2c}	K_{3c}	
Y10/Y17/Y19	R2	R2	R2	R1	R2	R2	R2	91%	89%	85%	T
Y24/Y25/Y26	R1	R2	R2	R1	R2	R2	R2	94%	87%	92%	T
Y33/Y31/Y34	R2	R2	R2	R1	R2	R1	R2	88%	91%	89%	T
Y16/Y20/Y31	R2	R2	R2	R1	R1	R2	R2	86%	89%	90%	T

贝叶斯网络在全证据变量条件下可以实现偏差源的有效诊断，但考虑实测节点可能出现的误差、测点失效、统计误差等噪声因素，因此，现场采取随机删除部分检测数据。在表 6-3 的基础上采用蒙特卡洛方法，对有部分缺失数据集生成随机测试集 I，I 中覆盖已知所有偏差原因及实测节点状态值[224]。表 6-5 为模型在不完备证据变量情况下的诊断结果。

装配式剪力墙外墙偏差不完备证据变量诊断结果　　　表 6-5

偏差检测节点	代表性外墙构件							识别诊断		状态
	WG QX 205	WG QLX 407	WG QLX 411	WG QY 1602	WG QLX 904	WG QLX 702	WG QLY 2002	偏差原因节点	概率	
X1～X7	R2	R2	—	R2	—	R1	—	Y20	83%	T
X13～X16	R2	—	—	R2	R1	R2	—	Y16/Y17/Y20	91%	T
X19～X20	—	—	—	R2	R2	R1	—	Y20/Y21	88%	T
X21～X26	R1	R1	—	R2	R2	R1	—	Y24/Y26	94%	T
X27～X30	R2	—	—	—	R2	R2	R2	Y16/Y20	92%	T
X38～X40	—	—	—	R2	—	—	—	Y24/Y26/Y31	81%	T
X43	—	R1	—	—	R1	R2	—	Y10/Y22/Y26	85%	T
X46	R1	R2	—	—	R2	—	R1	Y2/Y8	93%	T
X48～X57	—	—	—	R2	—	R2	—	Y18/Y31/Y33/Y34	87%	T
X58	R2	—	—	—	R2	R2	—	Y1	89%	T
X59	—	—	R2	R1	—	R2	—	Y18/Y33/Y34/Y36	86%	T
X60	R2	—	R2	—	R2	—	—	Y33/Y34	95%	T
X61	—	—	R2	—	—	R1	—	Y33/Y34	84%	T
X63～X66	R2	R2	—	—	R2	—	—	Y22/Y25/Y34/Y20	96%	T

通过上述分析，可见贝叶斯外墙偏差网络，采用对装配式建筑外墙特征提取和模拟偏差分析，结合样品试生产、小规模加工和正常制造、运输、装配过程的实测信息，建立起完整的贝叶斯评估模型，并且伴随外墙制造和装配过程的进程不断更新学习，及时识别偏差进行预警诊断，确保大规模制造和装配生产组织的有序进展。通过实践发现，贝叶斯装配偏差诊断模型能在给定制造和装配过程节点质量状态实时检测，即可获得实时诊断结果；并且，根据贝叶斯网络理论，模型具有多流程偏差诊断能力，识别和诊断效率和准确率均较高[225]。

通过上述诊断，依据装配式建筑外墙偏差诊断体系，通过该偏差重点区间分布图和外墙偏差贝叶斯网络模型，能快速提升后续楼层外墙产品一次合格率，在本项目后续楼层应用中，制造阶段产品一次检测通过率提升 7.62%，装配阶段检测一次合格率提升 5.43%。

6.3 案例二：装配式外挂墙板外墙

6.3.1 项目简介

该项目为某公寓项目，总建筑面积约 16000m²，项目包括南北两栋建筑，南栋建筑面积约 7700m²，地上 16 层，采用装配整体式剪力墙结构体系。预制装配率达 56%；北栋建筑面积约 8300m²，地上 16 层，地下局部 1 层，采用装配整体式框架-剪力墙结构体系，预制装配率达 77%，现以北栋建筑为例进行阐述，见图 6-23。

  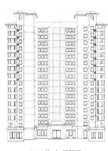 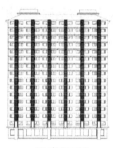

(a) 北立面效果图   (b) 南立面效果图   (c) 北立面图   (d) 南立面图

图 6-23 某装配式外挂墙板外墙案例立面效果

项目外墙板采用框混体系（预制暗梁墙结合现浇剪力墙），外墙墙体包括预制暗梁墙（梁结合填充墙）、预制混凝土单板形式。其中，预制暗梁墙（梁结合填充墙）混凝土强度为 C35，墙厚 300mm：由外叶墙、内叶墙及保温层构成，内、外叶通过预埋连接件连接；预制混凝土单板（外挂板）混凝土强度为 C35。墙体工艺及连接工法见图 6-24 和图 6-25。

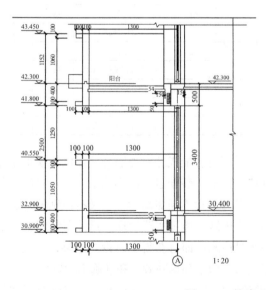 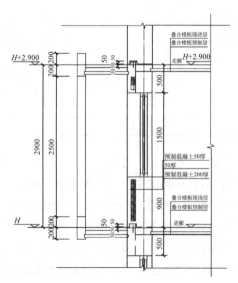

图 6-24 外墙工艺节点剖面

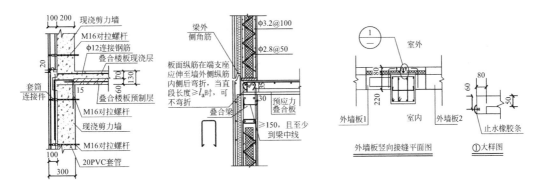

图 6-25　外墙连接节点设计

6.3.2　偏差模型建立

本项目 2～16 层为装配式结构标准层，本次研究选取 3 层作为训练样本实测层，根据第 2～4 章分析，进行装配式结构外墙深化设计，见图 6-26 和图 6-27。

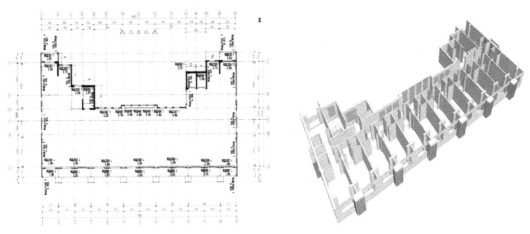

6-26　标准层装配式外墙工艺布置　　　　图 6-27　标准层装配式外墙 SU 模型

根据外墙深化设计，标准层每层共设计 48 个构件，每个构件包括制造阶段 48 个检测项，装配阶段 18 项检测，共 66 项检测项。外墙构件拆分设计信息见表 6-6 和表 6-7。

标准层装配式外墙产品编码及信息　　　　　　　　　　　　表 6-6

序号	板板编号	尺寸(mm×mm×mm)	质量(t)	门窗洞	夹心保温	复杂度
1	WGQX304	2130×100×4710	2.5	0	0	C
2	WGQX401	5590×300×2880	4.2	1	1	A
3	WGQX403	560×160×2800	0.5	0	1	C
4	WGQX501	3180×300×2740	1.7	1	1	B
5	WGQX601	3270×100×2880	1.7	1	0	C
6	WGQLY102	6060×300×2880	6.3	1	1	A
7	WGQLY701	1300×200×2880	0.6	1	0	C

标准层装配式外墙产品统计

表 6-7

标准层建筑面积	X 向装配式外墙个数	Y 向装配式外墙个数	标准层装配式外墙个数
95.94m²	31	17	48

采用有限元分析计算取得仿真模拟数据集，作为贝叶斯网络建模的先验知识，再融合各检测节点估计方差，通过第 5 章装配式建筑外墙偏差诊断矩阵表 5-4，确定模型结构和先验参数，建立装配式外挂墙板外墙偏差诊断初始模型，见图 6-28。由图 6-28 可知，模型结构非常复杂，计算量非常大；首先必须对模型结构进行优化，关键步骤是外墙偏差检测节点设计优化[225]，见图 6-29。

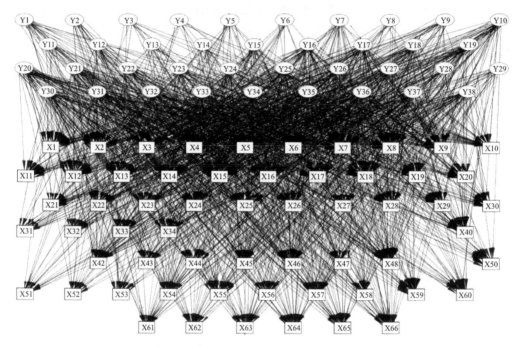

图 6-28　装配式外挂墙板外墙偏差初始模型

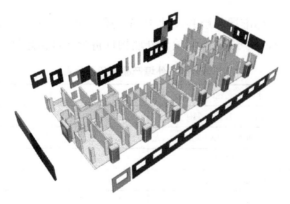

图 6-29　装配式外挂墙板外墙拆分示意

6.3.3 偏差测点优化

为提高模型的运算效率，优化实测节点数据集后，可去掉多余测量节点和有向边，因其他测点都是偏差原因节点的叶节点，可以忽略其对其他变量联合概率分布的影响，只需保证优化后根节点和实测节点概率表稳定。

1. 制造阶段偏差测点优化

本节对该项目生产过程进行数据监测，分析 PC 外墙板构件在工厂制造阶段的主要偏差影响因子，对工艺流程、操作内容、设备、作业人员进行数据收集，通过贝叶斯网络模型对偏差影响因子进行数据采纳分析，从而得到最佳观测节点优化，见图 6-30。

图 6-30 外墙制造过程偏差检测

根据验收规范要求，为满足制造阶段所需的 48 项检测要求，选取代表性构件外墙 WGQLY802 进行模具和实体测点全覆盖设计，如图 6-31 所示。统计得出，优化后的标准层模具测点数量共 4731 个，外墙产品测点数量 5823 个，共计 10554 个。

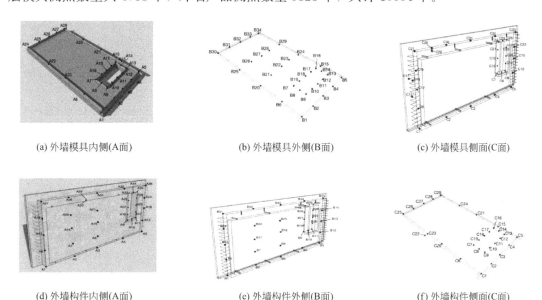

(a) 外墙模具内侧(A面)　　　　　(b) 外墙模具外侧(B面)　　　　　(c) 外墙模具侧面(C面)

(d) 外墙构件内侧(A面)　　　　　(e) 外墙构件外侧(B面)　　　　　(f) 外墙构件侧面(C面)

图 6-31 WGQLY802 外墙模具及产品偏差检测初始设计

根据贝叶斯网络先验模型结合装配式建筑外墙偏差诊断矩阵见表5-4，对图6-31中代表性外墙产品进行观测节点一次优化，优化结果见图6-32。统计得出，优化后的标准层模具测点数量共2365个，外墙产品测点数量2911个，共计5276个。

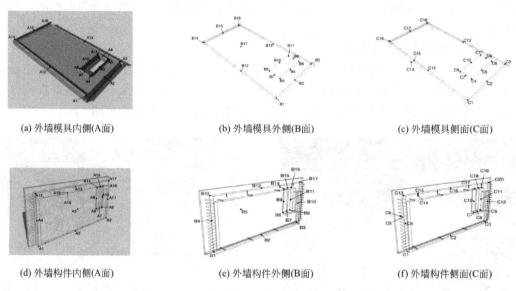

(a) 外墙模具内侧(A面)   (b) 外墙模具外侧(B面)   (c) 外墙模具侧面(C面)

(d) 外墙构件内侧(A面)   (e) 外墙构件外侧(B面)   (f) 外墙构件侧面(C面)

图 6-32   WGQLY802 外墙模具及产品偏差检测第一轮优化设计

再次进行更新学习，对图6-32中代表性外墙产品再次进行观测节点优化，优化结果见图6-33。再次统计得到最优标准层模具测点数量共1128个，外墙产品测点数量1455个，共计2583个。

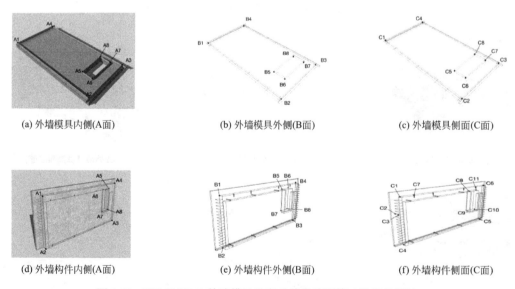

(a) 外墙模具内侧(A面)   (b) 外墙模具外侧(B面)   (c) 外墙模具侧面(C面)

(d) 外墙构件内侧(A面)   (e) 外墙构件外侧(B面)   (f) 外墙构件侧面(C面)

图 6-33   WGQLY802 外墙模具及产品偏差检测第二轮优化设计

2. 装配阶段偏差测点优化

经过对检测复核结果进行统计发现，无论是主控项目还是一般项目，定性检验的项目基本质量受控，问题基本都出在定量检验项目上。构件进场验收主要集中在构件的尺寸偏差、键槽的尺寸、预埋件的位置偏差，现场安装环节主要集中在墙体底面和顶面的标高控制、墙体中心线对轴线的尺寸偏差、墙板侧面的平整度、接缝尺寸的偏差。对墙体 PC 构件安装进行现场偏差检测记录，见图 6-34。

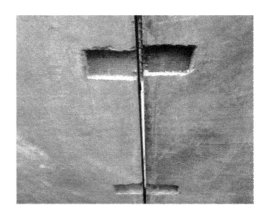

图 6-34　外墙装配偏差现场检测

　　根据验收规范要求，为满足装配验收阶段所需的 18 项检测要求，特选取代表性构件进行水平组合和上下层模型仿真测点全覆盖设计，如图 6-35 所示。统计得出，实体观测节点设计数量共 4221 个。

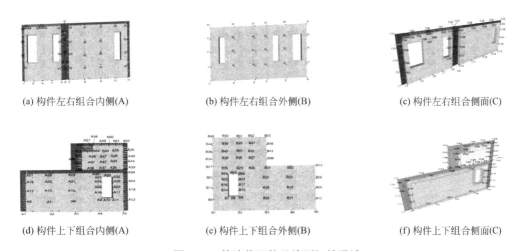

(a) 构件左右组合内侧(A)　　　　　(b) 构件左右组合外侧(B)　　　　　(c) 构件左右组合侧面(C)

(d) 构件上下组合内侧(A)　　　　　(e) 构件上下组合外侧(B)　　　　　(f) 构件上下组合侧面(C)

图 6-35　外墙装配偏差检测初始设计

　　根据贝叶斯网络先验模型结合装配式建筑外墙偏差诊断矩阵表 5-4，对图 6-35 中第 3 层和第 4 层两个标准层外墙进行装配观测节点优化，优化结果见图 6-36。统计得出，优化后的测点数量共计 2110 个。

　　再次进行更新学习，对图 6-36 中第 3 层和第 4 层两个标准层外墙再次进行观测节点优化，优化结果见图 6-37。再次统计，得到连续两个标准层最优观测节点数量共计 1055 个。

　　通过贝叶斯网络模型，对制造和装配阶段的测点进行两轮优化后，可得制造阶段从全覆盖测点 10554 个优化到 2583，优化率达 76%；装配阶段从测点全覆盖 4221 个精简到

(a) 构件左右组合

(b) 构件上下组合

图 6-36　外墙装配偏差检测第一轮优化设计

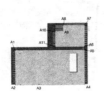

(a) 构件上下组合内侧(A)

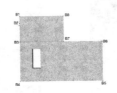

(b) 构件上下组合外侧(B)

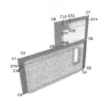

(c) 构件上下组合侧面(C)

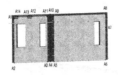

(d) 构件左右组合内侧(A)

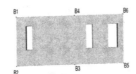

(e) 构件左右组合外侧(B)

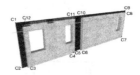

(f) 构件左右组合侧面(C)

图 6-37　外墙装配偏差检测第二轮优化设计

1055 个，优化率达 75%。从而，极大地提升模型的运算效率。

6.3.4　偏差诊断分析

根据偏差原因根节点的先验条件概率表，在取得实测数据后，依据贝叶斯定理结合实测数据，推理出各偏差原因节点的后验概率表，成为偏差原因识别诊断的基础。在建立贝叶斯诊断模型后，可汇集偏差的敏感度矩阵与实测信息进行融合应用，从而对模型进行第一轮更新，见图 6-38。

在第一轮模型更新基础上，结合优化后测点数据，对模型进行第二轮更新，见图 6-39。

根据外墙构件实测数据节点证据变量对贝叶斯网络进行推理，获得各偏差源节点的后验概率，带入模型进行计算，诊断结果如表 6-8 所示。

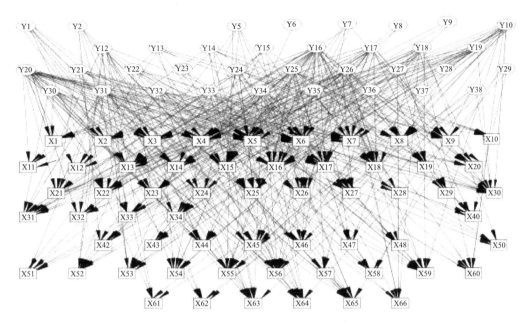

图 6-38 装配式外挂墙板外墙偏差模型第一轮学习

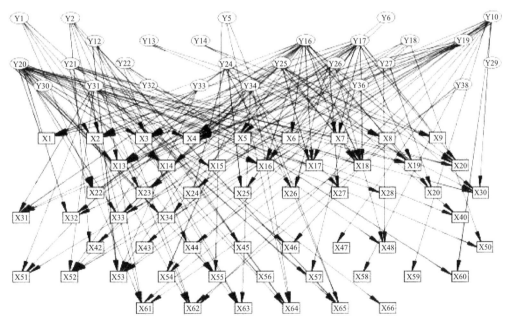

图 6-39 装配式外挂墙板外墙偏差模型第二轮学习

装配式外挂墙板外墙偏差诊断结果 表 6-8

偏差检测节点	代表性外墙构件							识别诊断		状态
	WG QX 403	WG QX 401	WG QLY 102	WG QLY 802	WG QX 501	WG QLY 701	WG QX 601	偏差原因节点	概率	
X1～X7	R2	R2	R1	R2	R2	R2	R2	Y20	97％	T
X8～X12	—	R2	R2	R1	R1	R2	R2	Y16/Y17/Y20	91％	T
X13～X20	R2	R1	R1	R2	R2	R2	R2	Y20	96％	T
X24～X29	R2	R2	R1	R2	R2	R1	R2	Y24/Y26	90％	T
X30～X31	R2	R1	R2	R2	R2	R1	R2	Y10/Y31	88％	T
X32～X34	R2	R2	R1	R2	R2	R2	R2	Y16	94％	T
X42	R1	R1	R2	R2	R2	R1	R2	Y8	86％	T
X45～X47	R2	R2	R1	R2	R1	R2	R2	Y22/Y23	95％	T
X50～X51	R2	R2	R2	R1	R2	R2	R2	Y18/Y31/Y33	93％	T
X52～X53	R2	R2	R1	R1	R2	R2	R2	Y10/Y18/Y34	90％	T
X54～X56	R2	R2	R2	R2	R2	R2	R2	Y18/Y31/Y34	89％	T
X58～X62	R1	R2	R2	R2	R2	R2	R2	Y10/Y38	98％	T
X63～X65	R2	R2	R2	R2	R2	R2	R2	Y1/Y5/Y34	85％	T
X66	R2	R2	R1	R1	R2	R2	R2	Y31	88％	T

由表 6-8 可知，主要偏差源同装配整体式剪力墙结构外墙，重点偏差检测节点有所区别，主要集中在制造阶段的角板相邻面夹角、板面翘曲、预埋钢板、线支撑预留节点连接钢筋，装配阶段的墙板楼层接缝防水封堵和节点连接检测。非敏感偏差源对检测项的影响波动较小，根据证据变量值进行概率推理后，基于贝叶斯网络的诊断方法同样能给出正确的诊断结果。依据装配式剪力墙外墙多影响因子偏差诊断，采用同样分析方法，获得诊断结果见表 6-9。

装配式外挂墙板外墙多影响因子偏差诊断结果 表 6-9

代表性偏差原因组合作用	代表性外墙构件							组合概率			状态
	WG QX 403	WG QX 401	WG QLY 102	WG QLY 802	WG QX 501	WG QLY 701	WG QX 601	K_{1c}	K_{2c}	K_{3c}	
Y1/Y5/Y12	R2	R2	R2	R1	R2	R2	R1	90％	87％	88％	T
Y20/Y21/Y22	R2	R2	R2	R1	R1	R2	R2	89％	90％	88％	T
Y32/Y35/Y36	R2	R2	R2	R1	R2	R2	R2	88％	89％	91％	T
Y16/Y20/Y31	R2	R2	R2	R2	R2	R2	R1	86％	89％	90％	T

依据装配式剪力墙外墙不完备条件下偏差诊断，采用同样研究方法，获得装配式外挂墙板外墙诊断结果见表 6-10。

装配式外挂墙板外墙偏差不完备证据变量诊断结果 表 6-10

偏差检测节点	代表性外墙构件							诊断结果		状态
	WG QX 402	WG QX 301	WG QX 407	WG QX 503	WG QX 204	WG QLY 801	WG QX 507	偏差原因节点	概率	
X1～X7	R2	R1	—	R2	R2	R2	R2	Y20	86%	T
X8～X12	—	R2	R1	R2	R2	—	R2	Y16/Y17/Y20	91%	T
X13～X20	R2	R1	—	—	—	R2	R2	Y20	88%	T
X24～X29	—	R1	—	R2	R2	—	—	Y24/Y26	86%	T
X30～X31	R2	R2	R2	R2	—	—	—	Y10/Y31	87%	T
X32～X34	—	R1	R2	R2	R2	—	—	Y16	85%	T
X42	—	R1	R2	R2	—	—	—	Y8	85%	T
X45～X47	R1	R1	—	—	R2	—	R1	Y22/Y23	93%	T
X50～X51	R2	R2	—	R2	—	R2	—	Y18/Y31/Y33	86%	T
X52～X53	R2	R2	—	R2	—	—	R2	Y10/Y18/Y34	88%	T
X54～X56	R2	—	—	R2	R2	—	R2	Y18/Y31/Y34	87%	T
X58～X62	—	R2	R2	—	R2	—	—	Y10/Y38	88%	T
X63～X65	—	R1	R2	—	—	R1	R2	Y1/Y5/Y34	86%	T
X66	—	R2	—	R2	R2	—	R2	Y31	87%	T

从不完备证据变量诊断结果可知，装配式外挂墙板外墙在小样本和不完备条件下，全部诊断有效，可实现有效诊断率85%以上。在该项目中3层以上楼层应用中，制造阶段产品一次检测通过率提升8.23%，装配阶段检测一次合格率提升4.97%。

6.4 案例三：低多层装配式干法连接墙板结构外墙

6.4.1 项目简介

案例选取别墅项目，为标准化设计、工厂化定制的乡村振兴文旅型产品。本次研究以一栋两层建筑为例，总建筑面积约300m²，建筑结构采用装配式复合墙板干法连接结构体系，建筑共2层，建筑高度共8.49m，主体结构高度为6.7m，见图6-40。

项目竖向构件采用预制混凝土墙板，水平构件采用全预制受弯构件；墙板混凝土强度等级为C30；外墙做法主要为喷浅黄真石漆；墙板厚度均为150mm，其中保护层厚度为15mm，见图6-41～图6-43。

6.4.2 偏差模型建立

该别墅项目为2层建筑，本次研究同时对1、2层进行训练样本实测，研究项目将别墅1、2层作为训练样本实测层，根据本书第2～4章分析，进行装配式剪力墙结构外墙深化设计。

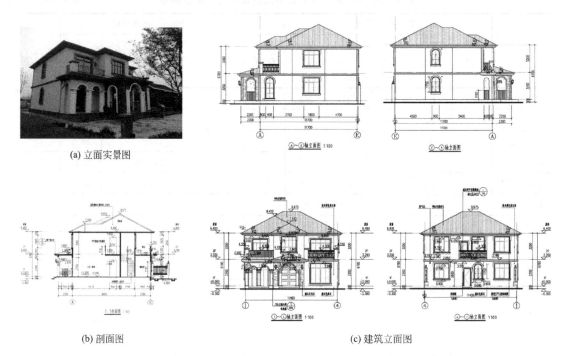

(a) 立面实景图

(b) 剖面图

(c) 建筑立面图

图 6-40　某装配式干法连接墙板结构外墙案例立面效果

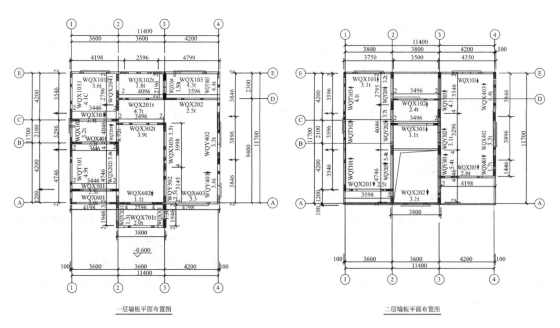

一层墙板平面布置图　　　　　　　二层墙板平面布置图

图 6-41　装配式外墙工艺设计

　　根据外墙深化设计，标准层共设计 27 个构件，每个构件在制造阶段共有 54 项检测，在制造阶段 40 项检测，在装配方案及实体检测 14 项，累计 1458 个检测项。外墙构件拆分设计信息见表 6-11 和表 6-12。

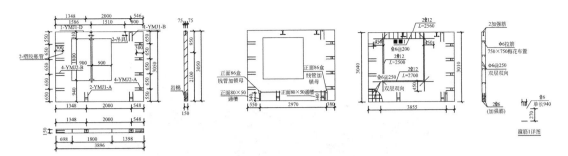

图 6-42 外墙产品工艺详图

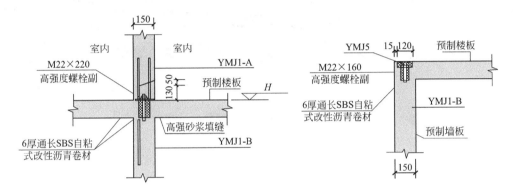

图 6-43 外墙产品连接节点设计

第一、二层装配式外墙产品编码及信息 表 6-11

序号	板板编号	尺寸(mm×mm×mm)	质量(t)	门窗洞	复杂度
1	WQX-102	2596×150×3050	1.8	1	B
2	WQX-501	3446×150×3000	2.3	1	B
3	WQY-101	4746×150×3050	4.9	1	A
4	WQY-201	1946×150×3050	1.3	1	B
5	WQY-202	4746×150×3050	5.4	0	A
6	WQY-301	1946×150×3050	1.3	1	B
7	WQY-302	3146×150×3050	2.5	0	C

注：1—有；0—无；A—难；B—中；C—易。

第一、二层装配式外墙产品统计 表 6-12

建筑面积	X 向装配式外墙个数	Y 向装配式外墙个数	标准层装配式外墙个数
301.5m²	13	14	27

通过第 5 章装配式建筑外墙偏差诊断矩阵表 5-5，确定装配式墙板结构外墙偏差诊断模型结构和先验参数，建模方法同上，偏差诊断初始模型如图 6-44 所示。研究步骤分析同上。装配式干法连接墙板外墙拆分见图 6-45。

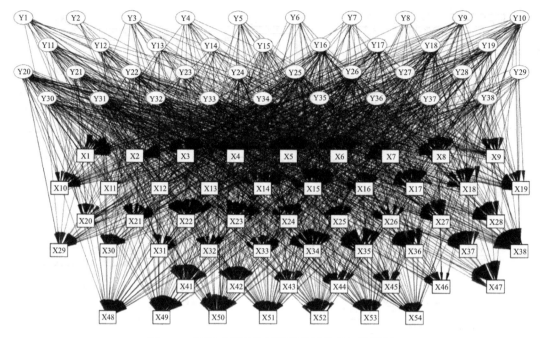

图 6-44　装配式干法连接墙板外墙偏差初始模型

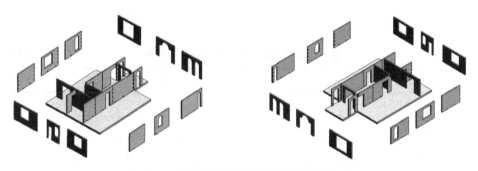

图 6-45　装配式干法连接墙板外墙拆分示意

6.4.3　偏差测点优化

1. 制造阶段偏差测点优化

本节对项目 PC 构件的工厂生产过程进行数据监测，分析外墙在工厂制造阶段的主要观测节点，对制造工艺、生产平台、模具设施、起吊运输的关键节点进行数据采纳收集，通过贝叶斯网络模型理论对变量证据集进行数据分析，得到最佳观测节点优化。根据对本项目外墙产品工厂生产过程进行数据监测，结合贝叶斯网络模型理论对变量证据收集并进行数据分析，得到最佳观测节点优化，见图 6-46。

图 6-46　外墙制造过程偏差检测

　　根据验收规范要求，为满足制造阶段所需的 47 项检测要求，选取代表性构件外墙 WQX203 进行模具和实体测点全覆盖设计，如图 6-47 所示。统计得出，优化后的标准层模具测点数量共 1863 个，外墙产品测点数量 2254，共计 4117 个。

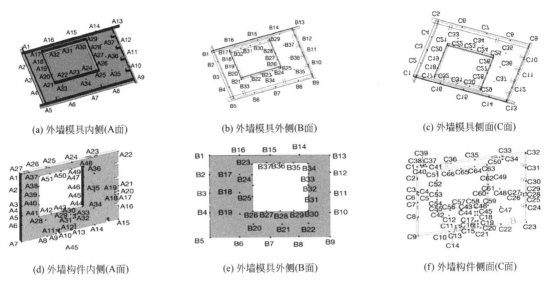

(a) 外墙模具内侧(A面)　　　(b) 外墙模具外侧(B面)　　　(c) 外墙模具侧面(C面)

(d) 外墙构件内侧(A面)　　　(e) 外墙模具外侧(B面)　　　(f) 外墙构件侧面(C面)

图 6-47　WQX203 外墙模具及产品偏差检测初始设计

　　根据贝叶斯网络先验模型结合装配式建筑外墙偏差诊断矩阵表 5-5，对图 6-47 中代表性外墙产品进行观测节点一次优化，优化结果见图 6-48。统计得出，优化后的标准层模具测点数量共 931 个，外墙产品测点数量 1127 个，共计 2058 个。

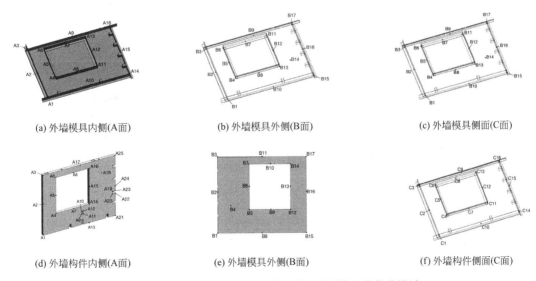

(a) 外墙模具内侧(A面)　　　(b) 外墙模具外侧(B面)　　　(c) 外墙模具侧面(C面)

(d) 外墙构件内侧(A面)　　　(e) 外墙模具外侧(B面)　　　(f) 外墙构件侧面(C面)

图 6-48　WQX203 外墙模具及产品偏差检测第一轮优化设计

　　再次进行更新学习，对图 6-48 中代表性外墙产品再次进行观测节点优化，优化结果见图 6-49。再次统计，得到最优标准层模具测点数量共 465 个，外墙产品测点数量 563 个，共计 1028 个。

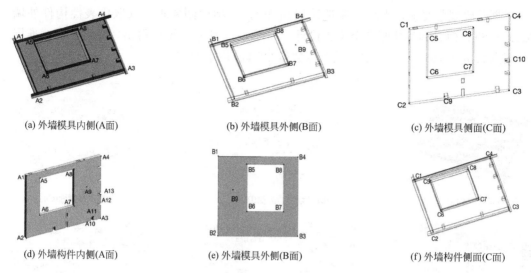

(a) 外墙模具内侧(A面)　　　　(b) 外墙模具外侧(B面)　　　　(c) 外墙模具侧面(C面)

(d) 外墙构件内侧(A面)　　　　(e) 外墙模具外侧(B面)　　　　(f) 外墙构件侧面(C面)

图 6-49　WQX203 外墙模具及产品偏差检测第一轮优化设计

2. 装配阶段偏差测点优化

通过装配阶段观测节点方案的及时优化，实现对外墙安装的过程质量管控，根据施工图纸、吊装专项施工方案，对该项目第 1 层和第 2 层所有墙板水平位置、标高、垂直度、接缝偏差等各项参数进行检测复核，实现对所有外墙安装检测进行全覆盖。经过对检测复核结果进行统计发现，无论是主控项目还是一般项目，定性检验的项目基本质量受控，问题基本都出在定量检验项目上，构件进场验收主要集中在构件的尺寸偏差、键槽的尺寸、预埋件的位置偏差和连接件的位移偏差，装配环节主要集中在墙体底面和顶面的标高控制、墙体中心线对轴线的尺寸偏差、墙板侧面的平整度、接缝尺寸的偏差，见图 6-50。

图 6-50　外墙装配偏差现场检测

根据验收规范要求，为满足装配验收阶段所需的 14 项检测要求，特选取代表性构件进行水平组合和上下层模型仿真测点全覆盖设计，如图 6-51 所示。统计得出，别墅 1 层、2 层实体观测节点设计数量共 1633 个。

根据贝叶斯网络先验模型结合装配式建筑外墙偏差诊断矩阵表 5-5，对图 6-51 中第 1 层和第 2 层外墙进行装配观测节点优化，优化结果见图 6-52。统计得出，优化后的测点数量共计 816 个。

再次进行更新学习，对图 6-52 中第 1 层和第 2 层外墙再次进行观测节点优化，优化结果见图 6-53。再次统计，得到连续两个标准层最优观测节点数量共计 408 个。

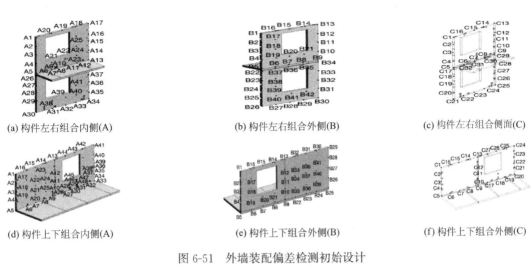

(a) 构件左右组合内侧(A)　　　　(b) 构件左右组合外侧(B)　　　　(c) 构件左右组合侧面(C)

(d) 构件上下组合内侧(A)　　　　(e) 构件上下组合外侧(B)　　　　(f) 构件上下组合外侧(C)

图 6-51　外墙装配偏差检测初始设计

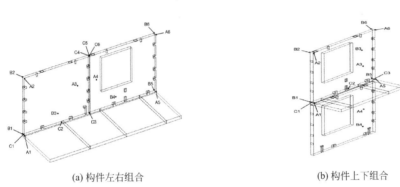

(a) 构件左右组合　　　　　　　　(b) 构件上下组合

图 6-52　外墙装配偏差检测第一轮优化设计

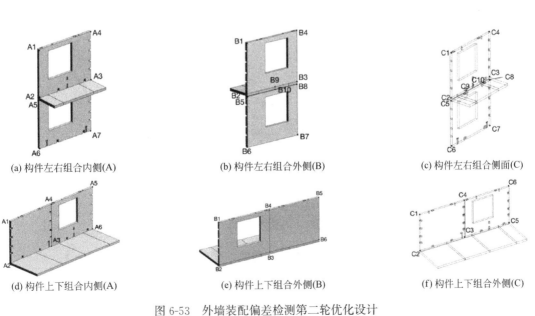

(a) 构件左右组合内侧(A)　　　　(b) 构件左右组合外侧(B)　　　　(c) 构件左右组合侧面(C)

(d) 构件上下组合内侧(A)　　　　(e) 构件上下组合外侧(B)　　　　(f) 构件上下组合外侧(C)

图 6-53　外墙装配偏差检测第二轮优化设计

通过贝叶斯网络模型，对制造和装配阶段的测点进行两轮优化后，可得制造阶段从全覆盖测点 4117 个优化到 1028 个，优化率达 75%；装配阶段从测点全覆盖 1633 个精简到 408 个，优化率达 75%。

6.4.4 偏差诊断分析

低多层装配式干法连接墙板结构外墙偏差诊断流程如上，模型优化结果如图 6-54 和图 6-55 所示。

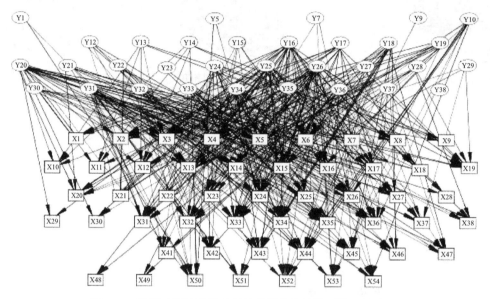

图 6-54 装配式干法连接墙板结构外墙偏差模型第一轮学习

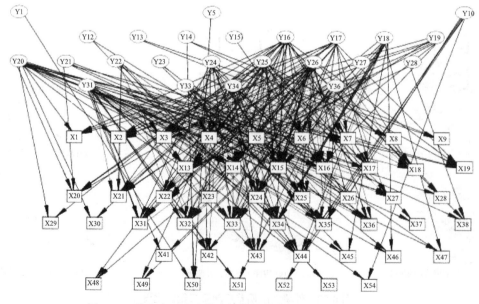

图 6-55 装配式干法连接墙板结构外墙偏差模型第二轮学习

装配式干法连接墙板结构外墙偏差诊断结果　　　　　　表 6-13

代表性外墙产品							诊断结果		状态
偏差检测节点	WQX103	WQY101	WQX501	WQY201	WQY302	WQY301	WQY202	偏差原因节点	概率	
X1～X7	R2	R2	R2	R2	R2	R2	R1	Y20	92%	T
X13～X18	R2	R2	R2	R2	R2	R2	R1	Y16/Y17/Y20	92%	T
X19～X20	R2	R2	R2	R2	R2	R2	R1	Y20/Y21	92%	T
X21～X26	R2	R1	R2	R2	R2	R2	R2	Y24/Y26	93%	T
X27～X30	R2	R1	R2	R2	R2	R2	R2	Y16/Y20	93%	T
X31～X32	R1	R2	R2	R2	R2	R2	R2	Y24/Y26/Y31	90%	T
X35～X36	R1	R2	R2	R2	R2	R2	R2	Y23/Y24	90%	T
X38	R2	R2	R2	R2	R2	R2	R1	Y10/Y22/Y26	93%	T
X41～X49	R1	R2	R2	R2	R2	R2	R1	Y18/Y31/Y33/Y34	92%	T
X50	R1	R2	R1	R2	R2	R2	R1	Y1	89%	T
X51	R2	R2	R2	R1	R2	R2	R1	Y18/Y33/Y34/Y36	92%	T
X53～X54	R1	R2	R2	R2	R2	R2	R1	Y22/Y25/Y34/Y20	95%	T

　　由表 6-13 可知，主要偏差源同装配整体式剪力墙结构外墙，重点偏差检测节点有所出入，主要集中在制造阶段的预留插筋、螺栓拧紧力矩及位移控制，装配阶段的构件垂直度、相邻构件平整度和墙板接缝的检测。非敏感偏差源对检测项的影响波动较小，根据证据变量值进行概率推理后，基于贝叶斯网络的诊断方法同样能给出正确的诊断结果。采用上述方法，依据多影响因子偏差诊断获得诊断结果，见表 6-14。随机删除部分数据，取得不完备证据变量偏差诊断结果，见表 6-15。

　　从不完备证据变量诊断结果可知，装配式干法连接墙板结构外墙在小样本和不完备条件下，全部诊断有效，可实现有效诊断率 86% 以上。通过外墙偏差贝叶斯网络模型诊断，能提升后续同类型项目外墙产品一次合格率，在同类型后续项目中，制造阶段产品一次检测通过率提升 6.32%，装配阶段检测一次合格率提升 4.95%。

装配式干法连接墙板结构外墙多影响因子偏差诊断结果　　　　　表 6-14

多偏差原因组合作用	代表性外墙构件							组合概率			诊断状态
	WQX103	WQY101	WQX501	WQY201	WQY302	WQY301	WQY202	K_{1c}	K_{2c}	K_{3c}	
Y16/Y17/Y18	R2	R2	R2	R2	R2	R2	R1	92%	89%	91%	T
Y23/Y27/Y28	R1	R2	R2	R2	R1	R2	R1	92%	91%	90%	T
Y31/Y37/Y38	R1	R2	R2	R2	R2	R2	R1	90%	93%	92%	T
Y18/Y23/Y34	R2	R1	R2	R2	R2	R2	R1	89%	87%	88%	T

装配式干法连接墙板结构外墙不完备证据变量偏差诊断结果　　表 6-15

偏差检测节点	代表性外墙产品							诊断结果		诊断状态
	WQX201	WQX202	WQX102	WQY102	WQY103	WQY204	WQY304	偏差原因节点	概率	
X1~X7	R1	—	—	R2	—	R2	R2	Y20	88%	T
X13~X18	R1	—	—	R2	—	R2	R2	Y16/Y17/Y20	88%	T
X19~X20	R1	—	—	R2	—	R2	R2	Y20/Y21	88%	T
X21~X26	R2	R2	—	—	—	R2	R2	Y24/Y26	86%	T
X27~X30	—	R2	—	—	R2	R2	R2	Y16/Y20	92%	T
X31~X32	R1	R2	—	—	R2	—	—	Y24/Y26/Y31	90%	T
X35~X36	R1	R2	—	R2	—	R2	R2	Y23/Y24	91%	T
X38	R2	—	R2	—	—	R2	R2	Y10/Y22/Y26	89%	T
X41~X49	R1	—	—	R2	—	R2	R2	Y18/Y31/Y33/Y34	87%	T
X50	R2	R1	R2	—	—	—	R2	Y1	88%	T
X51	R2	R2	—	—	—	R2	R2	Y18/Y33/Y34/Y36	86%	T
X53~X54	R2	R2	—	—	R2	R2	R2	Y22/Y25/Y34/Y20	89%	T

6.5　案例四：装配式叠合剪力墙外墙

6.5.1　项目简介

案例选取安徽省合肥市某公租房项目第 3 栋，建筑面积约 $17000m^2$，装配式叠合剪力墙外墙在固定工厂水平流水线生产，叠合墙板由预制部分与现浇两部分组成，预制部分厚 $5\sim8cm$，由两片钢筋混凝土板组成，中间为空心，通过格构钢筋进行连接为整体。施工现场按装配式设计进行吊装就位，见图 6-56～图 6-58。

图 6-56　某装配整体式叠合剪力墙外墙案例立面效果

6.5.2　偏差模型建立

案例共 18 层，均为装配式结构标准层，本研究选取标准层作为训练样本实测层，共设

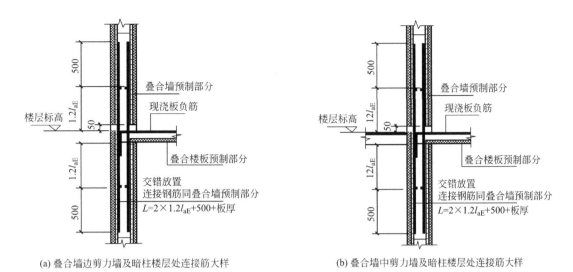

(a) 叠合墙边剪力墙及暗柱楼层处连接筋大样   (b) 叠合墙中剪力墙及暗柱楼层处连接筋大样

图 6-57 外墙工艺节点剖面

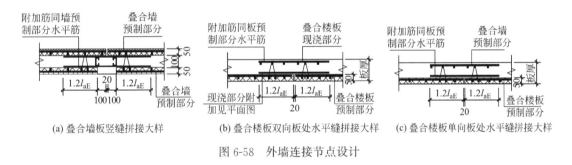

(a) 叠合墙板竖缝拼接大样   (b) 叠合楼板双向板处水平缝拼接大样   (c) 叠合楼板单向板处水平缝拼接大样

图 6-58 外墙连接节点设计

计标准层 8 个检测构件，每个构件 58 个检测点，累计 464 个检测点。外墙构件拆分设计信息见表。根据本书第 2~4 章分析，进行装配整体式剪力墙结构外墙深化设计。见图 6-59 和图 6-60。标准层装配式外墙产品编码及信息见表 6-16。标准层装配式外墙统计见表 6-17。

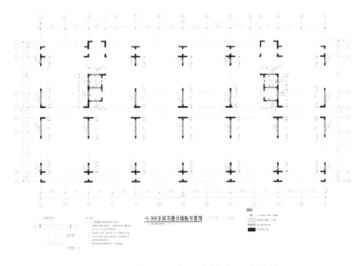

图 6-59 标准层装配式外墙工艺设计

图 6-60　标准层装配式外墙模型

标准层装配式外墙产品编码及信息　　　　　　　　表 6-16

序号	板板编号	尺寸 （mm×mm×mm）	质量(t)	灌浆套筒	门窗洞	夹心保温	复杂度
1	1	960×240×3250	0.8	2	2	2	C
2	2	2160×240×3250	1.9	2	2	2	C
3	3	2460×240×3250	2.1	2	2	2	C
4	4	960×240×3250	0.8	2	2	2	C
5	31	960×240×3250	0.8	2	2	2	C
6	32	2160×240×3250	1.9	2	2	2	C
7	33	2460×240×3250	2.1	2	2	2	C
8	34	960×240×3250	0.8	2	2	2	C

注：1—有；2—无；A—难；B—中；C—易。

标准层装配式外墙产品统计　　　　　　　　表 6-17

标准层建筑面积	X 向装配式外墙个数	Y 向装配式外墙个数	标准层装配式外墙个数
128.97m²	0	8	8

通过第 5 章装配式建筑外墙偏差诊断矩阵表 5-6，确定装配式叠合剪力墙外墙偏差诊断模型结构和先验参数，建模方法同上，偏差诊断初始模型如图 6-61 所示。研究步骤分析同上。装配式叠合剪力墙外墙拆分见图 6-62。

6.5.3　偏差测点优化

1. 制造阶段偏差测点优化

本节对项目外墙产品的工厂生产过程进行数据监测，分析装配整体式剪力墙外墙在工厂制造阶段的主要观测节点，对制造工艺、生产平台、模具设施、起吊运输的关键节点进行数据采纳收集。通过贝叶斯网络模型理论对变量证据集进行数据分析，得到最佳观测节点优化。制造拆分及测点设计见图 6-63。

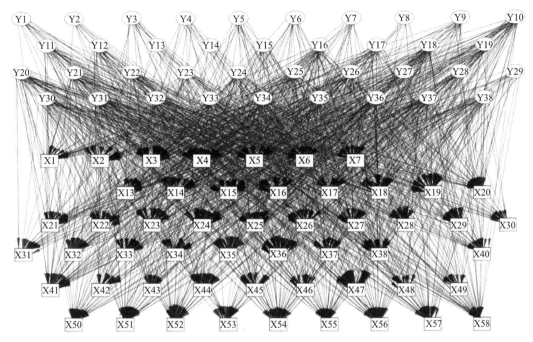

图 6-61 装配式叠合剪力墙外墙偏差初始模型

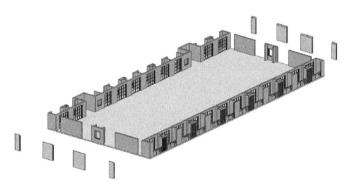

图 6-62 装配式叠合剪力墙外墙拆分示意

图 6-63 外墙制造过程偏差检测

根据验收规范要求，为满足制造阶段所需的 41 项检测要求，选取代表性构件 3 号进行模具和实体测点全覆盖设计如图 6-64 所示。统计得出，优化后的标准层模具测点数量共 465 个，外墙产品测点数量 563 个，共计 1028 个。

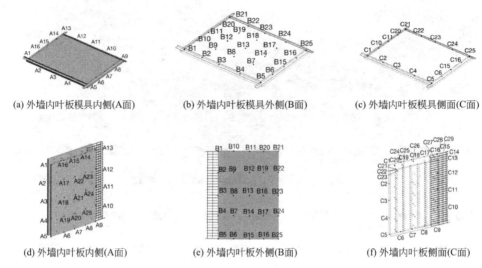

图 6-64　3 号外墙模具及产品偏差检测初始设计

根据贝叶斯网络先验模型结合节点之间的贡献度矩阵优化结果表 5-6，对图 6-64 中代表性外墙产品进行观测节点一次优化，优化结果见图 6-65。统计得出，优化后的标准层模具测点数量共 356 个，外墙产品测点数量 432 个，共计 788 个。

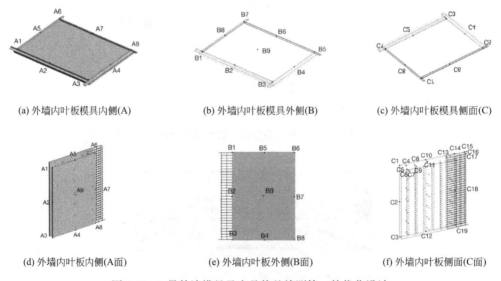

图 6-65　3 号外墙模具及产品偏差检测第一轮优化设计

再次进行更新学习，对图 6-65 中代表性外墙产品再次进行观测节点优化，优化结果见图 6-66。再次统计，得到最优标准层模具测点数量共 178 个，外墙产品测点数量 216 个，共计 394 个。

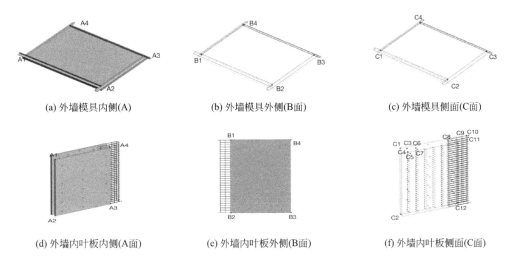

(a) 外墙模具内侧(A)　　　　(b) 外墙模具外侧(B面)　　　　(c) 外墙模具侧面(C面)

(d) 外墙内叶板内侧(A面)　　(e) 外墙内叶板外侧(B面)　　(f) 外墙内叶板侧面(C面)

图 6-66　3 号外墙模具及产品偏差检测第二轮优化设计

2. 装配阶段偏差测点优化

根据施工图纸、吊装专项施工方案、《叠合板混凝土剪力墙结构技术规程》DB34/T 810，对该项目 3 号楼 3 层装配层的剪力墙板构件，对构件的水平位置、标高、垂直度、接缝偏差等各项参数进行检测复核，实现对所有剪力墙安装的全覆盖。

经过对检测复核结果进行统计发现，无论是主控项目还是一般项目，定性检验的项目基本质量受控，问题基本都出在定量检验项目上，构件进场验收主要集中在构件的尺寸偏差、键槽的尺寸、预埋件的位置偏差，现场安装环节主要集中在墙体底面和顶面的标高控制、墙体中心线对轴线的尺寸偏差、墙板侧面的平整度、接缝尺寸的偏差。

根据验收规范要求，为满足装配验收阶段所需的 17 项检测要求，特选取代表性构件进行水平组合和上下层模型仿真测点全覆盖设计，如图 6-67 所示。统计得出，3 层和 4 层实体观测节点设计数量共 624 个。

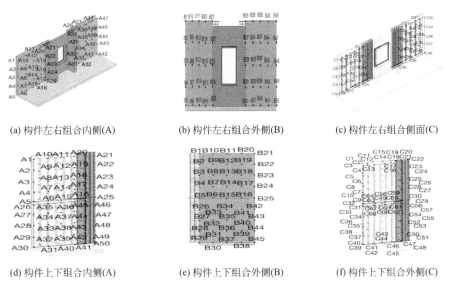

(a) 构件左右组合内侧(A)　　(b) 构件左右组合外侧(B)　　(c) 构件左右组合侧面(C)

(d) 构件上下组合内侧(A)　　(e) 构件上下组合外侧(B)　　(f) 构件上下组合外侧(C)

图 6-67　外墙装配偏差检测初始设计

根据贝叶斯网络先验模型，结合节点之间的贡献度矩阵优化结果表 5-6，对图 6-67 中第 3 层和第 4 层两个标准层外墙进行装配观测节点优化，优化结果见图 6-68。统计得出，优化后的测点数量共计 312 个。

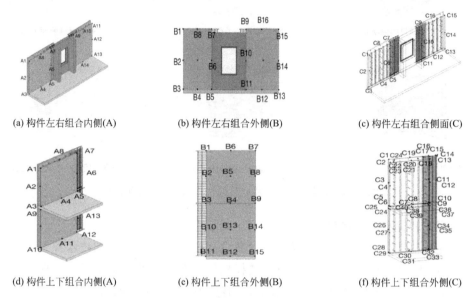

(a) 构件左右组合内侧(A) (b) 构件左右组合外侧(B) (c) 构件左右组合侧面(C)

(d) 构件上下组合内侧(A) (e) 构件上下组合外侧(B) (f) 构件上下组合外侧(C)

图 6-68　外墙装配偏差检测第一轮优化设计

再次进行更新学习，对图 6-68 中第 3 层和第 4 层两个标准层外墙再次进行观测节点优化，优化结果见图 6-69。再次统计，得到连续两个标准层最优观测节点数共计 156 个。

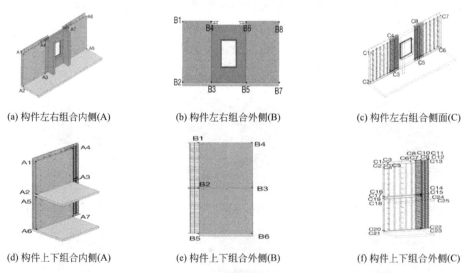

(a) 构件左右组合内侧(A) (b) 构件左右组合外侧(B) (c) 构件左右组合侧面(C)

(d) 构件上下组合内侧(A) (e) 构件上下组合外侧(B) (f) 构件上下组合外侧(C)

图 6-69　外墙装配偏差检测第二轮优化设计

通过贝叶斯网络模型，对制造和装配阶段的测点进行两轮优化后，可得制造阶段从全覆盖测点 1028 个优化到 394 个，优化率达 62%；装配阶段从测点全覆盖 624 个精简到 156 个，优化率达 75%。

6.5.4　偏差诊断分析

外墙偏差诊断流程如上，模型优化结果如图 6-70 和图 6-71 所示。诊断结果见表 6-18 和表 6-19。

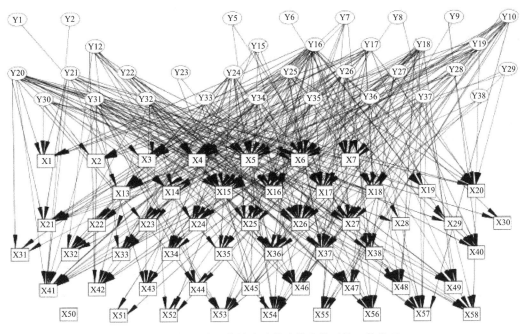

图 6-70　装配式叠合剪力墙外墙偏差模型第一轮学习

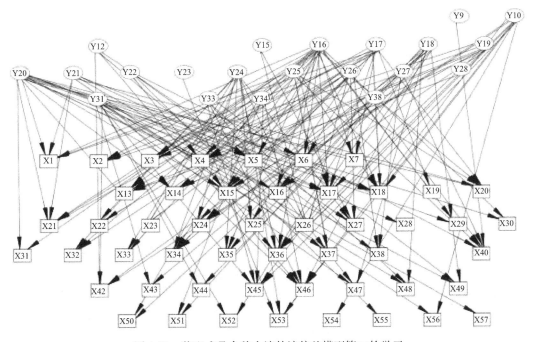

图 6-71　装配式叠合剪力墙外墙偏差模型第二轮学习

装配式叠合剪力墙外墙偏差诊断结果　　　　表 6-18

偏差检测节点	外墙构件								诊断结果		诊断状态
	1	2	3	4	31	32	33	34	偏差原因节点	概率	
X1~X7	R2	R2	R1	R2	R2	R2	R2	R2	Y20	95%	T
X13~X21	R2	R2	R1	R2	R2	R2	R2	R2	Y17/Y20/Y21	95%	T
X16	R2	R2	R2	R2	R2	R2	R1	R2	Y20/Y21	95%	T
X22~X27	R2	R2	R2	R2	R2	R2	R1	R2	Y24/Y26	93%	T
X36	R2	R2	R1	R2	R2	R2	R2	R2	Y23/Y24	88%	T
X38	R2	R2	R2	R2	R2	R2	R2	R2	Y10/Y22/Y26	99%	T
X42~X51	R2	R2	R2	R2	R2	R2	R2	R2	Y18/Y31/Y33/Y34	95%	T
X52	R2	R2	R2	R2	R2	R2	R2	R2	Y18/Y33/Y34/Y36	92%	T
X53	R2	R1	R2	R2	R2	R2	R1	R2	Y23/Y24	88%	T
X55~X58	R2	R2	R2	R2	R2	R2	R2	R2	Y20/Y22/Y25/Y34	99%	T

由表 6-18 可知，主要偏差源同装配整体式剪力墙结构外墙，重点偏差检测节点有所区别，主要集中在制造阶段的模具、两侧板厚度和钢筋桁架位移控制，装配阶段的构件钢筋连接质量、构件垂直度、相邻构件平整度和墙板接缝的检测。非敏感偏差源对检测项的影响波动较小，根据证据变量值进行概率推理后，基于贝叶斯网络的诊断方法同样能给出正确的诊断结果。依据装配式剪力墙外墙多影响因子偏差诊断，采用同样分析方法，获得诊断结果见表 6-19[217-226]。

装配式叠合剪力墙外墙多影响因子偏差诊断结果　　　　表 6-19

多偏差原因组合作用	外墙构件								组合概率			诊断状态
	1	2	3	4	31	32	33	34	K_{1c}	K_{2c}	K_{3c}	
Y13/Y14/Y15	R2	R2	R2	R2	R2	R2	R2	R2	92%	92%	92%	T
Y27/Y28/Y29	R2	R2	R1	R2	R2	R2	R1	R2	93%	92%	93%	T
Y32/Y35/Y36	R2	R2	R2	R2	R2	R2	R2	R2	91%	92%	91%	T
Y18/Y25/Y33	R2	R2	R1	R2	R2	R2	R2	R2	89%	88%	88%	T

从多影响因子偏差诊断结果分析，装配式叠合剪力墙外墙，全部诊断有效，可实现有效诊断率 88% 以上。通过外墙偏差贝叶斯网络模型，能快速提升后续楼层外墙产品一次合格率。在本项目试点应用检测中，制造阶段产品一次检测通过率提升 4.26%，装配阶段检测一次合格率提升 4.67%。

6.6　装配式建筑外墙偏差优化措施

6.6.1　设计偏差优化与人工智能研发

通过模型建立、诊断、评价，可建立起开放的装配式建筑外墙偏差预警设计和诊断系统。系统可具备自学习、自组织、自适应的特性，可采用模式识别方法对设计偏差、制造和装配观测节点优化和检测结果诊断的检索机制进行开发;将外墙偏差预防纳入装配式建筑外墙系统设计范畴。基于贝叶斯网络的算法原则,可将机器学习与深度学习相结合,实现装配式建筑外墙领域人工智能研究的突破[211]。

通过第2章的深入分析,重点加强对装配式建筑外墙外形与质量设计、制造与运输设计、装配与组织设计方法研究。建立适应建筑制造需求的设计工厂体系,采用设计、制造、装配一体化理念[212],开发基于贝叶斯网络的装配式建筑外墙设计软件系统,集成底图规则、造型规则、布筋规则、机电预埋规则等行业规则作为算据,自带外轮廓造型、扣减、工艺布钢筋、自动出图等智能化算法,依托智能化云平台和互联网大数据作为算力,设计阶段高度智能化,自动扣减,一键成图;以构件为单元,实现从结果轻量化到过程轻量化的巨变,按需快速加载;通过云平台化,相关数据全面保存在云端,设计过程实现全面协同、云平台架构,并且通过与其他端口软件的打通,在装配式设计、制造、装配全过程一体化应用,其研发目的是为协同装配式全产业链的闭环,减少主观偏差;促进装配式外墙设计标准的进一步精确[213]。

通过研究,结合项目应用,可在建筑设计中进行偏差预防,重点关注外墙尺寸、内力计算、预埋件位置、吊点设置、吊重计算等。基于贝叶斯思维,让程序自动生成设计成果,为建筑设计走向人工智能打下基础。通过录入专家经验等先验知识,结合装配式建筑外墙设计分析,进一步研究基于贝叶斯网络的装配式建筑外墙数据算法设计工厂体系。通过对偏差源的概率分布,利用机器对设计数据的自动诊断,可以让设计流程化、自动化,让设计软件系统代替设计师进行常规设计,实现机器学习和人工智能。

6.6.2 制造偏差控制与关键工艺提质

通过全书研究,制造阶段是偏差诊断的重点环节,针对第4章制造偏差主要影响因子,采用第5章装配式建筑外墙偏差诊断矩阵建模分析,指出制造偏差关键工艺控制节点,进行主要潜在偏差源控制,促进制造质量的提升。见表6-20。

装配式外墙制造关键工艺偏差防治措施　　　　　　　　　　表6-20

工序名称	示意图	操作内容
清模	 台模、模具清理	a. 台模上无残渣,表面平整、光洁; b. 模具标准化管理,无附着物、无变形; c. 加强台模、模具的养护
组底模	 安装侧模	a. 采取有效固定方法,比如销钉和磁盒结合使用; b. 模具与台模间隙过大,板厚超标,采取打胶封堵; c. 侧重检查长、宽、高、对角线、拼缝、翘曲度

工序名称	示意图	操作内容
首次钢筋预埋	 铺设钢筋网片	a. 检查钢筋规格、型号、数量、保护层厚度、出筋尺寸、位置； b. 预留洞口、预埋件定位准确、精准
外叶板浇筑	 一次浇筑	a. 检查钢筋、预埋件等隐蔽项，合格后进行浇筑； b. 振捣不标准导致的混凝土离析、墙板分层、蜂窝、麻面、漏浆等； c. 振捣位置不合理，造成预埋件跑偏位移； d. 振捣用力过大或时间过长，发生模具跑偏、局部强度不够等
铺保温板	 保温板铺设	a. 按图纸施工，保温板与模具四周预留 2cm 的间隙； b. 保温板与底板之间有缝隙，板过厚或保护层不够； c. 保温板尺寸不标准，挤压预埋件
组内叶模	 安装内模	a. 模具安装不牢固，构件变形，影响外观尺寸规格； b. 模具与台模间隙过大，板厚超标，影响保护层厚度； c. 内模跑偏，影响外观和尺寸
再次钢筋预埋	 钢筋预埋	a. 线盒、预埋吊钉、连接件、预埋安装套筒固定不牢，浇捣后位置偏移； b. 线盒、预埋吊钉、连接件、预埋安装套筒尺寸过大或过小； c. 线盒、预埋吊钉、连接件、预埋安装套筒定位不准确
内叶浇捣	 二次浇筑	a. 混凝土等待入模时间过长； b. 其余同外叶浇捣

续表

工序名称	示意图	操作内容
擀平	 擀平压浆	a. 成品保护不到位,导致预埋件偏移、掩埋等; b. 工序间隔过长,混凝土渗水; c. 外渗水泥没有及时清理; d. 混凝土离析,外观尺寸、强度不达标
抹平/细拉毛	 收光拉毛面	a. 成品保护不到位,导致预埋件偏移、掩埋等; b. 收光过早,表面渗析起砂; c. 拉毛过晚,深度不符合规范要求,后期影响结构的整体性
养护	 喷码养护	a. 养护时间过短,强度不达标,表面开裂; b. 码垛机操作不当,造成构件入窑时损坏; c. 养护窑温度提升过快、不均衡,导致构件开裂
拆模	 模具拆除	a. 剪力槽、出筋孔、预埋套筒保护不当,拆模后有混凝土进入; b. 拆模造成的局部破坏,如棱角缺口、长边缺块等; c. 养护强度不够,拆模时造成的开裂

6.6.3　装配偏差控制与关键工法提升

1. 装配整体式结构剪力墙外墙

通过调整装配施工组织,提升外墙套筒灌浆连接偏差。装配式外墙顶部预留竖向钢筋,底部预埋套筒,通过灌浆套筒连接[214]。在套筒灌浆完成到混凝土终凝,是外墙偏差的重点关注阶段。但装配作业过程中,无法绝对避免和完全监测。根据装配式建筑外墙偏差诊断矩阵,找出偏差重点,通过调整装配组织方案,竖向支撑体系和临时支撑不急于拆除,采取安装到第"三"层外墙,再进行第"一"层墙板灌浆的隔层作业模式。此时,结构整体处于稳定状态,上部作业扰动对隔层灌浆不会造成偏差影响。实践证明,隔层作业的装配方案彻底消除偏差隐患,安全、有效地提升外墙连接质量[215],见图6-72~图6-74。

外墙之间的 L 形接头和内外墙间的 T 形接头,在外墙就位、钢筋绑扎工序后,可采用铝模+钢支撑模架体系。支撑体系的支撑和固定通过楼板预留地锚与墙板上的预留孔进行支撑及固定,模板与外墙连接处贴泡沫胶条,起密封作用,保证连接部位平顺和外墙整

图 6-72 装配式剪力墙板水平筋与暗柱钢筋绑扎连接

图 6-73 装配式剪力墙外墙板接头结合铝模体系施工

图 6-74 装配整体式结构剪力墙外墙坐浆连接

体效果。此工法施工简便、连接质量牢靠、观感效果好，并且具有良好的抗震性能。实践证明，装配式建筑外墙湿接头与铝模体系组合，可有力地提升偏差控制。综上，通过装配工法、预埋精度和装配策划组织的优化改进，极大地提高装配式剪力墙外墙连接质量，有效地降低外墙偏差概率。

2. 装配式外挂墙板外墙

对于装配式建筑外挂墙板外墙连接节点，先区别外墙材质，采取装配工法创新控制偏差。对于素混凝土外墙，在墙板预留的凸齿内采用钢筋加强，并将混凝土强度提高一个等级，满足混凝土局部承压及抗剪要求[216]。对于钢筋混凝土墙板，在构件水平向连接处增加插筋，通过补强钢筋连接，保证墙体整体性，提升节点偏差控制精度，见图 6-75 和图 6-76。

通过控制外墙预埋精度实现偏差控制，根据外墙定位线校对外挂墙板精确位置，精准

图 6-75　装配式外挂墙板上口连接点的安装与焊接

图 6-76　装配式外挂墙板临时支撑及整体偏差控制

控制外挂墙板平面位置后加设斜支撑临时固定。临时支撑固定后进行预埋件连接锁定,将外墙连接点临时锁定在主体结构预埋钢板位置,以主体结构标高控制线为基准,通过液压千斤顶和临时支撑对墙板的垂直及水平进行微调,使同一水平方向外挂墙板下口标高均在同一水平线上。固定外挂墙板上部两个连接点,根据主体楼层层高偏差及板面平整度偏差微调连接点,使金属连接件顶面与上层边梁预埋件紧密贴合;随后,将外墙上端连接点与主体结构上层边梁预埋件进行有效、可靠的连接。再完成外挂墙板上下四个连接点固结后,拆除临时固定斜支撑,吊具摘钩。最后,进行外墙偏差校核,确保外墙整体质量。

3. 装配式干法连接墙板结构外墙

装配式干法连接墙板结构外墙主要通过高强度螺栓连接,对外墙品质要求更好,偏差精度要求更高,装配施工速度快。根据装配式建筑外墙偏差诊断矩阵,找出主要偏差影响因子,对应主要偏差检测节点;关键控制在于外墙预埋件定位精度、现场定位精度和临时支撑安拆节点控制。主要工法从基层清理定位放线、墙板就位、安装临时支撑、螺栓紧固、垂直度检测校正到板缝打胶等主要工序,可借鉴装配式外挂墙板外墙。实践证明,在装配前按照吊装策划方案进行模拟预拼装,对标准层外墙进行全面检查,通过装配组织进行关键偏差控制,外墙装配偏差概率大幅降低,见图 6-77。

图 6-77 装配式墙板结构外墙装配前偏差复检及预拼装

针对定位放线精度控制，按照"空中工作转地面"原则，将定位放线在地面预拼装阶段完成，有力地促进外墙产品制造工艺的改进和提高，定位控制点可在工厂标注及画线，有效降低装配式干法连接墙板结构外墙装配偏差，提升装配工效和质量。

4. 装配式叠合剪力墙外墙

装配式叠合剪力墙外墙装配工法与装配式剪力墙外墙类似。根据装配式建筑外墙偏差诊断矩阵，主要偏差影响因子有临时支撑和装配工法。

在叠合剪力墙就位后，将临时支撑拧紧锁定，使后续工法即使对安装成品造成触碰或扰动，可通过临时支撑自身刚度及支撑牢固度，满足偏差控制要求。重点关注外墙间一字形接头、L形接头及内外墙间 T 形接头的钢筋绑扎和后浇混凝土振捣，通过有效降低重点偏差控制节点的装配工法改进，实现外墙偏差降低，见图 6-78。

图 6-78 装配式叠合剪力墙板就位与临时支撑及垂直度偏差校核

6.7 本章小结

本章理论结合实践，选取装配整体式结构剪力墙外墙、装配式干法连接墙板结构外墙和外挂式墙板等四个代表性案例，对装配式建筑外墙偏差诊断理论展开应用研究。

第一，对选取的案例基本情况和外墙偏差特征进行提取，建立贝叶斯外墙偏差诊断初始模型，采用有效独立法优化实测节点布置设计。

第二，结合制造阶段的生产偏差实测数据和装配阶段的安装偏差检测数据，获得外墙设计、制造和装配偏差概率的影响关系，对模型进行迭代学习，更新了节点参数的条件概率表，随着运算迭代轮数的不断增加，模型学习的准确率逐步提高。

　　第三，通过变量证据集和偏差节点的概率推断，结合专家知识，对模型诊断在完整偏差、多因子组合偏差和不完备证据变量偏差等多种状态下结论进行分析，验证外墙偏差诊断结果的有效性。

　　第四，提出基于装配式建筑外墙偏差诊断理论的优化设计、制造提升和装配改善具体措施。通过对装配式建筑外墙设计、制造和装配全过程先验知识和实测数据的不断更新，反映诊断理论随着信息的不断变化可实现模型的不断迭代，持续适应各种复杂项目的偏差问题解决，具有较好的应用价值。

第 7 章 结论与展望

　　装配式建筑缺乏偏差科学诊断理论，对装配式外墙偏差现象和偏差原因缺乏研究分析，造成偏差问题无法科学解决。本书采用贝叶斯方法，深入分析装配式建筑外墙设计、制造和装配偏差影响因子，采用贝叶斯网络进行偏差理论建模和诊断，建立装配式建筑外墙偏差诊断体系。结合典型案例应用分析，诊断结论验证了理论方法的有效性；较好地解决了装配式建筑外墙偏差问题。

7.1　主要工作及结论

1. 基于贝叶斯思维开展装配式建筑外墙偏差先验知识研究

　　研究装配式建筑外墙性能特征和精益目标对偏差产生的各种潜在制约因素，总结装配整体式剪力墙结构外墙、外挂墙板、干法连接墙板体系外墙、叠合剪力墙外墙四种主要装配式建筑外墙形式及特征。利用贝叶斯方法分析装配式建筑外墙偏差先验知识。第一，从整体性能设计、制造与运输设计、装配与组织设计三个方面采用外墙仿真影响系数法结合问卷调查，取得设计偏差影响因子。第二，分析四种典型外墙在固定式、移动式和游牧式等不同生产工厂，在水平流水线、成组立模生产线和固定台模生产线等不同生产平台，在铝合金、型钢、木制、硅胶等不同材质生产模具等不同制造环境，结合四种外墙不同制造工艺和制造后续影响等三个方面，采用 Matlab 和 SPSS 等软件对制造偏差影响因子模拟分析。第三，从装配工法、装配环境和装配后续影响三个角度，研究装配整体式结构剪力墙外墙等四种不同类型外墙装配偏差，采用 Matlab 和 Curve 等软件对装配偏差展开模拟分析；获得定位精度、工法组织、安装工装机具、后续工法、装配检测等偏差影响因子。研究取得装配式建筑外墙偏差贝叶斯网络模型先验知识。

2. 基于贝叶斯网络理论开展装配式建筑外墙偏差建模及诊断分析

　　第一，通过对外墙偏差各阶段影响因子提取，对装配式外形设计、制造模具、装配工法等偏差原因和产品尺寸、预埋及连接件中心线位置偏移、相邻构件平整度等偏差检测节点进行定义，获得贝叶斯诊断模型初始节点。根据装配式建筑外墙特征，选取模型结构；参考历史数据和专家知识确定模型先验参数；建立装配式建筑外墙偏差诊断初始模型。

　　第二，基于节点有效独立性准则，采用贝叶斯估计方法，对实测数据开展装配式外墙检测节点设计及优化方法分析。

　　第三，结合制造和装配阶段实测节点数据信息，采用独立性检验算法，对外墙偏差原因节点后验概率进行贝叶斯推理，取得偏差原因定位和概率排序，实现贝叶斯网络初始模型推理诊断，取得偏差源后验分布的置信区间。研究在小数据集和噪声影响等条件下，对贝叶斯偏差推理结论准确性进行验证，论证模型诊断方法正确性。对诊断结果进行评价，分析在小样本、不完整条件下，模型诊断结果的有效性和正确性。

第四，利用有限元模拟分析，采用敏感度映射方法，建立装配式建筑外墙偏差映射矩阵。通过偏差检测节点的实时证据变量更新，实现算法持续学习，诊断模型迭代更新，最终建立装配式建筑外墙偏差诊断体系。

3. 装配式建筑外墙偏差诊断理论在工程项目中的应用

选取某超高层装配整体式结构剪力墙外墙等四个代表性案例展开理论方法的应用分析。通过理论建模分析、测点设计并多轮优化，建立诊断模型，结合项目实测数据，持续迭代更新。四个典型案例偏差诊断结果证明，本书提出的装配式建筑外墙偏差诊断理论，指导各项目能在完整偏差、多因子组合偏差和不完备证据变量偏差等多种状态下实现有效诊断；减少外墙偏差概率，提升外墙一次合格率。验证基于贝叶斯网络理论的装配式建筑外墙偏差诊断方法的可行性；实现了理论方法的工程应用。

7.2　主要创新点

1. 建立装配式建筑外墙偏差贝叶斯网络模型

通过对研究主体在设计、制造、装配各阶段偏差影响因子研究，结合专家经验等先验知识，定义装配式建筑外墙偏差模型的节点关系和条件概率表。通过对制造和装配阶段检测节点信息提取，分析在小样本、不完整条件下，采用敏感度矩阵方法对外墙偏差贝叶斯网络结构和节点参数进行映射，建立装配式建筑外墙偏差贝叶斯初始模型。将模型节点概率条件进行信息熵转化，根据装配式建筑设计规范和质量验收标准，对优化后的制造与装配阶段的多点实测数据进行贝叶斯偏差估计评价，取得实测节点的证据变量集；采用贝叶斯估计方法满足模型节点参数的先验概率与实测数据的统一。利用模型结构实测节点的独立性检验算法，对模型的偏差原因节点后验概率进行贝叶斯推理，取得偏差源定位和偏差原因概率排序，实现外墙偏差贝叶斯网络模型推理诊断。为装配式建筑外墙设计提供偏差预防理论，为装配式建筑外墙制造和装配提供偏差及时确诊方法。

2. 提出装配式建筑外墙偏差检测节点优化设计方法

基于偏差原因节点有效独立性准则，根据外墙偏差检测节点对偏差原因节点的敏感度分析，开展实测节点设计优化，建立起实测节点到偏差原因节点的诊断信息矩阵。定义平均互信息为评价指标，反映实测数据对偏差原因变量映射程度。互信息越大，实测数据集反映偏差原因变量数据量越大，通过对检测节点映射偏差原因节点敏感度由大到小排序，依次删除敏感度最小偏差节点，删减非关键有向边和非关键节点，获得最佳检测设计方案，对模型进行优化。根据优化模型提出装配式建筑外墙制造与装配阶段偏差实测节点优化设计方法，并在四种外墙案例中成功应用，极大地降低检测成本，提升模型的计算效率。

3. 建立装配式建筑外墙偏差诊断体系

采用有限元模拟方法对装配式建筑外墙开展偏差分析，进行偏差原因节点与偏差检测节点敏感度映射，获得装配式建筑外墙偏差影响关系和先验参数，建立装配式建筑外墙偏差映射矩阵。在贝叶斯网络学习框架下建立涵盖历史数据和专家经验等先验知识诊断体系，利用外墙制造、装配中模具和实体检测数据，通过贝叶斯网络节点计算实现模型诊断学习和更新，及时找出外墙设计、制造与装配过程中主要偏差源分布。算法适应性强，定量分析，推理清晰，逻辑严密，通过偏差检测节点的实时证据变量更新，实现算法持续学习，诊断模型迭代更新，建立装配式建筑外墙偏差诊断体系。为装配式建筑外墙偏差诊断提供新方法；为装配式建筑相关技术与经济合理性发展提供新理论。

4. 实现理论方法指导下的应用创新

第一，实现诊断方法在装配式建筑相关国家标准和地方标准编制中应用，提升了装配式混凝土建筑外墙产品制造与装配偏差控制标准，形成标准成果，为装配式设计、精益制造与高效装配提供新思路。

第二，指导装配式建筑设计和装配工法创新，形成著作成果，该理论在装配式建筑设计中对偏差诊断及控制方法，实现装配式建筑整体卫浴和给水排水集成模块的应用发明，形成相关专利成果。

第三，完成理论方法指导具体工程实践。首次实现在装配整体式超限高层结构中的应用，指导装配式设计和制造装配，减少偏差率。在制造阶段实现一次检测合格率从88.97%到96.59%的提升，在装配阶段实现从90.25%到95.68%的一次检测通过率提升。通过四个代表性案例偏差诊断结果证明，装配式外墙偏差诊断理论能在完整偏差、多因子组合偏差和不完备证据变量偏差等多种状态下实现有效诊断。减少外墙偏差概率，提升外墙一次合格率。验证了装配式建筑外墙偏差诊断方法的实用性；实现理论方法工程应用，创造较好的经济和社会价值。

7.3 研究展望

作为国内首次采用贝叶斯网络理论来解决装配式建筑外墙偏差问题，理论深度和应用广度均有待进一步研究。具体包括：

1. 装配式建筑外墙偏差的贝叶斯网络隐变量与隐类模型学习

现阶段贝叶斯模型对装配式建筑外墙设计、制造、装配阶段偏差诊断，建立在观测变量（observed variable）上，没考虑取值却未被观测到的隐变量（manifest variable）。实际应用中，当模型中含有一个隐变量和多个观测变量组成贝叶斯隐类模型（latent class model）时，隐变量与观测变量之间的关系对外墙偏差诊断结果带来不确定性。针对含有至少一个隐变量的贝叶斯隐变量模型（latent variable model）的隐变量数量、隐变量与观测变量组成的模型结构和参数以及隐变量的势分析，将是下一步的研究方向。

2. 基于装配式建筑外墙偏差诊断理论的人工智能设计算法研究

在本研究基础上，可进一步开展装配式建筑外墙设计算法分析，基于多代理系统和生成式计算方法，将装配式建筑外墙图像语言，转化成数字语言；建立基于装配式建筑外墙数据算法的设计工厂。基于设计前端对后续流程主要潜在偏差因子概率分布预测，利用机器对设计数据的自动诊断，可让设计工作数字化、流程化和自动化，实现装配式设计方案智能最优排列，向建筑领域的机器学习迈进。因此，基于贝叶斯网络外墙偏差诊断理论的人工智能设计方法具有极大的研究价值。

3. 基于装配式建筑外墙偏差诊断理论的应用研发

在本研究基础上，针对外墙结构可靠性检测要求，预埋件、灌浆套筒及连接钢筋的精度、密实度、无损检测研究是重要研究方向。制造阶段中装配式建筑外墙大体积混凝土构件因温度、湿度、配合比等引起的裂缝及温度变形偏差预警是下阶段偏差诊断重要课题。为适应装配式建筑外墙精益目标的检测体系开发，包括高精度激光检测工具发明，高精度组合模具开发，快装独立支撑工装研发，全过程偏差监测预警系统开发和装配式建筑外墙设计、制造与装配高精度仿真诊断平台研发等均需进一步研究。

附录 A 装配式建筑外墙偏差检测分类表

装配式建筑外墙偏差检测分类表（通用项）

指标项 检测项	外墙制造				连接与装配	外墙整体 实体检验
	外观尺寸及 表面平整度	预埋件与 连接件	预留孔洞 及门窗框	其他(四种墙板 差异化指标)		
定量 指标	高宽厚（±4mm）；对角线差（4～5mm）；表面平整度（2～4mm）；侧向弯曲(L/1000～L/1500 且≤20mm)；扭翘(L/1000～L/1500)	预埋件中心位置偏移（2～5mm）、高差或平整度（-10～0mm）、外露长度（-5～10mm）；预留插筋中心线位置偏移（3～5mm）、外露长度（±5mm）；吊环木砖中心线位置偏移（10mm）、与构件表面混凝土高差（0，-10mm）	留孔中心线位置偏移（2～5mm）、孔尺寸（±5mm）；预留洞中心线位置偏移（5mm）；洞口尺寸深度（±5mm）；锚固脚片中心线位置（5mm）；门窗框位置（2mm）；门窗框高宽（±2mm）；门窗框对角线（±2mm）；门窗框的平整度（2mm）	整体剪力墙：键槽中心线位置偏差（5mm）、长度宽度（±5mm）、深度（±5mm）；粗糙面（6mm）；灌浆套筒中心线位置（2mm）；连接钢筋中心线位置（2mm）；连接钢筋外露长度（+10mm，0）；外挂墙：线支撑预留节点连接钢筋中心位置偏移（3mm）、外露长度（±5mm）；叠合剪力墙：钢筋桁架位置偏差（10mm）	构件中心线对轴线位置（8mm）；构件标高（±5mm）；构件垂直度（5mm）；相邻墙平整度（5～8mm）；墙板接缝宽高（±5mm）、中心线位置（±5mm）	钢筋保护层厚度（10mm，-7mm）；结构位置与尺寸偏差（8mm）；墙厚（±4mm）
定性指标	构件外观质量缺陷；构件结构性能；构件实体检验；构件标志；装饰面层外观等			剪力墙：内外叶墙拉结件；外挂墙：内外叶墙拉结件；夹心保温材料传热系数等性能	外墙板接缝防水；临时固定施工方案；节点钢筋连接；节点后浇混凝土强度；外墙整体外观质量缺陷	后浇混凝土强度

附录 B 装配式外墙偏差分析矩阵代码

B-1 装配式剪力墙外墙偏差分析矩阵检测项代码

X1-模具长度；X2-模具截面尺寸；X3-模具对角线差；X4-模具弯曲翘曲；X5-模具表面平整度；X6-模具组装缝隙；X7-端模与侧模高低差；X8-锚固脚片中心线位置；X9-门窗框位置；X10-门窗框高、宽；X11-门窗框对角线；X12-门窗框平整度；X13-构件高度；X14-构件宽度；X15-构件厚度；X16-构件对角线差；X17-构件内表面平整度；X18-构件外表面平整度；X19-侧向弯曲；X20-扭翘；X21-预埋钢板中心线位置偏差；X22-预埋钢板平面高差；X23-预埋螺栓中心线位置偏移；X24-预埋螺栓外露长度；X25-预埋套筒、螺母中心线位置偏移；X26-预埋套筒、螺母平面高差；X27-预留孔中心线位置偏移；X28-孔尺寸；X29-预留洞中心线位置偏移；X30-预留洞洞口尺寸、深度；X31-预留插筋中心线位置偏移；X32-预留插筋外露长度；X33-吊环、木砖中心线位置偏差；X34-吊环、木砖与构件表面混凝土高度；X35-键槽中心线位置偏移；X36-键槽长度、宽度；X37-键槽深度；X38-灌浆套筒中心线位置；X39-连接钢筋中心线位置；X40-连接钢筋外露长度；X41-墙端粗糙面；X42-外观质量缺陷；X43-结构性能；X44-构件标识；X45-装饰面层外观；X46-内外页墙拉结件；X47-预埋件预留孔洞等；X48-构件中心线对轴线位置；X49-墙底面标高；X50-墙顶面标高；X51-墙（≤6m）的垂直度；X52-墙（＞6m）的垂直度；X53-墙侧面外露平整度；X54-墙侧面不外露平整度；X55-墙支座、支垫中心位置；X56-墙板接缝宽度；X57-墙板接缝中心线位置；X58-外墙板接缝防水；X59-临时固定施工方案；X60-钢筋套筒灌浆等连接；X61-连接处后浇混凝土强度；X62-外观质量缺陷；X63-混凝土强度；X64-钢筋保护层厚度；X65-结构位置与尺寸偏差；X66-墙厚。

B-2 装配式挂板外墙偏差分析矩阵检测项代码

X1-模具长度；X2-模具截面尺寸；X3-模具对角线差；X4-模具弯曲翘曲；X5-模具表面平整度；X6-模具组装缝隙；X7-端模与侧模高低差；X8-锚固脚片中心线位置；X9-门窗框位置；X10-门窗框高、宽；X11-门窗框对角线；X12-门窗框平整度；X13-板高；X14-板宽；X15-板厚；X16-肋宽；X17-板正面对角线差；X18-板正面翘曲；X19-板侧面侧向弯曲；X20-板正面弯曲；X21-角板相邻面夹角；X22-表面平整构件（清水、彩色混凝土）；X23-表面平整构件石材（面砖、石材饰面）；X24-预埋件中心位置偏移；X25-预埋件平整度；X26-预埋螺栓（孔）中心位置偏移；X27-预埋螺栓（孔）外露长度；X28-预留孔定位中心位置偏移；X29-预留孔定位尺寸；X30-预留节点连接钢筋（线支撑外挂墙板中心位置偏移）；X31-预留节点连接钢筋（线支撑外挂墙板外露长度）；X32-键槽（线支承外挂墙板）中心位置偏移；X33-键槽（线支承外挂墙板）长度、宽度；X34-键槽（线支承外挂墙板）深度；X35-面砖、石材（本项目无此项）阳角方正；X36-面砖、石材（本项目无此项）上口平直；X37-面砖、石材（本项目无此项）接缝平直；X38-面砖、石材（本项目无此项）接缝深度；X39-面砖、石材（本项目无此项）接缝宽度；X40-构件外观 质量缺陷；X41-面砖与混凝土外墙粘结强度（本项目无此项）；X42-内、外叶墙拉结件；X43-夹心保温材料传热系数等性能 ；X44-预制内、外叶墙混凝土强度；X45-构件实体检验混凝土强度；X46-构件实体检验钢筋保护层厚度；X47-构件实体检验钢筋数量、规格、间距；X48-构件结构性能；X49-构件标识；X50-安装标高；X51-相邻墙板平整度；X52-墙面垂直度层高；X53-墙面垂直度全高；X54-相邻接缝高；X55-接缝宽度；X56-接缝中心线与轴线距离；X57-临时固定 施工方案；X58-节点连接焊接质量；X59 节点连接螺栓连接质量；X60-节点连接线支承后浇混凝土强度；X61-金属连接节点防腐涂装；X62-节点连接金属连接节点防火涂装；X63-墙板接缝及门窗安装部位防水性能；X64-墙板楼层接缝防水封堵；X65-接缝注胶均匀联系；X66-检验结构位置与尺寸偏差。

B-3 装配式墙板结构外墙偏差分析矩阵检测项代码

X1-模具长度；X2-模具截面尺寸；X3-模具对角线差；X4-模具弯曲翘曲；X5-模具表面平整度；X6 模具组装缝隙；X7-端模与侧模高低差；X8-锚固脚片中心线位置；X9-门窗框位置；X10-门窗框高、宽；X11-门窗框对角线；X12-门窗框平整度；X13-构件高度；X14-构件宽度；X15-构件厚度；X16-构件对角线差；X17-构件内表面平整度；X18-构件外表面平整度；X19-侧向弯曲；X20-扭翘；X21-预埋钢板中心线位置偏差；X22-预埋钢板平面高差；X23-预埋螺栓中心线位置偏移；X24-预埋螺栓外露长度；X25-预埋套筒、螺母中心线位置偏移；X26-中心线位置偏移平面高差；X27-预留孔中心线位置偏移；X28-预留孔尺寸；X29-预留洞中心线位置偏移；X30-预留洞洞口尺寸、深度；X31-预留插筋中心线位置偏移；X32-预留插筋外露长度；X33 吊环、木砖中心线位置偏移；X34-吊环、木砖与构件表面混凝土高差；X35-螺栓的特性和拧紧力矩；X36-结构位置与尺寸偏差；X37-构件外观质量缺陷；X38-结构性能；X39-构件标识；X40-装饰面层外观（本项目无此项）；X41-构件标高墙底面；X42-构件标高墙顶面；X43-构件垂直度墙（≤6m）；X44-构件垂直度墙（＞6m）；X45-相邻构件平整度墙侧面（外露）；X46-相邻构件平整度墙侧面（不外露）；X47-墙的支座、支垫中心位置；X48-墙板接缝宽度；X49-墙板接缝中心线位置；X50-外墙板接缝防水；X51-临时固定施工方案；X52-安装后外观质量缺陷；X53-构件实体检验混凝土强度；X54-构件实体检验钢筋保护层厚度。

B-4 装配式叠合剪力墙外墙偏差分析矩阵检测项代码

X1-模具长度；X2-模具截面尺寸；X3-模具对角线差；X4-模具弯曲翘曲；X5-模具表面平整度；X6 模具组装缝隙；X7-端模与侧模高低差；X8-锚固脚片中心线位置；X9-门窗框位置；X10-门窗框高、宽；X11-门窗框对角线；X12-门窗框平整度；X13-构件高度；X14-构件宽度；X15-构件厚度；X16-构件两侧板厚度；X17-构件对角线差；X18-构件内表面平整度；X19-构件内表面平整度；X20-侧向弯曲；X21-扭翘；X22-预埋钢板中心线位置偏差；X23-预埋钢板平面高差；X24 预埋螺栓中心线位置偏移；X25-预埋螺栓外露长度；X26-预埋套筒、螺母中心线位置偏移；X27-预埋套筒、螺母平面高差；X28-预留孔中心线位置偏移；X29-预留孔尺寸；X30-预留洞中心线位置偏移；X31-预留洞洞口尺寸、深度；X32-预留插筋中心线位置偏移；X33-预留插筋外露长度；X34-吊环、木砖中心线位置偏移；X35-吊环、木砖与构件表面混凝土高差；X36-钢筋桁架位置偏差；X37-外观质量缺陷；X38-构件结构性能；X39-构件标识；X40-装饰面层外观；X41-预埋件预留孔洞等；X42-墙构件中心线对轴线位置；X43-构件标高墙底面；X44-构件标高墙顶面；X45-构件垂直度墙（≤6m）；X46-构件垂直度墙（＞6m）；X47-相邻构件平整度墙侧面（外露）；X48-相邻构件平整度墙侧面（不外露）；X49-墙支座、支垫中心位置；X50-墙板接缝宽度；X51-墙板接缝中心线位置；X52-临时固定施工方案；X53-构件钢筋连接质量；X54-安装连接后外观质量缺陷；X55-结构实体检验墙体空腔及连接后浇混凝土强度；X56-结构实体检验钢筋保护层厚度；X57-结构实体检验结构位置与尺寸偏差；X58-结构实体检验墙厚。

B-5　装配式外墙偏差分析矩阵影响因子代码

Y1-防水性能设计；Y2-防火性能设计；Y3-通风性能设计；Y4-采光性能设计；Y5-外墙拼接缝设计；Y6-隔声性能设计；Y7-抗风性能设计；Y8-热工性能设计；Y9-装饰性能设计；Y10-结构性能设计；Y11-遮光性能设计；Y12-耐久性能设计；Y13-气密性能设计；Y14-水密性能设计；Y15-耐撞击性能设计；Y16-制造于运输设计；Y17-外形设计；Y18-装配与组织设计；Y19-重量设计；Y20-制造模具；Y21-制造平台；Y22-混凝土配合比；Y23-钢筋加工精度；Y24-预埋件位移控制；Y25-制造工厂；Y26-浇筑与振捣；Y27-养护工法；Y28-验算与起吊；Y29-存放与保护；Y30-制造检测；Y31-预埋精度；Y32-定位精度；Y33-工法组织；Y34-安装工装机具；Y35-吊装工装吊具；Y36-防护工装机具；Y37-后续工法；Y38-装配检测。

B-6　装配式剪力墙制造阶段检测项代码

1-长度；2-截面尺寸；3-对角线差；4-弯曲翘曲；5-表面平整度；6-组装缝隙；7-端模与侧模高低差；8-锚固脚片中心线位置；9-门窗框位置；10-门窗框高、宽；11-门窗框对角线；12-门窗框平整度；13-构件高度；14-构件宽度；15-构件厚度；16-对角线差；17-内表面平整度；18-外表面平整度；19-侧向弯曲；20-扭翘；21-预埋钢板中心线位置偏差；22-预埋钢板平面高差；23-预埋螺栓中心线位置偏移；24-预埋螺栓外露长度；25-预埋套筒、螺母中心线位置偏移；26-预埋套筒、螺母平面高差；27-预留孔中心线位置偏移；28-预留孔尺寸；29-预留洞中心线位置偏移；30-预留洞尺寸、深度；31-预留插筋中心线位置偏移；32-预留插筋外露长度；33-吊环、木砖中心线位置偏移；34-吊环、木砖与构件表面混凝土高差；35-键槽中心线位置偏差；36-键槽长度、宽度；37-键槽深度；38-灌浆套筒中心线位置；36-连接钢筋中心线位置；40-连接钢筋外露长度；41-强端粗糙面；42-外观质量缺陷；43-结构性能；44-构件标识；45-装饰面层外观；46-构件外形；47-构件重量。

附录C 装配整体式结构剪力墙外墙偏差映射矩阵

装配整体式结构剪力墙外墙偏差映射矩阵（全）   表 C-1

检测项 检测源	X1	X2	X3	X4	X5	X6	X7	X8	X9
允许偏差	1，−2	1，−2	3	$L/1500$ 且 ≤5mm	2	1	1	5	2
Y1	—	—	—	—	—	0.15	—	0.28	0.21
Y2	—	—	—	—	—	—	—	—	—
Y3	—	—	—	—	—	—	—	0.11	0.13
Y4	—	—	—	—	—	—	—	0.13	0.15
Y5	—	—	—	—	—	—	—	—	—
Y6	—	—	—	—	—	—	—	—	—
Y7	—	—	—	—	—	—	—	0.11	0.21
Y8	—	—	—	—	—	0.57	—	0.23	0.28
Y9	0.11	0.13	0.22	0.26	0.35	0.28	0.16	0.18	0.15
Y10	0.11	0.12	0.18	0.22	0.15	0.22	0.23	—	—
Y11	0.09	0.11	0.13	0.21	0.12	0.21	0.15	—	—
Y12	—	—	—	—	—	—	—	—	—
Y13	—	—	—	—	—	0.55	—	0.87	0.82
Y14	—	—	—	—	—	0.53	—	0.85	0.88
Y15	—	—	—	—	—	—	—	—	—
Y16	0.88	0.92	0.89	0.95	0.95	0.96	0.89	0.53	0.55
Y17	0.86	0.85	0.83	0.93	0.91	0.81	0.82	0.12	0.23
Y18	0.11	0.15	0.14	0.12	0.16	0.19	0.17	0.43	0.51
Y19	0.87	0.85	0.83	0.88	0.67	0.58	0.65	0.11	0.09
Y20	1	1	1	1	1	1	1	0.76	0.65
Y21	0.15	0.13	0.17	0.14	0.16	0.11	0.21	0.35	0.37
Y22	0.11	0.12	0.09	0.11	0.12	0.19	0.12	0.09	0.11
Y23	0.09	0.11	0.09	0.08	0.11	0.11	0.12	0.08	0.13
Y24	—	—	—	—	—	—	—	0.67	0.65
Y25	0.55	0.53	0.48	0.64	0.56	0.71	0.66	0.35	0.38
Y26	0.11	0.12	0.09	0.11	0.12	0.59	0.56	0.76	0.68
Y27	0.11	0.08	0.09	0.11	0.12	0.13	0.11	0.09	0.11
Y28	—	—	—	—	—	—	—	—	—

续表

检测项 检测源	X1	X2	X3	X4	X5	X6	X7	X8	X9
允许偏差	1，－2	1，－2	3	$L/1500$ 且 ≤5mm	2	1	1	5	2
Y29	—	—	—	—	—	—	—	—	—
Y30	0.61	0.68	0.69	0.71	0.72	0.63	0.71	0.29	0.21
Y31	0.11	0.18	0.09	0.12	0.11	0.15	0.16	0.09	0.11
Y32	0.09	0.15	0.08	0.09	0.08	0.12	0.12	0.15	0.11
Y33	0.07	0.05	0.05	0.11	0.12	0.15	0.11	0.13	0.15
Y34	0.03	0.04	0.04	0.08	0.09	0.13	0.13	0.12	0.13
Y35	0.12	0.09	0.09	0.19	0.13	0.11	0.11	0.11	0.12
Y36	0.13	0.11	0.09	0.18	0.07	0.09	0.15	0.12	0.16
Y37	0.06	0.09	0.06	0.15	0.08	0.08	0.09	0.09	0.17
Y38	—	—	—	—	—	—	—	0.05	0.09

续表　装配整体式结构剪力墙外墙偏差映射矩阵（全）

检测项 检测源	X10	X11	X12	X13	X14	X15	X16	X17
允许偏差	±2	±2	1，－2	1，－2	3	$L/1500$ 且 ≤5mm	2	1
Y1	0.23	—	0.17	—	—	—	—	—
Y2	—	—	—	—	—	—	—	—
Y3	0.15	—	—	—	—	—	—	—
Y4	0.13	—	—	—	—	—	—	—
Y5	—	—	—	—	—	—	—	—
Y6	—	—	—	—	—	—	—	—
Y7	0.29	—	—	—	—	—	—	—
Y8	0.32	—	—	—	—	—	—	—
Y9	0.17	0.19	0.21	0.22	0.25	0.23	0.26	0.13
Y10	—	—	—	0.21	0.22	0.21	0.21	0.11
Y11	—	—	—	0.18	0.17	0.12	0.13	0.14
Y12	—	—	—	—	—	—	—	—
Y13	0.75	0.63	0.66	—	—	—	—	—
Y14	0.77	0.62	0.63	—	—	—	—	—
Y15	—	—	—	—	—	—	—	—
Y16	0.54	0.57	0.51	0.83	0.81	0.85	0.88	0.81
Y17	0.25	0.28	0.22	0.89	0.85	0.87	0.91	0.86
Y18	0.41	0.48	0.42	0.73	0.67	0.55	0.58	0.51

检测项	X10	X11	X12	X13	X14	X15	X16	X17
允许偏差 检测源	±2	±2	1，−2	1，−2	3	$L/1500$ 且 ≤5mm	2	1
Y19	0.08	0.07	0.06	0.81	0.82	0.84	0.82	0.48
Y20	0.66	0.69	0.72	0.91	0.92	0.91	0.93	0.88
Y21	0.33	0.32	0.31	0.76	0.53	0.31	0.83	0.91
Y22	0.09	0.11	0.11	0.19	0.18	0.12	0.15	0.18
Y23	0.08	0.11	0.06	—	—	—	—	—
Y24	0.13	0.18	0.17	—	—	—	—	—
Y25	0.33	0.32	0.31	0.76	0.53	0.63	0.83	0.85
Y26	0.69	0.75	0.78	0.19	0.15	0.12	0.15	0.38
Y27	0.09	0.11	0.11	0.18	0.18	0.12	0.16	0.38
Y28	—	—	—	0.81	0.66	0.33	0.23	0.25
Y29	—	—	—	0.43	0.36	0.63	0.29	0.26
Y30	0.29	0.31	0.31	0.28	0.28	0.32	0.36	0.48
Y31	0.09	0.11	0.12	0.48	0.48	0.42	0.16	0.06
Y32	0.18	0.12	0.11	0.36	0.36	0.32	0.26	0.38
Y33	0.15	0.15	0.13	0.28	0.28	0.22	0.28	0.35
Y34	0.03	0.04	0.15	0.16	0.16	0.12	0.16	0.18
Y35	0.12	0.09	0.11	0.18	0.18	0.18	0.19	0.26
Y36	0.13	0.11	0.08	0.25	0.25	0.16	0.16	0.31
Y37	0.06	0.09	0.11	0.28	0.28	0.12	0.17	0.33
Y38	—	—	0.15	0.05	0.09	0.08	0.09	0.15

续表　装配整体式结构剪力墙外墙偏差映射矩阵（全）

检测项	X18	X19	X20	X21	X22	X23	X24	X25
允许偏差 检测源	1	5	2	±2	±2	1，−2	1，−2	3
Y1	—	—	—	0.35	0.29	0.18	0.19	0.23
Y2	—	—	—	—	—	—	—	—
Y3	—	—	—	—	—	—	—	—
Y4	—	—	—	—	—	—	—	—
Y5	—	—	—	—	—	—	—	—
Y6	—	—	—	—	—	—	—	—
Y7	—	—	—	0.12	0.15	0.13	0.11	0.58

检测项	X18	X19	X20	X21	X22	X23	X24	X25
允许偏差 检测源	1	5	2	±2	±2	1，−2	1，−2	3
Y8	—	—	—	—	—	—	—	—
Y9	0.35	0.25	0.56	—	—	—	—	—
Y10	0.11	0.22	0.36	0.12	0.13	0.82	0.75	0.92
Y11	0.15	0.22	0.32	—	—	—	—	—
Y12	—	—	—	0.11	0.14	0.75	0.78	0.88
Y13	—	—	—	—	—	—	—	—
Y14	—	—	—	—	—	—	—	—
Y15	—	—	—	0.16	0.11	0.72	0.71	0.81
Y16	0.85	0.89	0.87	0.67	0.67	0.67	0.69	0.62
Y17	0.87	0.92	0.93	—	—	—	—	—
Y18	0.55	0.57	0.61	0.37	0.32	0.35	0.32	0.33
Y19	0.46	0.49	0.47	—	—	—	—	—
Y20	0.75	0.72	0.91	0.92	0.91	0.56	0.59	0.54
Y21	0.62	0.31	0.76	0.53	0.31	0.55	0.59	0.57
Y22	0.16	0.11	0.19	0.18	0.12	—	—	—
Y23	—	0.06	—	—	—	0.28	0.19	0.29
Y24	—	0.17	—	—	—	0.85	0.88	0.81
Y25	0.62	0.31	0.76	0.53	0.63	0.55	0.56	0.57
Y26	0.36	0.78	0.19	0.15	0.12	0.89	0.87	0.89
Y27	0.36	0.11	0.18	0.18	0.12	—	—	—
Y28	0.22	—	0.81	0.66	0.33	—	—	—
Y29	0.21	—	0.43	0.36	0.63	—	—	—
Y30	0.36	0.31	0.28	0.28	0.32	0.18	0.19	0.19
Y31	0.07	0.12	0.48	0.48	0.42	0.58	0.59	0.69
Y32	0.36	0.11	0.36	0.36	0.32	0.56	0.62	0.65
Y33	0.29	0.13	0.28	0.28	0.22	0.23	0.26	0.29
Y34	0.36	0.15	0.16	0.16	0.12	0.21	0.19	0.25
Y35	0.13	0.11	0.18	0.18	0.18	0.18	0.13	0.14
Y36	0.16	0.08	0.25	0.25	0.16	0.19	0.16	0.11
Y37	0.31	0.11	0.28	0.28	0.12	0.15	0.13	0.21
Y38	0.16	0.15	0.05	0.09	0.08	0.19	0.11	0.15

续表　装配整体式结构剪力墙外墙偏差映射矩阵（全）

检测项	X26	X27	X28	X29	X30	X31	X32	X33
允许偏差 检测源	$L/1500$ 且 ≤5mm	2	1	1	5	2	±2	±2
Y1	0.24	0.26	0.28	—	—	—	—	—
Y2	—	—	—	—	—	—	—	—
Y3	—	—	—	—	—	—	—	—
Y4	—	—	—	—	—	—	—	—
Y5	—	—	—	—	—	—	—	—
Y6	—	—	—	—	—	—	—	—
Y7	0.55	—	—	—	—	0.53	0.62	—
Y8	—	—	—	—	—	—	—	—
Y9	—	—	—	—	—	—	—	—
Y10	0.95	—	—	—	—	0.63	0.65	—
Y11	—	—	—	—	—	—	—	—
Y12	0.89	—	—	—	—	0.61	0.66	—
Y13	—	—	—	—	—	—	—	—
Y14	—	—	—	—	—	—	—	—
Y15	0.85	—	—	—	—	0.63	0.61	—
Y16	0.63	0.72	0.82	0.85	0.83	0.85	0.86	0.81
Y17	—	0.22	0.45	0.35	0.56	0.35	0.46	0.11
Y18	0.36	0.25	0.29	0.59	0.65	0.58	0.69	0.89
Y19	—	0.19	0.26	0.37	0.45	0.11	0.13	0.26
Y20	0.58	0.89	0.93	0.87	0.95	0.52	0.58	0.47
Y21	0.59	0.39	0.43	0.36	0.42	0.41	0.43	0.52
Y22	—	—	—	—	—	—	—	—
Y23	0.25	0.09	0.07	0.08	0.06	0.08	0.07	0.14
Y24	0.85	0.19	0.17	0.16	0.13	0.83	0.81	0.85
Y25	0.56	0.39	0.43	0.36	0.42	0.41	0.43	0.52
Y26	0.88	0.58	0.39	0.59	0.27	0.89	0.58	0.84
Y27	—	—	—	—	—	—	—	—
Y28	—	—	—	—	—	—	—	0.65
Y29	—	—	—	—	—	—	—	—
Y30	0.15	0.09	0.07	0.08	0.06	0.08	0.07	0.14
Y31	0.65	0.29	0.27	0.37	0.43	0.53	0.51	0.14
Y32	0.57	0.33	0.36	0.35	0.36	0.38	0.37	0.32

检测项	X26	X27	X28	X29	X30	X31	X32	X33
允许偏差 检测源	$L/1500$ 且 $\leqslant$5mm	2	1	1	5	2	±2	±2
Y33	0.25	0.19	0.22	0.18	0.16	0.18	0.17	0.22
Y34	0.22	0.15	0.18	0.13	0.15	0.13	0.12	0.16
Y35	0.15	0.13	0.17	0.12	0.13	0.11	0.14	0.78
Y36	0.13	0.12	0.15	0.11	0.12	0.15	0.13	0.39
Y37	0.19	0.11	0.12	0.14	0.16	0.12	0.13	0.22
Y38	0.11	0.09	0.07	0.08	0.06	0.08	0.07	0.09

续表　装配整体式结构剪力墙外墙偏差映射矩阵（全）

检测项	X34	X35	X36	X37	X38	X39	X40	X41
允许偏差 检测源	1，−2	1，−2	3	$L/1500$ 且 $\leqslant$5mm	2	1	1	5
Y1	—	—	—	—	—	—	—	—
Y2	—	—	—	—	—	—	—	—
Y3	—	—	—	—	—	—	—	—
Y4	—	—	—	—	—	—	—	—
Y5	—	—	—	—	—	—	—	—
Y6	—	—	—	—	—	—	—	—
Y7	—	—	—	—	0.55	0.49	0.51	—
Y8	—	—	—	—	—	—	—	—
Y9	—	—	—	—	—	—	—	—
Y10	—	0.91	0.96	0.97	0.95	0.92	0.91	0.92
Y11	—	—	—	—	—	—	—	—
Y12	—	0.88	0.85	0.87	0.93	0.85	0.86	0.83
Y13	—	—	—	—	—	—	—	—
Y14	—	—	—	—	—	—	—	—
Y15	—	0.81	0.82	0.89	0.95	0.89	0.81	0.85
Y16	0.86	0.84	0.81	0.85	0.64	0.61	0.69	0.75
Y17	0.12	0.36	0.34	0.29	—	—	—	0.23
Y18	0.84	0.71	0.75	0.76	0.45	0.42	0.53	0.51
Y19	0.12	0.15	0.12	0.13	—	—	—	—
Y20	0.48	0.88	0.92	0.91	0.49	0.53	0.54	0.88

检测项	X34	X35	X36	X37	X38	X39	X40	X41
允许偏差 检测源	1，−2	1，−2	3	L/1500 且 ≤5mm	2	1	1	5
Y21	0.49	0.38	0.35	0.33	0.31	0.35	0.42	0.21
Y22	—	—	—	—	—	—	—	—
Y23	0.16	0.05	0.07	0.08	0.56	0.58	0.67	0.14
Y24	0.88	0.11	0.15	0.09	0.83	0.81	0.85	0.08
Y25	0.49	0.38	0.35	0.33	0.31	0.35	0.42	0.21
Y26	0.55	0.13	0.16	0.11	0.59	0.56	0.69	0.18
Y27	—	—	—	—	—	—	—	—
Y28	0.38	—	—	—	—	—	—	—
Y29	—	—	—	—	—	—	—	—
Y30	0.16	0.35	0.37	0.38	0.16	0.18	0.27	0.14
Y31	0.16	0.05	0.07	0.08	0.77	0.78	0.83	0.26
Y32	0.35	0.09	0.11	0.12	0.68	0.62	0.76	0.31
Y33	0.26	0.08	0.09	0.08	0.35	0.38	0.35	0.19
Y34	0.18	0.06	0.07	0.09	0.32	0.39	0.31	0.17
Y35	0.79	0.09	0.08	0.09	0.22	0.23	0.25	0.12
Y36	0.35	0.05	0.07	0.08	0.21	0.25	0.19	0.15
Y37	0.21	0.07	0.05	0.06	0.19	0.17	0.59	0.11
Y38	0.08	0.36	0.38	0.39	0.09	0.08	0.19	0.09

续表　装配整体式结构剪力墙外墙偏差映射矩阵（全）

检测项	X42	X43	X44	X45	X46	X47	X48	X49
允许偏差 检测源	2	±2	±2	1，−2	1，−2	3	L/1500 且 ≤5mm	2
Y1	—	0.58	—	—	0.09	0.15	—	—
Y2	—	0.32	—	—	0.85	0.62	—	—
Y3	—	0.05	—	—	0.11	0.16	0.11	0.11
Y4	—	0.08	—	—	0.12	0.14	0.12	0.12
Y5	0.59	0.32	—	—	0.15	0.35	0.15	0.15
Y6	—	0.15	—	—	0.11	0.19	0.11	0.11
Y7	—	0.16	—	—	0.25	0.65	—	—
Y8	—	0.12	—	—	0.95	0.37	—	—

检测项	X42	X43	X44	X45	X46	X47	X48	X49
允许偏差 检测源	2	±2	±2	1，−2	1，−2	3	$L/1500$ 且 ≤5mm	2
Y9	0.55	0.11	—	0.95	0.12	0.48	—	—
Y10	—	1	—	—	0.35	0.61	0.96	0.56
Y11	0.21	0.09	—	—	0.11	0.11	—	0.32
Y12	—	0.36	—	—	0.21	0.09	0.88	0.53
Y13	—	0.12	—	—	0.09	0.06	—	—
Y14	—	0.13	—	—	0.08	0.07	—	—
Y15	—	0.11	—	—	0.14	0.17	0.21	0.27
Y16	0.22	0.26	—	0.29	0.41	0.63	—	—
Y17	0.39	0.28	—	0.51	0.23	0.61	—	—
Y18	0.25	0.22	—	0.28	0.31	0.65	0.86	0.89
Y19	0.26	0.21	—	—	0.16	0.51	—	—
Y20	0.59	0.16	—	0.57	0.39	0.72	—	0.15
Y21	0.88	0.51	—	0.55	0.42	0.61	—	—
Y22	0.62	0.91	—	0.92	0.12	0.32	—	—
Y23	0.26	0.17	—	0.11	0.22	0.15	—	—
Y24	0.11	0.12	—	0.09	0.26	0.12	—	—
Y25	0.88	0.51	—	0.85	0.68	0.61	—	—
Y26	0.72	0.93	—	0.91	0.69	0.67	—	—
Y27	0.69	0.82	—	0.88	0.23	0.42	—	—
Y28	0.39	0.22	—	0.12	0.21	0.45	—	—
Y29	0.69	0.32	—	0.33	0.12	0.53	—	—
Y30	0.23	0.17	—	0.12	0.19	0.18	—	—
Y31	0.19	0.52	—	0.31	0.29	0.62	0.89	0.81
Y32	0.15	0.59	—	0.28	0.27	0.61	0.75	0.75
Y33	0.22	0.76	—	0.25	0.23	0.48	0.69	0.63
Y34	0.18	0.69	—	0.18	0.32	0.45	0.71	0.61
Y35	0.12	0.35	—	0.12	0.45	0.31	0.39	0.35
Y36	0.11	0.29	—	0.11	0.19	0.29	0.42	0.31
Y37	0.13	0.58	—	0.25	0.39	0.62	0.33	0.39
Y38	0.11	0.18	—	0.09	0.18	0.15	0.29	0.18

续表 装配整体式结构剪力墙外墙偏差映射矩阵（全）

检测项	X50	X51	X52	X53	X54	X55	X56	X57
允许偏差 检测源	1	1	5	2	±2	±2	1，−2	1，−2
Y1	—	—	—	—	—	—	—	—
Y2	—	—	—	—	—	—	—	—
Y3	0.11	0.11	0.11	0.11	0.11	0.11	0.11	0.11
Y4	0.12	0.12	0.12	0.12	0.12	0.12	0.12	0.12
Y5	0.15	0.15	0.15	0.15	0.15	0.15	0.15	0.15
Y6	0.11	0.11	0.11	0.11	0.11	0.11	0.11	0.11
Y7	—	—	—	—	—	—	—	—
Y8	—	—	—	—	—	—	—	—
Y9	—	—	—	—	—	—	—	—
Y10	0.58	0.82	0.88	0.43	0.41	0.52	0.15	0.18
Y11	0.35	0.33	0.38	0.11	0.13	0.28	0.12	0.15
Y12	0.55	0.78	0.82	0.36	0.35	0.45	0.12	0.15
Y13	—	—	—	—	—	—	0.53	0.46
Y14	—	—	—	—	—	—	0.59	0.51
Y15	0.22	0.31	0.32	0.36	0.35	0.35	0.18	0.13
Y16	—	—	—	—	—	—	0.15	0.18
Y17	—	—	—	—	—	—	0.26	0.29
Y18	0.91	0.86	0.89	0.87	0.86	0.88	0.87	0.89
Y19	—	—	—	—	—	—	—	—
Y20	0.16	0.19	0.23	0.18	0.19	—	0.11	0.12
Y21	—	—	—	—	—	—	0.11	0.11
Y22	—	—	—	—	—	—	0.18	0.08
Y23	—	—	—	—	—	—	0.22	0.06
Y24	—	—	—	—	—	—	0.19	0.09
Y25	—	—	—	—	—	—	0.19	0.09
Y26	—	—	—	—	—	—	0.19	0.08
Y27	—	—	—	—	—	—	0.16	0.06
Y28	—	—	—	—	—	—	0.11	0.11
Y29	—	—	—	—	—	—	0.18	0.08
Y30	—	—	—	—	—	—	0.32	0.07
Y31	0.82	0.85	0.82	0.85	0.87	0.91	0.51	0.53
Y32	0.77	0.75	0.79	0.75	0.77	0.72	0.49	0.47

续表

检测项 检测源 允许偏差	X50	X51	X52	X53	X54	X55	X56	X57
	1	1	5	2	±2	±2	1,−2	1,−2
Y33	0.58	0.87	0.88	0.89	0.88	0.65	0.52	0.49
Y34	0.59	0.85	0.87	0.76	0.75	0.91	0.87	0.88
Y35	0.33	0.53	0.59	0.55	0.56	0.55	0.32	0.39
Y36	0.36	0.76	0.78	0.63	0.65	0.62	0.34	0.37
Y37	0.32	0.59	0.63	0.71	0.69	0.63	0.49	0.53
Y38	0.16	0.28	0.35	0.33	0.31	0.09	0.29	0.26

续表 装配整体式结构剪力墙外墙偏差映射矩阵（全）

检测项 检测源 允许偏差	X58	X59	X60	X61	X62	X63	X64	X65	X66
	3	$L/1500$且 ≤5mm	2	1	1	5	2	±2	±2
Y1	0.95	0.21	0.17	0.13	0.69	0.11	0.18	0.36	0.26
Y2	0.28	0.23	0.21	0.19	0.45	0.12	0.15	0.29	0.23
Y3	0.17	0.15	0.13	0.18	0.15	0.13	0.13	0.15	0.11
Y4	0.15	0.17	0.12	0.16	0.13	0.15	0.14	0.16	0.13
Y5	0.85	0.55	0.45	0.25	0.75	0.35	0.28	0.65	0.17
Y6	0.51	0.21	0.18	0.19	0.16	0.21	0.12	0.14	0.61
Y7	0.51	0.18	0.86	0.75	0.33	0.69	0.61	0.55	0.36
Y8	0.32	0.17	0.24	0.23	0.19	0.31	0.22	0.46	0.69
Y9	0.55	0.16	0.15	0.15	0.62	0.15	0.19	0.16	0.39
Y10	0.49	0.22	0.95	0.86	0.85	0.79	0.88	0.45	0.55
Y11	0.12	0.09	0.09	0.11	0.12	0.09	0.12	0.09	0.12
Y12	0.42	0.26	0.56	0.65	0.26	0.49	0.75	0.07	0.36
Y13	0.78	0.03	0.14	0.12	0.11	0.08	0.12	0.11	0.39
Y14	0.85	0.05	0.15	0.13	0.12	0.15	0.13	0.12	0.38
Y15	0.53	0.19	0.17	0.55	0.19	0.49	0.62	0.11	0.41
Y16	0.14	0.16	0.19	0.22	0.22	0.36	0.65	0.36	0.55
Y17	0.51	0.36	0.18	0.26	0.14	0.12	0.52	0.41	0.52
Y18	0.33	0.55	0.65	0.25	0.26	0.45	0.62	0.65	0.48
Y19	0.15	0.49	0.11	0.16	0.15	0.65	0.46	0.55	0.63
Y20	0.64	0.33	0.12	0.11	0.13	0.14	0.16	0.16	0.64
Y21	0.62	0.4	0.11	0.12	0.12	0.16	0.15	0.19	0.67

续表

检测项	X58	X59	X60	X61	X62	X63	X64	X65	X66
允许偏差 检测源	3	$L/1500$ 且 ≤5mm	2	1	1	5	2	±2	±2
Y22	0.56	0.11	0.16	0.69	0.29	0.97	0.36	0.11	0.55
Y23	0.26	0.08	0.63	0.15	0.21	0.11	0.69	0.12	0.61
Y24	0.55	0.18	0.55	0.11	0.14	0.15	0.62	0.18	0.55
Y25	0.42	0.11	0.51	0.45	0.62	0.45	0.48	0.32	0.46
Y26	0.52	0.13	0.62	0.41	0.61	0.61	0.45	0.66	0.42
Y27	0.49	0.21	0.36	0.32	0.66	0.63	0.41	0.21	0.31
Y28	0.32	0.19	0.34	0.29	0.51	0.55	0.39	0.26	0.12
Y29	0.55	0.16	0.29	0.22	0.45	0.48	0.32	0.13	0.16
Y30	0.15	0.11	0.18	0.16	0.16	0.16	0.19	0.29	0.35
Y31	0.65	0.81	0.85	0.22	0.15	0.17	0.88	0.82	0.12
Y32	0.63	0.63	0.67	0.26	0.16	0.19	0.19	0.68	0.11
Y33	0.61	0.52	0.63	0.53	0.35	0.32	0.22	0.55	0.18
Y34	0.55	0.51	0.61	0.49	0.39	0.35	0.25	0.59	0.16
Y35	0.23	0.63	0.46	0.23	0.31	0.12	0.21	0.32	0.11
Y36	0.22	0.89	0.49	0.36	0.17	0.11	0.18	0.62	0.13
Y37	0.43	0.46	0.65	0.55	0.29	0.45	0.42	0.65	0.15
Y38	0.21	0.17	0.69	0.17	0.18	0.18	0.15	0.48	0.14

附录 D 装配式建筑外墙偏差合格率统计表

设计偏差合格率统计表（取代表性案例一）

表 D-1

项目名称		案例一项目							
序号	外墙编号	检查项目(mm)					合格检测点数量	合格百分比(合格检测点数量/单板检查点 19)	合格总数百分比(合格检测点数量/总检查点 43×19)
		10	16	17	18	19			
		结构	制造与运输	外形	装配与组织	重量			
1	WGQLX102	1	1	1	1	1	17	0.89	0.02
2	WGQX205	1	1	1	1	1	17	0.89	0.02
3	WGQX206	1	1	1	1	1	17	0.89	0.02
4	WGQX207	1	1	1	1	1	19	1.00	0.02
5	WGQX208	1	1	1	0	1	18	0.95	0.02
6	WGQLX303	0	1	0	1	1	16	0.84	0.02
7	WGQLX304	1	1	1	1	0	16	0.84	0.02
8	WGQLX407	1	1	1	1	1	17	0.89	0.02
9	WGQLX408	0	1	1	1	1	16	0.84	0.02
10	WGQLX409	1	1	1	1	1	19	1.00	0.02
11	WGQLX411	1	1	0	1	1	15	0.79	0.02
12	WGQLX410	1	1	1	0	1	18	0.95	0.02
13	WGQLX412	1	1	1	1	1	19	1.00	0.02
14	WGQX503	1	1	1	1	1	19	1.00	0.02
15	WGQX504	1	1	1	1	1	18	0.95	0.02
16	WGQLX602	1	1	1	1	1	19	1.00	0.02
17	WGQLX702	1	0	1	1	1	18	0.95	0.02
18	WGQLX803	0	1	0	1	1	16	0.84	0.02
19	WGQLX804	0	1	1	1	1	16	0.84	0.02
20	WGQLX903	1	1	1	1	1	18	0.95	0.02
21	WGQLX904	1	1	1	1	1	15	0.79	0.02
22	WGQLX1004	0	1	1	1	1	16	0.84	0.02

序号	外墙编号	检查项目(mm)					合格检测点数量	合格百分比(合格检测点数量/单板检查点19)	合格总数百分比(合格检测点数量/总检查点 43×19)
		10	16	17	18	19			
		结构	制造与运输	外形	装配与组织	重量			
23	WGQLX1005	1	1	0	1	1	16	0.84	0.02
24	WGQLX1006	1	1	1	1	0	16	0.84	0.02
25	WGQLY1201	0	1	1	1	1	17	0.89	0.02
26	WGQY1301	1	1	1	1	1	17	0.89	0.02
27	WGQY1302	1	0	0	1	1	15	0.79	0.02
28	WGQY1401	1	0	1	1	1	18	0.95	0.02
29	WGQY1402	0	1	1	1	1	14	0.74	0.02
30	WGQLY1501	1	1	0	1	0	15	0.79	0.02
31	WGQY1502	1	1	1	1	1	18	0.95	0.02
32	WGQLY1601	1	0	1	0	1	16	0.84	0.02
33	WGQY1602	1	1	1	1	0	17	0.89	0.02
34	WGQLY1701	1	1	1	1	1	19	1.00	0.02
35	WGQY1702	1	1	1	1	0	13	0.68	0.02
36	WGQY1801	1	0	1	1	1	18	0.95	0.02
37	WGQY1802	1	1	1	1	1	19	1.00	0.02
38	WGQY1901	1	1	1	1	1	18	0.95	0.02
39	WGQY2001	1	0	0	1	1	15	0.79	0.02
40	WGQLY2002	0	1	1	1	1	18	0.95	0.02
41	WGQY2003	1	1	1	0	0	13	0.68	0.02
42	WGQY1101	1	1	1	1	1	19	1.00	0.02
43	WGQY1102	1	1	0	1	1	17	0.89	0.02
合格构件数量		35	37	35	39	35		727.00	817.00
合格百分比(合格构件数量/单层构件数量43)		81.40%	86.05%	81.40%	90.70%	81.40%	727		
合格总数百分比(合格构件数量/总检测点位43×19)		4.28%	4.53%	4.28%	4.77%	4.28%	817		88.98%

表 D-2

制造偏差合格率统计表（取代表性案例一）

序号	构件编号	项目序号	检查项目（mm）							合格检测点数量	合格百分比（合格检测点数量/单板检查点47）	合格总数百分比（合格检测点数量/总检查点43×47）
			1 长度	2 截面尺寸	3 对角线差	4 弯曲翘曲	5 表面平整度	6 组装缝隙	7 端模与侧模高低差			
			1，-2	1，-2	3	L/1500且≤5mm	2	1	1			
1	WGQLX102		1	1	1	1	1	2	1	42	89.36%	2.08%
2	WGQX205		1	1	1	1	1	1	1	43	91.49%	2.13%
3	WGQX206		1	1	1	1	1	1	1	46	97.87%	2.28%
4	WGQX207		1	1	1	1	1	1	1	46	97.87%	2.28%
5	WGQX208		1	1	4	1	1	1	1	44	93.62%	2.18%
6	WGGQLX303		1	1	1	6	1	1	1	40	85.11%	1.98%
7	WGGQLX304		3	1	4	1	1	2	1	39	82.98%	1.93%
8	WGGQLX407		1	1	1	1	1	1	1	47	100.00%	2.33%
9	WGGQLX408		1	2	1	1	1	1	1	41	87.23%	2.03%
10	WGGQLX409		1	1	1	6	1	1	1	45	95.74%	2.23%
11	WGGQLX411		1	1	5	1	3	1	1	39	82.98%	1.93%
12	WGGQLX410		1	1	1	1	1	1	1	46	97.87%	2.28%
13	WGGQLX412		1	1	1	1	1	1	1	46	97.87%	2.28%
14	WGQX503		1	1	1	1	1	3	1	43	91.49%	2.13%
15	WGQX504		1	1	1	1	1	1	1	47	100.00%	2.33%
16	WGGQLX602		1	1	1	1	1	1	1	45	95.74%	2.23%

项目名称　　案例一—项目

模具

续表

项目名称：案例一项目

检查项目（mm）——模具

序号	构件编号	1 长度	2 截面尺寸	3 对角线差	4 弯曲翘曲 (L/1500且≤5mm)	5 表面平整度	6 组装缝隙	7 端模与侧模高低差	合格检测点数量	合格百分比（合格检测点数量/单板检查点47）	合格总数百分比（合格检测点数量/总点43×47）
	允许偏差	1,-2	1,-2	3		2	1	1			
17	WGQLX702	1,-2	1	1	1	1	1	1	46	97.87%	2.28%
18	WGQLX803	2	1	1	1	1	1	1	39	82.98%	1.93%
19	WGQLX804	2	1	-1	1	4	1	1	40	85.11%	1.98%
20	WGQLX903	1	1	1	8	1	1	1	41	87.23%	2.03%
21	WGQLX904	1	1	1	1	1	1	1	39	82.98%	1.93%
22	WGQLX1004	1	1	1	1	1	1	1	42	89.36%	2.08%
23	WGQLX1005	1	-3	1	1	1	1	1	42	89.36%	2.08%
24	WGQLX1006	1	1	0	1	1	2	2	39	82.98%	1.93%
25	WGQLY1201	1	1	1	1	1	1	1	39	82.98%	1.93%
26	WGQY1301	3	1	1	0	1	1	1	41	87.23%	2.03%
27	WGQY1302	1	1	1	1	1	1	1	42	89.36%	2.08%
28	WGQY1401	1	1	1	1	1	1	1	47	100.00%	2.33%
29	WGQY1402	1	1	1	1	1	3	1	43	91.49%	2.13%
30	WGQLY1501	1	3	1	7	1	1	1	38	80.85%	1.88%
31	WGQLY1502	1	1	1	1	1	1	1	46	97.87%	2.28%
32	WGQLY1601	1	1	1	1	1	-1	1	45	95.74%	2.23%

续表

案例一项目

项目名称：

序号	构件编号	检查项目（mm）							合格检测点数量	合格百分比（合格检测点数量/单板检查点47）	合格总数百分比（合格检测点数量/总检查点43×47）
		1 长度	2 截面尺寸	3 对角线差	4 弯曲翘曲	5 表面平整度	6 组装缝隙	7 端模与侧模高低差			
		模具									
		1、-2	1、-2	3	L/1500且≤5mm	2	1	1			
33	WGQY1602	1	1	1	3	1	1	1	41	87.23%	2.03%
34	WGQLY1701	1	1	1	1	1	2	1	44	93.62%	2.18%
35	WGQY1702	2	1	-2	1	1	2	1	39	82.98%	1.93%
36	WGQY1801	1	1	1	1	1	1	1	43	91.49%	2.13%
37	WGQY1802	1	1	1	1	1	1	1	45	95.74%	2.23%
38	WGQY1901	1	1	1	1	1	1	1	47	100.00%	2.33%
39	WGQY2001	1	1	-1	1	1	1	1	41	87.23%	2.03%
40	WGQLY2002	1	1	4	1	1	1	1	42	89.36%	2.08%
41	WGQY2003	1	1	1	1	3	2	1	41	87.23%	2.03%
42	WGQY1101	1	1	1	1	1	1	1	43	91.49%	2.13%
43	WGQY1102	1	1	1	6	1	1	1	42	89.36%	2.08%
	合格构件数量	38	40	35	36	40	35	42	1836	1836	2021
	合格百分比（合格构件数量/单层构件数量43）	88.37%	93.02%	81.40%	83.72%	93.02%	81.40%	97.67%			
	合格超总百分比（合格检测点数量/总检测点位43×47）	1.88%	1.98%	1.73%	1.78%	1.98%	1.73%	2.08%	2021		90.85%

续表　制造偏差合格率统计表（取代表性案例一）

项目名称：案例一—项目

检查项目（mm）

序号	构件编号	13 高度 ±4	14 宽度 ±4	15 厚度 ±3	16 对角线差 5	19 侧向弯曲 L/1000且≤20mm	20 扭翘 L/1000	21 预埋钢板 中心线位置偏差 5	22 预埋钢板 平面高差 0,-5	25 预埋套筒、螺母 中心线位置偏移 2	26 预埋套筒、螺母 平面高差 0,-5	合格检测点数量	合格百分比（合格检测点数量/单板检查点 47）	合格总数百分比（合格检测点数量/总检查点 43×47）
1	WGGQLX102	1	1	1	6	1	1	1		1	1	42	89.36%	2.08%
2	WGGQX205	1	1	1	1	-4	1	1		1	1	43	91.49%	2.13%
3	WGGQX206	1	1	1	1	1	1	1		1	1	46	97.87%	2.28%
4	WGGQX207	1	1	1	1	1	1	1		1	1	46	97.87%	2.28%
5	WGGQX208	1	1	1	1	1	1	1		1	1	44	93.62%	2.18%
6	WGGQLX303	1	1	1	1	-4	1	6		1	1	40	85.11%	1.98%
7	WGGQLX304	1	1	1	1	1	1	1		1	1	39	82.98%	1.93%
8	WGGQLX407	1	1	1	1	1	1	1		1	1	47	100.00%	2.33%
9	WGGQLX408	1	1	1	1	1	1	-4		1	1	41	87.23%	2.03%
10	WGGQLX409	5	1	1	1	1	1	1		1	1	45	95.74%	2.23%
11	WGGQLX411	5	1	1	1	25	1	1		1	1	39	82.98%	1.93%
12	WGGQLX410	1	1	1	1	1	1	1		1	1	46	97.87%	2.28%
13	WGGQLX412	1	1	1	1	1	1	1	-3	1	1	46	97.87%	2.28%
14	WGGQX503	1	1	1	-1	1	1	1		1	1	43	91.49%	2.13%
15	WGGQX504	1	1	1	1	1	1	1		1	1	47	100.00%	2.33%
16	WGGQLX602	1	1	1	1	1	1	1		1	1	45	95.74%	2.23%
17	WGGQLX702	1	1	1	1	1	1	1		1	1	46	97.87%	2.28%

续表

项目名称　案例一项目

检查项目（mm）

序号	构件编号	构件规格尺寸 13 高度 ±4	14 宽度 ±4	15 厚度 ±3	16 对角线差 5	19 侧向弯曲 $L/1000$ 且 ≤20mm	20 扭翘 $L/1000$	预埋钢板 21 中心线位置偏移 5	22 平面高差 0,-5	预埋套筒、螺母 25 中心线位置偏移 2	26 平面高差 0,-5	合格检测点数量	合格百分比（合格检测点数量/单板检查点47）	合格总数百分比（合格检测点数量/总检查点43×47）
18	WGQLX803	1	1	1	1	1	1	-3	1	2	1	39	82.98%	1.93%
19	WGQLX804	1	1	1	1	23	1	1	1	1	1	40	85.11%	1.98%
20	WGQLX903	1	1	1	1	1	1	6	1	1	2	41	87.23%	2.03%
21	WGQLX904	1	1	1	-2	-6	1	1	1	1	1	39	82.98%	1.93%
22	WGQLX1004	5	1	1	1	1	1	1	1	1	1	42	89.36%	2.08%
23	WGQLX1005	1	1	1	-1	1	1	1	1	1	1	42	89.36%	2.08%
24	WGQLX1006	1	1	1	1	22	1	7	1	1	1	39	82.98%	1.93%
25	WGQLY1201	1	-5	1	1	1	1	1	1	1	2	39	82.98%	1.93%
26	WGQY1301	1	1	1	1	1	1	1	1	1	1	41	87.23%	2.03%
27	WGQY1302	1	1	1	1	1	1	1	-3	1	1	42	89.36%	2.08%
28	WGQY1401	1	1	1	0	1	1	1	1	1	1	47	100.00%	2.33%
29	WGQY1402	1	1	1	1	22	1	-4	1	1	1	43	91.49%	2.13%
30	WGQLY1501	1	1	1	1	1	1	1	1	1	1	38	80.85%	1.88%
31	WGQY1502	1	1	1	1	1	1	1	1	1	1	46	97.87%	2.28%
32	WGQLY1601	1	5	1	1	1	1	6	1	1	1	45	95.74%	2.23%
33	WGQY1602	1	1	1	1	1	1	1	1	1	1	41	87.23%	2.03%
34	WGQLY1701	1	1	1	6	1	1	1	1	1	1	44	93.62%	2.18%

续表

案例一项目

序号	构件编号	检查项目（mm）										合格检测点数量	合格百分比（合格检测点数量/单板检查点47）	合格总数百分比（合格检测点数量/总检查点43×47）
		构件规格尺寸				侧向弯曲	扭翘	预埋钢板		预埋套筒、螺母				
		高度	宽度	厚度	对角线差			中心线位置偏差	平面高差	中心线位置偏移	平面高差			
项目序号		13	14	15	16	19	20	21	22	25	26			
		±4	±4	±3	5	$L/1000$且≤20mm	$L/1000$	5	0,−5	2	0,−5			
35	WGQY1702	1	1	1	1	24	1	1	1	1	1	39	82.98%	1.93%
36	WGQY1801	1	1	1	1	1	1	1	6	1	1	43	91.49%	2.13%
37	WGQY1802	6	1	1	1	1	1	1	1	1	1	45	95.74%	2.23%
38	WGQY1901	1	1	1	1	1	1	1	1	1	1	47	100.00%	2.33%
39	WGQY2001	1	1	1	1	1	1	1	1	1	1	41	87.23%	2.03%
40	WGQLY2002	1	1	1	−2	24	1	1	1	1	1	42	89.36%	2.08%
41	WGQY2003	1	1	1	1	1	1	−4	1	1	1	41	87.23%	2.03%
42	WGQY1101	1	1	1	1	1	1	1	1	1	1	43	91.49%	2.13%
43	WGQY1102	6	1	1	1	1	1	1	−2	1	1	42	89.36%	2.08%
合格构件数量		38	41	43	36	34	43	35	39	43	41	1836	1836	2021
合格百分比（合格构件数量/单层构件数量43）		88.37%	95.35%	100.00%	83.72%	79.07%	100.00%	81.40%	90.70%	100.00%	95.35%			
合格超总数百分比（合格构件数量/总检测点位43×47）		1.88%	2.03%	2.13%	1.78%	1.68%	2.13%	1.73%	1.93%	2.13%	2.03%	2021		90.85%

续表 制造偏差合格率统计表（取代表性案例一）

案例一项目

序号	构件编号	预留洞 中心线位置偏移 (29)	预留洞 洞口尺寸、深度 (30)	预留插筋 中心线位置偏移 (31)	预留插筋 外露长度 (32)	灌浆套筒及连接钢筋 灌浆套筒中心线位置 (38)	灌浆套筒及连接钢筋 连接钢筋中心线位置 (39)	灌浆套筒及连接钢筋 连接钢筋外露长度 (40)	外观质量缺陷 (42)	合格检测点数量	合格百分比（合格检测点数量/单板检查点47）	合格总数百分比（合格检测点数量/总检查点43×47）
	允许偏差	5	±5	3	±5	2	2	+10.0	1-合格，0-不合格			
1	WGQLX102	1	6	1	1	1	1	1	1	42	89.36%	2.08%
2	WGQX205	6	1	1	1	1	3	1	1	43	91.49%	2.13%
3	WGQX206	1	1	4	1	1	1	1	1	46	97.87%	2.28%
4	WGQX207	1	1	1	1	3	1	1	1	46	97.87%	2.28%
5	WGQX208	1	1	1	1	1	1	1	1	44	93.62%	2.18%
6	WGQLX303	1	7	1	1	1	1	1	1	40	85.11%	1.98%
7	WGQLX304	1	1	4	1	1	-1	1	1	39	82.98%	1.93%
8	WGQLX407	1	1	1	1	1	1	1	1	47	100.00%	2.33%
9	WGQLX408	7	1	1	1	1	3	1	1	41	87.23%	2.03%
10	WGQLX409	1	1	1	1	1	1	1	1	45	95.74%	2.23%
11	WGQLX411	1	1	4	1	3	1	1	1	39	82.98%	1.93%
12	WGQLX410	1	1	1	1	1	1	1	1	46	97.87%	2.28%
13	WGQLX412	1	1	1	1	1	1	1	1	46	97.87%	2.28%
14	WGQX503	1	6	1	6	1	1	1	1	43	91.49%	2.13%
15	WGQX504	1	1	1	1	1	1	1	1	47	100.00%	2.33%
16	WGQLX602	7	1	1	1	1	1	1	1	45	95.74%	2.23%

续表

案例一项目

序号	项目序号		29	30	31	32	38	39	40	42	合格检测点数量	合格百分比（合格检测点数量/单板检查点47）	合格总数百分比（合格检测点数量/总检查点43×47）
	项目名称		检查项目（mm）										
	检测项		预留洞		预留插筋		灌浆套筒及连接钢筋						
	检测点		中心线位置偏移	洞口尺寸,深度	中心线位置偏移	外露长度	灌浆套筒中心线位置	连接钢筋中心线位置	连接钢筋外露长度	外观质量缺陷			
	允许偏差	构件编号	5	±5	3	±5	2	2	+10.0	1-合格,0-不合格			
17		WGQLX702	1	1	1	1	1	1	1	1	46	97.87%	2.28%
18		WGQLX803	1	1	1	1	3	1	11	1	39	82.98%	1.93%
19		WGQLX804	7	1	5	1	1	1	1	1	40	85.11%	1.98%
20		WGQLX903	1	1	1	1	1	1	1	1	41	87.23%	2.03%
21		WGQLX904	1	1	1	6	3	4	1	1	39	82.98%	1.93%
22		WGQLX1004	1	6	1	1	1	4	1	1	42	89.36%	2.08%
23		WGQLX1005	1	1	−3	1	1	3	1	1	42	89.36%	2.08%
24		WGQLX1006	1	1	−3	1	−3	1	1	1	39	82.98%	1.93%
25		WGQLY1201	−3	1	1	1	−1	1	1	1	39	82.98%	1.93%
26		WGQY1301	1	1	1	6	1	1	1	1	41	87.23%	2.03%
27		WGQY1302	−3	1	1	1	1	−2	1	1	42	89.36%	2.08%
28		WGQY1401	1	1	1	1	1	1	1	1	47	100.00%	2.33%
29		WGQY1402	1	−7	1	1	1	1	1	1	43	91.49%	2.13%
30		WGQLY1501	1	1	−1	1	1	1	1	1	38	80.85%	1.88%
31		WGQY1502	1	1	1	1	1	1	1	1	46	97.87%	2.28%
32		WGQLY1601	1	1	1	1	1	1	1	1	45	95.74%	2.23%

续表

案例一项目

序号	构件编号	预留洞 中心线位置偏移 (29)	洞口尺寸、深度 (30)	预留插筋 中心线位置偏移 (31)	外露长度 (32)	灌浆套筒中心线位置 (38)	连接钢筋中心线位置 (39)	连接钢筋外露长度 (40)	外观质量缺陷 (42)	合格检测点数量	合格百分比 (合格检测点数量/单板检查点47)	合格总百分比 (合格检测点数量/总检查点43×47)
允许偏差		5	±5	3	±5	2	2	+10.0	1-合格，0-不合格			
33	WGQY1602	1	1	1	1	1	1	1	1	41	87.23%	2.03%
34	WGQLY1701	1	1	1	1	1	1	−4	1	44	93.62%	2.18%
35	WGQY1702	1	1	4	1	1	3	1	1	39	82.98%	1.93%
36	WGQY1801	1	1	1	1	1	1	1	1	43	91.49%	2.13%
37	WGQY1802	6	1	1	1	1	1	1	1	45	95.74%	2.23%
38	WGQY1901	1	1	1	1	1	1	1	1	47	100.00%	2.33%
39	WGQY2001	1	−6	4	1	1	−2	1	1	41	87.23%	2.03%
40	WGQLY2002	1	1	1	1	1	1	1	1	42	89.36%	2.08%
41	WGQY2003	6	1	1	−7	1	1	1	1	41	87.23%	2.03%
42	WGQY1101	1	1	1	1	1	1	1	1	43	91.49%	2.13%
43	WGQY1102	1	1	1	1	3	1	−4	1	42	89.36%	2.08%
合格构件数量		35	38	34	40	36	34	40	43	1836	1836	2021
合格百分比（合格构件数量/单层构件数量43）		81.40%	88.37%	79.07%	93.02%	83.72%	79.07%	93.02%	100.00%			90.85%
合格超总数百分比（合格构件点位43×47）		1.73%	1.88%	1.68%	1.98%	1.78%	1.68%	1.98%	2.13%			

装配偏差合格率统计表（取代表性案例一）　　　　表 D-3

序号	构件编号	构件垂直度		相邻构件平整度		支座、支垫中心位置	墙板接缝		合格检测点数量	合格百分比(合格检测点数量/单板检查点15)	合格总数百分比(合格检测点数量/总检查点 43×15)
	项目序号	51	52	53	54	55	56	57			
		墙(≤6m)	墙(>6m)	墙侧面(外露)	墙侧面(不外露)	墙	宽度	中心线位置			
		5	10	5	8	10	±5	±5			
1	WGQLX102	1	1	1	1	1	1	1	15	100.00%	2.33%
2	WGQX205	1	1	1	1	1	−6	1	14	93.33%	2.17%
3	WGQX206	1	1	6	1	1	1	1	14	93.33%	2.17%
4	WGQX207	1	1	1	1	13	1	1	14	93.33%	2.17%
5	WGQX208	1	1	1	1	1	1	1	15	100.00%	2.33%
6	WGQLX303	1	1	6	1	1	1	1	13	86.67%	2.02%
7	WGQLX304	6	1	1	1	1	7	1	13	86.67%	2.02%
8	WGQLX407	1	1	1	1	1	1	6	14	93.33%	2.17%
9	WGQLX408	1	1	1	1	1	1	1	14	93.33%	2.17%
10	WGQLX409	1	1	1	1	1	1	1	14	93.33%	2.17%
11	WGQLX411	6	1	1	1	13	1	1	13	86.67%	2.02%
12	WGQLX410	1	1	1	1	1	1	1	15	100.00%	2.33%
13	WGQLX412	−2	1	1	1	1	1	1	14	93.33%	2.17%
14	WGQX503	1	1	1	1	1	1	1	15	100.00%	2.33%
15	WGQX504	1	1	1	1	1	1	1	15	100.00%	2.33%
16	WGQLX602	1	1	1	1	1	1	1	14	93.33%	2.17%
17	WGQLX702	1	1	1	1	1	1	1	15	100.00%	2.33%
18	WGQLX803	1	1	1	1	1	1	1	14	93.33%	2.17%
19	WGQLX804	1	1	−4	1	1	−6	1	12	80.00%	1.86%
20	WGQLX903	7	1	1	1	1	1	6	13	86.67%	2.02%
21	WGQLX904	1	12	1	1	1	1	1	13	86.67%	2.02%
22	WGQLX1004	1	1	1	1	11	1	1	14	93.33%	2.17%
23	WGQLX1005	1	1	1	10	1	1	1	13	86.67%	2.02%
24	WGQLX1006	1	1	6	1	1	1	1	14	93.33%	2.17%
25	WGQLY1201	1	1	1	−5	1	7	1	12	80.00%	1.86%
26	WGQY1301	−2	1	1	1	1	1	1	14	93.33%	2.17%
27	WGQY1302	1	1	1	1	1	6	1	14	93.33%	2.17%

续表

序号	构件编号	构件垂直度 墙(≤6m) 51 5	构件垂直度 墙(>6m) 52 10	相邻构件平整度 墙侧面(外露) 53 5	相邻构件平整度 墙侧面(不外露) 54 8	支座、支垫中心位置 墙 55 10	墙板接缝 宽度 56 ±5	墙板接缝 中心线位置 57 ±5	合格检测点数量	合格百分比(合格检测点数量/单板检查点15)	合格总数百分比(合格检测点数量/总检查点43×15)
28	WGQY1401	1	1	1	1	1	1	1	15	100.00%	2.33%
29	WGQY1402	1	1	−2	1	1	1	1	13	86.67%	2.02%
30	WGQLY1501	1	1	1	1	1	1	7	13	86.67%	2.02%
31	WGQY1502	1	1	1	1	1	1	1	15	100.00%	2.33%
32	WGQLY1601	1	1	1	1	−5	1	1	14	93.33%	2.17%
33	WGQY1602	−2	1	−2	1	1	6	1	12	80.00%	1.86%
34	WGQLY1701	1	1	1	1	1	1	1	15	100.00%	2.33%
35	WGQY1702	1	1	1	1	1	6	1	13	86.67%	2.02%
36	WGQY1801	1	1	1	1	1	1	1	15	100.00%	2.33%
37	WGQY1802	1	1	1	1	1	1	1	15	100.00%	2.33%
38	WGQY1901	1	1	7	1	1	1	1	14	93.33%	2.17%
39	WGQY2001	1	1	1	1	1	1	1	14	93.33%	2.17%
40	WGQLY2002	7	1	1	1	1	1	1	14	93.33%	2.17%
41	WGQY2003	1	1	1	1	11	−6	1	13	86.67%	2.02%
42	WGQY1101	1	1	1	1	1	1	1	15	100.00%	2.33%
43	WGQY1102	1	1	6	1	1	1	1	13	86.67%	2.02%
合格构件数量		36	42	35	41	38	35	40		597	645
合格百分比(合格构件数量/单层构件数量43)		83.72%	97.67%	81.40%	95.35%	88.37%	81.40%	93.02%	597		
合格总数百分比(合格构件数量/总检测点位43×15)		5.58%	6.51%	5.43%	6.36%	5.89%	5.43%	6.20%	645		92.56%

参考文献

[1] 装配式混凝土建筑技术标准 GB/T 51231—2016 [S]. 北京：中国建筑工业出版社，2017.

[2] 范力. 装配式预制混凝土框架结构抗震性能研究 [D]. 上海：同济大学，2007.

[3] 周建云. 基于预制装配式的建筑外墙防水方式及优化措施研究 [J]. 住宅与房地产，2019 (36)：99.

[4] 李浩. 混凝土结构抗震性能的不确定性分析与研究 [D]. 长沙：湖南大学，2011.

[5] 郁银泉，肖明，王赞等. 预制混凝土外挂墙板板间接缝宽度研究 [J]. 建筑结构，2019，49 (11)：1-8.

[6] 冯雪庭. 装配式建筑外墙的精细化设计 [D]. 南京：东南大学，2018.

[7] 朱国阳. 预制混凝土建筑外墙设计初探 [D]. 南京：南京工业大学，2016.

[8] 蒋勤俭. 预制混凝土外墙板产品性能集成与提升技术研究 [J]. 混凝土世界，2019 (9)：43-49.

[9] 丛茂林，田春雨，李智斌等. 预制夹心保温墙体中拉结件设计方法 [J]. 建筑科学，2018 (1)：8-13.

[10] 谢俊，邬新邵. 装配式剪力墙结构设计与施工 [M]. 北京：中国建筑工业出版社，2017.

[11] 庄伟，匡亚川，廖平平. 装配式混凝土结构设计与工艺深化设计从入门到精通 [M]. 北京：中国建筑工业出版社，2016.

[12] 谢俊，蒋涤非，凌琳. 某装配整体式剪力墙结构拆板、拆墙方法研究 [J]. 建材与装饰，2015，40：123-124.

[13] 蒋勤俭，刘昊，黄清杰. 面砖饰面混凝土外墙板生产工艺关键技术研究 [J]. 混凝土世界，2017 (7)：56-64.

[14] 刘昊，蒋勤俭，周向东，等. 保温装饰一体化清水混凝土装配式外墙挂板及其生产模具 [P]. 中国：CN209603371U，2019-11-08.

[15] 蒋勤俭，吴焕娟. 一种防开裂的预制混凝土外墙板翻转吊具 [P]. 中国：CN209098027U，2019-07-12.

[16] 蒋勤俭，陶梦兰. 具有暗装连接节点的预制混凝土外墙装饰挂板 [P]. 中国：CN200964643Y，2007-10-24.

[17] 张金树，王春长. 装配式建筑混凝土预制构件生产与管理 [M]. 北京：中国建筑工业出版社，2017.

[18] 叶明. 钢筋制品智能化加工技术 [M]. 北京：中国建筑工业出版社，2018.

[19] 王宝申. 装配式建筑建造 [M]. 北京：中国建筑工业出版社，2018.

[20] 杨爽. 装配式建筑施工安全评价体系研究 [D]. 沈阳：沈阳建筑大学，2016.

[21] 陈耀钢，郭正兴，董年才，等. 全预制装配整体式剪力墙结构节点连接施工技术 [J]. 施工技术，2011 (342)：3-5.

[22] 肖明，王赞，张林振，等. 预制混凝土点支承外挂墙板与主体结构的连接研究 [J]. 建筑结构，2019 (11)：9-13.

[23] 胡友斌，谢俊，蒋涤非. 基于 Solidworks 的大尺寸异形模块吊装技术研究 [J]. 施工技术，2016 (2)：85-88.

[24] 申民，沈凤云，蒋勤俭，等. 北京射击馆预制清水混凝土外挂板施工技术 [J]. 施工技术，2009 (2)：17-20.

[25] 应枢德. 装配式墙体材料与施工 [M]. 北京：机械工业出版社，2008.

[26] 杜常岭. 装配式混凝土建筑施工安装 200 问 [M]. 北京：机械工业出版社，2018.

[27] 李长江. 装配式混凝土结构施工 200 问 [M]. 北京：中国电力出版社，2017.

[28] 郭学明. 装配式混凝土结构建筑的设计、制作与施工 [M]. 北京：机械工业出版社，2017.

[29] 郭学明. 装配式混凝土建筑构造与设计 [M]. 北京：机械工业出版社，2018.

［30］郭学明.装配式建筑概论［M］.北京：机械工业出版社，2018.

［31］肖明，张蓓.装配式建筑施工技术［M］.北京：中国建筑工业出版社，2018.

［32］田庄.装配整体式混凝土结构工程施工［M］.北京：中国建筑工业出版社，2015.

［33］田庄.装配整体式混凝土结构工程工人操作实务［M］.北京：中国建筑工业出版社，2016.

［34］宋亦工.装配整体式混凝土结构工程施工组织管理［M］.北京：中国建筑工业出版社，2019.

［35］黄延铮，魏金桥，赵山.装配式混凝土建筑施工技术［M］.郑州：黄河水利出版社，2017.

［36］全国民用建筑工程设计技术措施建筑产业现代化专篇—装配式混凝土剪力墙结构施工 2016JSCS-7-1.［S］.北京：中国计划出版社，2017.

［37］林家祥，周成功，陈立生等.装配式混凝土结构施工［M］.北京：中国建筑工业出版社，2016.

［38］王成，余稚明.装配式建筑减隔震连接施工指南［M］.成都：西南交通大学出版社，2018.

［39］文栋峰.装配式建筑生产与施工质量管理评价研究［D］.沈阳：沈阳建筑大学，2018.

［40］高乐旭.提升装配式建筑的工程质量研究［J］.城市住宅，2020（1）：239-240.

［41］刘岳英.基于 BIM 的现代装配式混凝土外墙板施工质量控制［D］.沈阳：沈阳建筑大学，2017.

［42］王伟坐.产业化住宅结构施工质量评价与质量改进研究［D］.北京：中国科学院大学，2018.

［43］金孝权.装配式混凝土结构质量控制要点［M］.北京：中国建筑工业出版社，2018.

［44］高乐旭.提升装配式建筑的工程质量研究［J］.城市住宅，2020（1）：239-240.

［45］梁爽.装配式建筑施工偏差预测及控制研究［D］.内蒙古：内蒙古科技大学，2019.

［46］郑立，姚通稳.新型墙体材料技术读本［M］.北京：化学工业出版社，2005.

［47］郭娟利.严寒地区保障房建筑工业化围护部品集成性能研究［D］.天津：天津大学，2014.

［48］张龚.建筑垃圾废砖再生粗骨料混凝土及预制墙板受力性能研究［D］.郑州：郑州大学，2015.

［49］孙永胜，寄宝康.浅析装配式建筑外墙保温材料的选择［J］.河南建材，2019（6）：102-104.

［50］蒋勤俭，刘若南.预制混凝土节能外墙技术与工程应用［J］.建设科技，2008（22）：21-23.

［51］刘卫东，汤士海，刘佳，等.尾矿砂制备装配式预制保温墙体性能分析［J］.上海理工大学学报，2017（3）：289-294.

［52］潘雨红，张珊，孙起，等.预制混凝土外墙板与传统砌块外墙的直接成本对比分析［J］.施工技术，2014（3）：30-34.

［53］苗启松，卢清刚，刘华，等.蒸压加气混凝土外墙板系统关键技术研究［J］.建筑结构，2019，A01：645-649.

［54］戴文莹.基于 BIM 技术的装配式建筑研究［D］.武汉：武汉大学，2017.

［55］金晨晨.基于装配式建筑项目的 EPC 总承包管理模式研究［D］.济南：山东建筑大学，2017.

［56］李伟兴，谢卓文，赵勇，等.装配式复合模壳剪力墙体系的研发及应用［J］.混凝土世界，2017（10）：50-59.

［57］谢俊，蒋涤非，周娉.装配式剪力墙结构体系的预制率与成本研究［J］.建筑结构，2018（2）：33-36.

［58］谢俊，蒋涤非，邬新邵.预制建筑设计的 BIM 应用研究［J］.建筑结构，2017，S2：567-571.

［59］谢俊，蒋涤非，邬新邵.某装配整体式剪力墙住宅技术经济性分析［J］.城市建筑，2016（36）：81-81.

［60］许德民.装配式混凝土建筑如何把成本降下来［M］.北京：机械工业出版社，2020.

［61］单英华.面向建筑工业化的住宅产业链整合机理研究［D］.哈尔滨：哈尔滨工业大学，2015.

［62］高颖.住宅部品体系集成化技术及策略研究［D］.上海：同济大学，2006.

［63］鄢欣.装配式住宅建造的管理与技术研究［J］.商品与质量，2016（20）：241-241.

［64］田春雨，王晓锋，赵勇.建筑业 10 项新技术（2017 版）装配式混凝土结构技术综述［J］.建筑技术，2018（3）：254-259.

[65] 杨桓，孔凡祥，赵勇.具有转角连接结构的保温装饰结构一体化装配式外墙挂板 [P].中国：CN209145205U，2019-07-23.

[66] 赵勇.叠合剪力墙 [P].中国：CN108666657A，2018-06-03.

[67] 吴刚，李忠华，卢恩光，等.一种装配式钢结构体系中外挂墙板连接组件 [P].中国：CN207686010U，2018-08-03.

[68] 高昭宗，蔡菲，吴刚，等.聚苯乙烯复合装配式墙板及其制备方法 [P].中国：CN108328980A，2018-07-27.

[69] 朱大铭，张树峰，刘卫东，等.一种装配式吊装索具悬挂装置 [P].中国：CN206872267U，2018-01-12.

[70] 苏矿源，刘卫东，张永健，等.建筑外墙保温结构一体板 [P].中国：CN208023756U，2018-10-30.

[71] 赵钿.一种预制墙及屋体 [P].中国：CN107764557A，2018-05-03.

[72] 赵钿.一种装配式建筑 [P].中国：CN107764877A，2018-11-13.

[73] 肖明，王赞，杨超，等.基于内置通高波纹管预制墙板的装配式建筑及其施工方法 [P].中国：CN108678279A，2018-10-19.

[74] 王赞，肖明，刘建飞，等.适用于多层装配式建筑的预制墙板及其施工方法 [P].中国：CN108661237A，2018-10-16.

[75] 韩文龙，赵作周，肖明.新型配筋构造预制剪力墙受力性能及成本分析 [J].建筑结构，2019，11：14-19.

[76] 郭海山，刘康，杨晓杰，等.一种结构保温装饰一体化大型预制外挂墙板及其制作方法 [P].中国：CN104563384A，2015-04-29.

[77] 郭海山，刘康，杨晓杰，等.可调节高度的预制装配钢筋混凝土剪力墙板及其安装方法 [P].中国：CN104234267A，2014-12-24.

[78] 郭海山，蒋立红，刘康，等.装配式高层混凝土剪力墙结构新技术开发与示范 [J].施工技术，2016，45（4）：19-22.

[79] 陈定球，彭海辉，谢俊.一种卫浴室 [P].中国：CN104746594A，2015-07-01.

[80] 彭海辉，陈定球，谢俊.一种给排水集成模块及建筑的给排水系统 [P].中国：CN104746592A，2015-07-01.

[81] 彭海辉，陈定球，谢俊.一种整体卫浴 [P].中国：CN104746593A，2015-07-01.

[82] 梁益定.装配式混凝土住宅建筑检测技术研究 [D].杭州：浙江工业大学，2018.

[83] 李康.混凝土预制构件内部缺陷无损检测探究 [D].唐山：华北理工大学，2019.

[84] 张军.装配整体式混凝土剪力墙结构连接节点质量检测技术研究 [D].镇江：江苏科技大学，2019.

[85] 崔珑，刘文政，张效玲.某装配式混凝土结构装配式外墙套筒灌浆饱满度现场检测研究 [J].建筑技术，2018，49（s1）：169-170.

[86] 张剑峰.红外热成像技术在建筑外墙热工缺陷检测中的应用 [J].科技前沿，2013（5）：200-20.

[87] 仲小亮，杨霞.预制装配式建筑外墙板嵌缝质量现场检测技术研究 [J].中国建筑防水，2017（10）：11-13.

[88] 混凝土结构工程施工质量验收规范 GB 50204—2015 [S].北京：中国建筑工业出版社，2015.

[89] 吴军.数学之美 [M].北京：人民邮电出版社，2014.

[90] 韦程东.贝叶斯统计分析及其应用 [M].北京：科学出版社，2015

[91] Horvitz E，Heckerman D，Nathwani B. Heuristic ab-straction in the desicion-theoretic pathfinder system [C]. Proceedings of Symposium on computer Applications in Medical Care. Washingtom D. C. , USA：IEEE，1989.

[92] Andreassens，Woldbye M，Falck B. et al. MUNIN：A causal probabilistic netwok for interpretation of electromyographic finding [C]. Proceedings of the 10th International Joint Conference on Artificial

Intelli-gence. Milan，Italy；LJCAI Inc，1987；366-372.

［93］Fenton N E，Krause P，Neil M. Software measure-ment；uncertainty and causal modelling ［J］. IEEE Soft-ware，2002，10（4）：116-122.

［94］Helminen A，Pulkkinen U，Reliability assenssment using Bayesian network-case study on quantita-tive raliability estimation of a software-based motor protdction relay ［J］. VTT Industrial Systems，2003，STUK-YTO-TR198：198-207.

［95］杨开云. 基于贝叶斯正则化神经网络的工程造价估算模型研究 ［D］. 郑州：华北水利水电学院，2015.

［96］樊学平. 基于验证荷载和监测数据的桥梁可靠性修正与贝叶斯预测 ［D］. 哈尔滨：哈尔滨工业大学，2014.

［97］贺兆泽，莫俊文. 基于贝叶斯网络的住宅防水风险研究 ［J］. 工程管理学报，2015（1）：86-90.

［98］朱斌，张辉. 基于贝叶斯网络的高层建筑外墙饰面砖脱落风险发生概率研究 ［J］. 三峡大学学报，2014（4）：83-86.

［99］林雪倩. 基于贝叶斯网络的我国建筑施工安全事故预警系统研究 ［D］. 哈尔滨：哈尔滨工业大学，2015.

［100］刘建兵. 基于贝叶斯网络的西南国际商贸城项目风险管理 ［D］. 赣州：江西理工大学，2015.

［101］杨晓楠. 基于贝叶斯统计推理的结构损伤识别方法研究 ［D］. 上海：同济大学，2008.

［102］吕贝贝. 基于贝叶斯理论的钢筋混凝土深受弯构件抗剪性能研究 ［D］. 西安：长安大学，2015.

［103］陶川. 基于贝叶斯理论的区域建筑冷热负荷预测模型的应用研究 ［D］. 长沙：湖南大学，2015.

［104］李浩. 混凝土结构抗震性能不确定性分析与研究 ［D］. 长沙：湖南大学，2011.

［105］笪可宁，彭一峰，郭宝荣. 基于贝叶斯网络的装配式建筑构件质量溯源与监控 ［J］. 沈阳建筑大学学报：社会科学版，2019（3）：257-263.

［106］Romessis. C. and Mathioudakis. K. Bayesian network approach for gas path fault diagnosis. Journal of Engineering for Gas Turbines and Power，2006，128（1）：64-72.

［107］邬新邵，谢俊，蒋涤非. 基于 PLANBAR 的装配式建筑设计效率研究 ［J］. 建筑结构增刊，2017（10）：31-38.

［108］James P. Womack，Lean Thinking ［M］. Beijing：Mechanical Industry Press，2015.

［109］谢俊，蒋涤非，张贤超. 基于建筑工业化的设计工厂研究 ［J］. 城市建设理论研究，2015（10）：12-13.

［110］Roberto Gargiani，RemKoolhaas/OMA（Essays in Architecture），Routledge，2008.

［111］罗伟阳. 浅析住宅建筑剪力墙结构设计 ［J］. 中华民居（下旬刊），2014（01）：87-88.

［112］吴晓龙. 耗能连梁式装配式剪力墙结构抗震性能研究 ［D］. 大连理工大学，2016.

［113］刘春波，李文杰. 超高层钢结构巨型柱的加工技术 ［J］. 钢结构，2018，33（08）：84-89.

［114］装配式混凝土建筑工程施工质量验收规程 T/CCIAT 0008—2019 ［S］. 北京：中国建筑工业出版社，2019.

［115］预制混凝土外挂墙板应用技术标准 JGJ/T 458—2018 ［S］. 北京：中国建筑工业出版社，2018.

［116］宝正泰，谢俊，何朝辉. 钢结构设计连接与构造 ［M］. 北京：中国建筑工业出版社，2019.

［117］预制混凝土夹心保温外墙挂板技术标准 Q/AFH01—2017 ［S］. 安徽：中安徽富煌钢构股份有限公司，2017.

［118］蒋涤非. 谢俊. 庄伟. 某轻型门式刚架厂房优化设计研究 ［J］. 建筑结构，2017（23）：43-45.

［119］马福栋，李勃志. 装配式复合墙板发展综述 ［J］. 砖瓦，2016（06）：35-37.

［120］鞠小奇，庄伟，谢俊. 结构工程师袖珍手册 ［M］. 北京：中国建筑工业出版社，2016.

［121］装配式多层混凝土结构技术规程 T/CECS 604—2019 ［S］. 北京：中国建筑工业出版社，2019.

[122] 桁架钢筋混凝土叠合板（60mm 厚外墙）15G366-1 [S].北京：中国计划出版社，2015.

[123] 张鹏飞.叠合板式剪力墙结构研究综述 [C].中冶建筑研究总院有限公司.土木工程新材料、新技术及其工程应用交流会论文集（中册）.中冶建筑研究总院有限公司：《工业建筑杂志社》，2019：52-56.

[124] 装配整体式混凝土叠合剪力墙结构技术规程 DG/TJ08-2266—2018 [S].上海：上海市住房和城乡建设委员会，2018.

[125] 装配整体式钢筋焊接网叠合混凝土结构技术规程 T/CECS 579—2019 [S].北京：中国计划出版社，2019.

[126] 装配式钢结构建筑技术标准 GB/T 51232—2016 [S].北京：中国建筑工业出版社，2017.

[127] 谢俊，蒋涤非，凌琳.建筑结构含钢量的探讨 [J].建材与装饰，2015（10）：98-99.

[128] Wittwer, J. W, Chase K. W. and Howell L. L. The direct linearization method applied to position error in kinematic linkages [J]. Mechanism and Ma-chine Theory，2004，39（7）：681-693.

[129] Xie，K. Variation propagation analysis on compliant assemblies considering contact interaction [J]. Journal of Manufacturing Science and Engineering，2007，129（5），934-942.

[130] 彭海辉，陈定球，谢俊.一种整体卫浴 [P].中国：CN104727390A，2015.06.24.

[131] 赖振峰，王万金，贺奎，等.装配式建筑外墙拼接缝用密封胶的选择探讨 [J].中国建筑防水，2016（14）：18-21.

[132] 建筑幕墙 GB/T 21086—2007 [S].北京：中国标准出版社，2007.

[133] Shi，J. Stream of variation modeling and analysis for multistage manufacturing processes. CRC Press，2006.

[134] 邬新邵，谢俊，蒋涤非.装配式体育馆的创新与应用 [J].科研，2016（12）：03-04.

[135] Camelio，J.，Hu，S. J. and Marin，S. P Compliant assembly variation analysis using component geometric covariance [J]. Journal of Manufacturing Science and Engineering. 2004，126：355-360.

[136] 预制钢筋混凝土阳台板、空调板及女儿墙 15G368-1 [S].北京：中国计划出版社，2015.6.

[137] 装配式混凝土结构工程施工与质量验收规程 DBJ61/T 118—2016 [S].北京：中国建材工业出版社，2017.

[138] 预制装配整体式房屋混凝土剪力墙结构技术规程 DB23/T 1813—2016 [S].北京：中国建材工业出版社，2016.

[139] 邬新邵，谢俊，蒋涤非.装配式体育馆标准化设计探索 [J].城市建筑，2016（12）中：001-003.

[140] 赵勇，王晓锋.预制混凝土构件吊装方式与施工验算 [J].住宅产业，2013（Z1）：60-63.

[141] 庄伟，李恒通，谢俊.地下与基础工程软件操作实例 [M].北京：中国建筑工业出版社，2017.2.

[142] Bell P. Kiwi Prefab：Prefabricated Housing in New Zealand [J]. MArch thesis，Victoria University of Wellington. 2009.

[143] 孙锐，宋妍.高性能混凝土及工程施工质量控制技术初探 [J].地产，2019（12）：127-128.

[144] Richard R. Industrialised building systems：reproduction before automation and robotics [J]. Automation in Construction. 2005，14（4）：442-451.

[145] Engstrom S，Hedgren E. Sustaining inertial Construction clients decision-making and information-processing approach to industrialized building innovations [J]. Construction Innovation：Information，Process，Management. 2012，12（4）：393-413.

[146] 李宁，汪杰，吴敦军，等.基于成本控制的高层预制装配整体式框架-剪力墙结构设计 [J].建筑结构，2017，47（10）：14-16.

[147] Belsky M，Eastman C，Sacks R et al. Interoperability for precast concrete [J]. PCI Journal. 2014 59（2）.

[148] 谢俊，蒋涤非，胡友斌.BIM 技术与建筑产业化的结合研究 [J].工业技术，2015（2）：78-80.

[149] 翁艳斯，周勇，卢恒.预制清水保温复合外挂板施工工艺 [J].住宅科技，2018，38（01）：53-56.

［150］ Lee S，Kwon S. A Conceptual Framework of Prefabricated Building Construction Management System using Reverse Engineering，BIM，and WSN ［J］. Advanced Construction and Building Technology for Society. 2014：37.

［151］ 彭海辉，陈定球，谢俊.一种给排水集成模块及建筑的给排水系统 ［P］.中国：CN104775484A，2015-07-15.

［152］ 户万涛. PC 构件装配式建筑施工技术探究 ［J］.工程建设与设计，2019（19）：172-176.

［153］ Nadim W，Goulding J S. Offsite production in the UK：the way forward A IJK construction Industry perspective ［J］. Construction Innovation. 2010.

［154］ Smew W，Young P，Geraghty J. Supply chain analysis using simulation，gaussian process modelling and optimisation ［J］. International Journal of Simulation Modelling. 2013，12（3）：178-189.

［155］ Spearman M L，Zazanis M A. Push and Pull Production Systems：Issues and Comparisons ［J］. Operations Research. 1992，40（July 2015）：521-532.

［156］ Shahzad W M，Shahzad W M. Offsite manufacturing as a means of improving productivity in NewZealand construction industry：key barriers to adoption and improvement measures：a research thesissubmitted in fulfilment of the requirements for the degree of Masters of Construction Management at Masses University，Albany，New Zealand ［Z］. 2011.

［157］ Chen C. CiteSpace：a practical guide for mapping scientific literature ［M］. Nova Science Publishers，2016：178.

［158］ 预制装配化混凝土建筑部品通用技术条件（征求意见稿）［S］.北京：中华人民共和国住房和城乡建设部，2017.

［159］ 刘磊，陈国新，苏枋.装配式密肋复合墙板吊装与施工验算 ［J］.混凝土与水泥制品，2015（08）：76-79.

［160］ 装配式混凝土构件制作与安装操作规程 ［S］.深圳：深圳市住房和建设局，2014.

［161］ Jun XIE，Difei JIANG，Zhengtai BAO and Pin ZHOU. BIM Application Research of Assembly Building Design：Take ALLPLAN as an Example ［C］. The Paper of 2018 International Conference on Construction and Real Estate Management（ICCREM）2018（5）：36-39.

［162］ Jarkko E. Lu W. Lars S. et al. Discrete Event Simulation Enhanced Value Stream Mapping：An Industrialized Construction Case Study ［J］. Lean Construction Journal. 2013：47-65.

［163］ Rauch E，Dallasega P. Matt D T. Synchronization of Engineering，Manufacturing and on-site Installation in Lean ETO-Enterprises ［J］. Procedia CIRP. 2015，37：128-133.

［164］ Ballard G. The lean project delivery system：An update ［C］. 2008.

［165］ Pasian B. Designs. Methods and Practices for Research of Project Management ［M］. 2016.

［166］ Deng X A. Low S P B，. Li Q A. et al. Developing competitive advantages in political risk management for international construction enterprises ［J］. Journal of Construction Engineering and Management. 2014，140（9）.

［167］ 许茜，陈向阳，张蓓.预制装配式高层建筑构件的安装及质量控制—以某广场装配式高层住宅楼为例 ［J］.南通职业大学学报，2017（03）：96-100.

［168］ 王静峰，沈奇罕，李金超，等.外挂复合墙板半刚性钢管混凝土框架抗震试验研究 ［J］.土木工程学报，2016（07）：68-78.

［169］ Samamego Gallardo C A，Granja A D. Picchi F A. Productivity Gains in a Line Flow Precast Concrete Process after a Basic Stability Effort ［J］. Journal of Construction Engineering and Management. 2014，140（B40130044）.

［170］ 谢俊，张贤超，张友三.BIM 技术在装配式建筑产业链中的应用 ［C］.第一届全国 BIM 学术会议论

文集，2015（10）.

[171] Inyim P. Rivera J. Zhu Y. Integration of building information modeling and economic and environmental impact analysis to support sustainable building design［J］. Journal of Management in Engineering. 2014，31（1）.

[172] Prakash J，Chin J F，Modified CONWIP systems：a review and classification［J］. Production Planning &Control：The Management of Operations. 2014，7287（March）：1-12.

[173] 谢俊，蒋涤非，李恒通.基于BIM技术的装配式建筑研究发展［J］.工程技术，2015（9）.

[174] 王小明.预制装配式结构住宅工程关键施工技术［J］.建筑施工，2017（5）：696-698.

[175] 乔桂军.装配式住宅工程现场施工监理的质量控制要点［J］.建设监理，2017（2）：57-60.

[176] 谢俊，蒋涤非，邬新邵.装配式建筑PC技术适用性研究［J］.自然科学，2016（9）.

[177] Cao X. Li Z. Liu S. Study on factors that inhibit the promotion of SI housing system in China［J］. Energy and Buildings. 2015，88：384-394.

[178] 韦来生，张伟平.贝叶斯分析［M］.合肥：中国科学技术大学出版社，2013.

[179] Norvig，S. and Russell，P. Artificial intelligence：a modern appraoch［M］. Prentice Hall，2004.

[180] Shi，J. Stream of variation modeling and analysis for multistage manufacturing processes［M］. CRC Press，2006.

[181] Pearl，J. Probabilistic Reasoning in Intelligent Systems：Networks of Plausible Inference［C］. Morgan Kaufmann，San Mateo，CA，1988.

[182] 李舰，海恩.统计之美：人工智能时代的科学思维［M］.北京：电子工业出版社，2019.

[183] Ian Goodfellow，Yoshua Bengio，Aaron Courville.深度学习［M］.北京：人民邮电出版社，2019.

[184] Stuart J. Russell，Peter Norving.人工智能：一种现代的方法（第三版）［M］.北京：清华大学出版社，2013.

[185] Osvaldo Martin. Python贝叶斯分析［M］.北京：人民邮电出版社，2018.

[186] Han Christin von beayer.概率的烦恼：量子贝叶斯拯救薛定谔的猫［M］.北京：中信出版社，2018.

[187] James O. Berger. Statistical decision theory and Bayesian analysis［M］. Springer Press，2010.

[188] Judea，P. Bayesian networks［R］. Handbook of Brain Theory and Neural Networks，R-277，MIT Press，2001.

[189] Remco，R. B. Bayesian Network Classifiers in Weka［R］. 2004.

[190] Efron，B. Computers and the Theory of Statistics：Thinking the Unthinkable［R］. SIAM Review. 1979.

[191] Terrence J. Sejnowski.深度学习［M］.北京：中信出版社，2019.

[192] 茆诗松.贝叶斯统计［M］.北京：中国统计出版社，1999.

[193] 刘银华.基于贝叶斯网络的车身装配偏差诊断方法研究［D］.上海：上海交通大学，2013.

[194] James O. Berger.统计决策论及贝叶斯分析［M］.北京：中国统计出版社，1998.

[195] Kammer，C.，Brillhart，R. D. Optimal sensor placement for modal dentification using system-realization methods，Journal of Guidance，Control and Dynamics，1996，19（3），729-731.

[196] 李东升，李宏男，王国新等.传感器布设中有效独立法的简捷快速算法［J］.防灾减灾工程学报. 2009，29（1）：103-108.

[197] Allen B. Downey.贝叶斯思维：统计建模的Python学习法［M］.北京：人民邮电出版社，2015.

[198] 张连文，郭海鹏.贝叶斯网引论［M］.北京：科学出版社，2006.

[199] 刘金山，夏强.基于MCMC算法的贝叶斯统计方法［M］.北京：科学出版社，2016.

[200] Dana Keiiy，Curtis Smith.贝叶斯概率风险评估［M］.北京：国防工业出版社，2016.

[201] Lawrrence D. Stone，Roy L. Streit，Thomas L. Corwin，等. 贝叶斯多目标跟踪 [M]. 北京：国防工业出版社，2016.

[202] Richard McElreath，统计反思：用 R 和 Stan 例解贝叶斯方法 [M]. 北京：机械工业出版社，2019.

[203] 虞欣. 贝叶斯网络在影像解译中的应用 [M]. 北京：测绘出版社，2011.

[204] 朱慧明，韩玉启. 贝叶斯多元统计推断理论 [M]. 北京：科学出版社，2006.

[205] Gudmund R. Iversen. 贝叶斯统计推断 [M]. 上海：格致出版社，2019.

[206] 肖秦昆，高嵩，高晓光. 动态贝叶斯网络推理学习理论及应用 [M]. 北京：国防工业出版社，2007.

[207] 黄长全. 贝叶斯统计及其 R 实现 [M]. 北京：清华大学出版社，2017.

[208] 谢俊，蒋涤非，庄伟. 某商务公寓超限高层结构分析与设计 [J]. 建筑结构，2018 (3)：57-61.

[209] 张建国，杜常岭，于奇等. 预制混凝土外墙结构、保温、装饰一体化关键技术 [J]. 混凝土世界，2015 (04)：42-48.

[210] 彭海辉，陈定球，谢俊. 一种给排水集成模块、给排水系统和卫浴室 [P]. 中国：CN104727529A，2015-06-24.

[211] 方东菊. 人工智能研究 [J]. 信息与电脑，2016，1 (13)：159-159.

[212] 庄伟，鞠小奇，谢俊. 超限高层建筑结构设计从入门到精通 [M]. 北京：中国建筑工业出版社，2016.

[213] Jun XIE，Difei JIANG，Zhentai BAO. Study on Elastic-plastic Performance Analysis of A Prefabricated Low Multi-story Villa [C]. The Paper of The 5th International Conference on Civil Engineering，2019 (5)：36-39.

[214] 马军卫，潘金龙，蒋苏童，等. 现浇剪力墙装配整体式框-剪结构抗震性能 [J]. 湖南大学学报（自然科学版），2017，44 (09)：63-71.

[215] 谢俊，蒋涤非，陈定球. 深圳大厦超限高层结构抗震设计 [J]. 工业建筑，2017 (9)：175-180.

[216] 吕西林，李学平，郭少春. 矩形钢管混凝土柱与钢筋混凝土梁的连接节点设计方法 [J]. 建筑结构，2005 (01)：10-12.

[217] Lessing J. Industrialised house-Building Concept and Processes [M]. 2006：197.

[218] Haller M，Lu W，Stehn L，et al. An indicator for superfluous iteration in offsite building design processes [J]. Architectural Engineering and Design Management. 2014，11 (5)：360-375.

[219] Teng Y，Mao C，Liu G，et al. Analysis of stakeholder relationships in the industry chain of industrialized building in China [J]. Journal of Cleaner Production. 2017，152：387-398.

[220] Liu J，Love P，Smith J，et al. Life Cycle Critical Success Factors for Public -Private Partnership Infrastructure Projects [J]. Journal of Management in Engineering. 2014，31 (June)：1-7.

[221] 张连文. 袁世宏. 隐结构模型与中医辨证 [R]. HKUST-CS04-12，香港科技大学，2004.

[222] Li C Z，Hong J，Xue F，et al. Schedule risks in prefabrication housing production in Hong Kong：a social network analysis [J]. Journal of Cleaner Production. 2016，134 (Part B)：482-494.

[223] Cheng Y M. An exploration into cost-influencing factors on construction projects [J]. International Journal of Project Management. 2014，32 (5)：850-860.

[224] Goulding J S，Pour Rahimian F，Arif M，et al. New offsite production and business models in construction：priorities for the future research agenda [J]. Architectural Engineering and Design Management. 2015，11 (3)：163-184.

[225] Liu H，Al-Hussein M，Lu M. B IvI-based integrated approach for detailed construction scheduling under resource constraints [J]. Automation in Construction. 2015，53：29-43.

后记

此刻，站在西南联大校园旧址，心潮澎湃不已；回首成长的近四十载风雨历程，心中感慨万分。

出生在湖南的一个小山村，成长在 20 世纪 80 年代，那时候的家乡风景秀丽、朴实无华。童年的记忆充满了金灿灿的一幕又一幕，家中的黑狗、田地里的青蛙、溪水中的螃蟹、田间的稻花鱼、小河里成群结对的鲫鱼和虾米、无忧无虑的小伙伴们、晚秋中扑面而来的金黄稻穗，儿时味道历久弥新，终生难忘。那时候的我是如此地单纯快乐！

20 世纪 90 年代末，懵懂、迷茫的少年来到长沙求学，岳麓山下，橘子洲头，恰同学少年，风华正茂；千年学府，伟人母校。积土成山，积善成德，驽马十驾，功在不舍；自此开启了长达二十年的半工半读生涯。栉风沐雨，一路前行，清华园中，自强不息，不敢懈怠。联大八年，勇挑重担。

而今，秉承自强不息、厚德载物之校训，坚定自强成就卓越、创新塑造未来之精神，无问西东，踏实前行！

感谢恩师蒋涤非先生、余志武先生、聂建国院士，长达数十载持续育才、谆谆教诲，大家风范铭记于心！感恩母校，滋养着我，一草一木，萦绕于胸。感谢石磊、罗小勇、赵炼恒、刘潋、国巍、王四清、肖扬、卢健松、陈长林、潘蓄林、汪涵旭、黄建辉、汪墩等众多良师益友的指导和鼓励。感谢单位领导胡葆森、刘卫星、郭卫强、阎军、俞大有、江炳生、杨宏伟、廖志强等给我的许多指点，感谢同事刘峥、杨子骁、段晓勇、任立君、李悝、蒲自华、李存琪、廖兴海、许怡等提供的帮助。感谢黄文娟、王璐、李景曦、庄然、周娉等同门师兄妹们的热心支持和鼓励。

感谢我的父母，你们是我最坚实的后盾。感谢我的妻子，你让我过上有儿有女的生活。感谢儿子桐桐、女儿加加，你们是我不懈奋斗的源泉！

感谢所有爱我和我爱的人。